"十四五"职业教育国家规划教材

名校名师精品
系列教材

U0734506

Network Operating
System of Linux

Linux

网络操作系统项目教程

统信 UOS V20 | 微课版 | 第5版

吴敏 杨昊龙 李谷伟 ◉ 主编

王晓冬 廖建飞 杨云 刘遄 ◉ 副主编

人民邮电出版社

北京

图书在版编目（CIP）数据

Linux 网络操作系统项目教程：统信 UOS V20：微课
版 / 吴敏，杨昊龙，李谷伟主编. -- 5 版. -- 北京：
人民邮电出版社，2025. --（名校名师精品系列教材）.
ISBN 978-7-115-65192-1

Ⅰ. TP316.85
中国国家版本馆 CIP 数据核字第 2024SV0655 号

内 容 提 要

本书是《Linux 网络操作系统项目教程（RHEL 8/CentOS 8）（微课版）（第 4 版）》的国产操作系统统
信 UOS V20 版本，本书旨在满足国家自主可控操作系统和信息技术创新发展的战略需求，对接"全国职
业院校技能大赛"和"世界技能大赛"，符合"三教"改革精神。此外，本书采用基于"项目驱动、任务
导向"的"双元"模式，是"纸质教材+电子活页"形式的项目化教程。

本书以统信 UOS V20 操作系统为平台，分 6 个学习情境，分别为系统安装与常用命令、系统管理与
配置、shell 编程与调试、网络服务器配置与管理、系统安全与故障排除（电子活页）、拓展与提高（电子
活页）。全书共 14 个项目，包括安装与配置统信 UOS V20、统信 UOS V20 常用命令与 vim、管理统信
UOS V20 服务器的用户和组、配置与管理文件系统、配置与管理硬盘、配置网络和防火墙（含 NAT）、
shell 基础、学习 shell script、使用 gcc 和 make 调试程序，以及配置与管理 samba、DHCP、DNS、Apache、
FTP 服务器。此外，本书还有 16 个扩展项目（电子活页）。项目配有"项目实训"等结合实践应用的内
容，引用大量的企业应用实例，配以知识点微课和课堂慕课，使"教、学、做"融为一体，实现理论与
实践的统一。

本书可作为高等院校、职业院校计算机网络技术、大数据技术、人工智能技术应用、云计算技术应
用、计算机应用技术、软件技术等专业的"理实一体"教材，也可作为信息技术应用创新人才评价考试
用书。通过采用统信 UOS V20，本书更好地适应当前的国产操作系统发展趋势，可促进国家自主可控技
术的应用与推广。

◆ 主 编 吴 敏 杨昊龙 李谷伟
　 副主编 王晓冬 廖建飞 杨 云 刘 遄
　 责任编辑 马小霞
　 责任印制 王 郁 焦志炜

◆ 人民邮电出版社出版发行 北京市丰台区成寿寺路 11 号
　 邮编 100164 电子邮件 315@ptpress.com.cn
　 网址 https://www.ptpress.com.cn
　 山东华立印务有限公司印刷

◆ 开本：787×1092 1/16
　 印张：18 2025 年 1 月第 5 版
　 字数：458 千字 2025 年 6 月山东第 3 次印刷

定价：69.80 元

读者服务热线：(010)81055256 印装质量热线：(010)81055316
反盗版热线：(010)81055315

第5版前言

1. 编写背景

党的二十大报告指出"必须坚持科技是第一生产力、人才是第一资源、创新是第一动力"。大国工匠和高技能人才作为人才强国战略的重要组成部分，在现代化国家建设中起着重要的作用。高等职业教育肩负着培养大国工匠和高技能人才的使命，近几年得到了迅速发展和普及。

网络强国是国家的发展战略。网络技能型人才培养显得尤为重要，国产服务器操作系统的应用是重中之重。

2. 改版内容

本书在形式和内容上进行全面更新和提升，体现职业教育精神和"三教"改革精神。

（1）本书将操作系统版本从 RHEL 8/CentOS 8 全面切换到国产操作系统统信 UOS V20，更新电子活页、拓展阅读等内容，优化教学项目，完善企业案例。

（2）在形式上，本书采用"纸质教材+电子活页"的形式，采用知识点微课和课堂慕课的形式辅助教学，增加丰富的数字资源。

（3）电子活页包括"系统安全与故障排除""拓展与提高"2 个学习情境（16 个项目实录的视频）。纸质教材和电子活页以项目为载体，以工作过程为导向，以职业素养和职业能力培养为重点，按照技术应用从易到难，教学内容从简单到复杂、从局部到整体的原则归纳教材内容。

（4）增加拓展阅读内容，融入"核高基"与国产操作系统、中国计算机的主奠基者、中国国家顶级域名"CN"服务器、图灵奖、国家最高科学技术奖、IPv4 和 IPv6、为计算机事业做出过巨大贡献的王选院士、国产操作系统"银河麒麟"、中国的超级计算机、IPv4 的根服务器、"雪人计划""龙芯"等中国计算机领域发展的重要事件和重要人物，鞭策学生努力学习，引导学生树立正确的世界观、人生观和价值观，培养学生成为德、智、体、美、劳全面发展的社会主义建设者和接班人。

3. 本书特点

（1）落实立德树人根本任务。

本书精心设计，在专业内容的讲解中融入科学精神和爱国情怀，通过讲解中国计算机领域发展的重要事件和重要人物，弘扬精益求精的专业精神、职业精神和工匠精神，培养学生的创新意识，激发学生的爱国热情。

（2）符合国家自主可控操作系统和信息技术应用创新发展的战略需求。

本书作为国产操作系统统信 UOS V20 的教学用书，教学案例经 20 多年的积累和创新，为培养使用国产操作系统的应用型人才提供优秀的教学方案，完全符合国家自主可控操作系统的发展需求，为信息技术应用创新发展提供支持。

（3）提供"教、学、做、导、考"一站式课程解决方案。

本书提供"微课+3A 学习平台+共享课程+资源库"四位一体教学平台，配有知识点微课和课堂慕课。本书在国家级精品资源共享课建有开放共享型资源 1321 条，在国家资源库有相关资源 700 多条，为院校提供"教、学、做、导、考"一站式课程解决方案。

（4）产教融合、书证融通、课证融通，校企"双元"合作开发"理实一体"教材。

本书内容对接职业标准和岗位需求，以企业"真实工程项目"为素材进行项目设计及实施，将教学内容与信息技术应用创新人才评价考试相融合，做到书证融通、课证融通。每个项目一体化设计，全书也是一脉相承进行一体化设计。

（5）符合"三教"改革精神，创新教材形态。

本书采用"纸质教材+电子活页"的形式编写，将教材、课堂、教学资源、LEEPEE 教学法融合，实现线上线下有机结合，为"翻转课堂"和"混合课堂"改革奠定基础。

本书还提供丰富的数字资源，实现纸质教材 3 年修订、电子活页随时增减和修订的目标。

4．配套的教学资源

（1）知识点微课和课堂慕课。

全部的知识点微课和全套的课堂慕课都可通过扫描书中二维码获取。

（2）课件、教案、授课计划、项目指导书、课程标准、拓展提升、任务单、实训指导书等，以及可供参考的服务器的配置文件。

（3）大赛试题（试卷 A、试卷 B）及答案、本书习题及答案。

本书由吴敏、杨昊龙、李谷伟任主编，王晓冬、廖建飞、杨云、刘遄任副主编，薛立强、王瑞也参与了编写。感谢统信软件技术有限公司、浪潮集团有限公司、山东鹏森信息科技有限公司和济南博赛网络技术有限公司提供教学案例和大力帮助。

订购教材后请向编者获取全套备课包，编者 QQ 号为 3883864976。欢迎加入计算机研讨及资源共享 QQ 群，号码为 30539076。

本书在编排上加入了一些注意、特别提示和技巧等信息，提醒读者注意一些容易被忽视的细节、拓展的内容。本书还涉及大量的 Linux 命令，为了阅读方便，需要读者自己输入的命令均采用加粗字体编排；机器的输出信息均采用未加粗字体编排。

编　者
2024 年 3 月于温州

目录

学习情境一 系统安装与常用命令

学习情境二　系统管理与配置

项目 6

配置网络和防火墙
（含 NAT ）············107

学习情境三 shell 编程与调试

项目 7

shell 基础 ···············131

学习情境四 网络服务器配置与管理

项目 11

配置与管理 DHCP 服务器··· 205

项目 12

配置与管理 DNS 服务器···· 220

项目 13

配置与管理 Apache 服务器··· 242

项目 14

配置与管理 FTP 服务器 ·····260

学习情境五（电子活页视频一） 系统安全与故障排除

学习情境六（电子活页视频二） 拓展与提高

学习情境一
系统安装与常用命令

合抱之木，生于毫末；九层之台，起于累土；千里之行，始于足下。

——《道德经》

项目1
安装与配置统信UOS V20

01

项目导入

某高校组建校园网时，需要部署具有 Web、FTP、DNS、DHCP、samba、VPN 等功能的服务器来为校园网用户提供服务，现需要选择一种既安全又易于管理的网络操作系统，正确部署服务器并测试。

职业能力目标

- 了解 Linux 操作系统的历史、体系结构及版本。
- 了解统信操作系统的由来。

- 掌握安装统信 UOS V20 的方法。
- 掌握登录、退出统信 UOS V20 的方法。
- 掌握 yum 软件仓库的使用方法。

素养提示

- "天下兴亡，匹夫有责"，了解"核高基"和国产操作系统，理解"自主可控"于我国的重大意义，激发学生的爱国热情和学习动力。

- 明确国产操作系统在新一代信息技术中的重要地位，激发科技报国的家国情怀和使命担当。

1.1 项目知识准备

Linux 操作系统是一个类似于 UNIX 的操作系统。Linux 操作系统是 UNIX 在计算机上的完整实现，它的标志是一个名为 Tux 的可爱的小企鹅形象，如图 1-1 所示。UNIX 操作系统是 1969 年由肯尼思·莱恩·汤普森（Kenneth Lane Thompson）和丹尼斯·里奇（Dennis Ritchie）在美国贝尔实验室开发的一个操作系统。由于 UNIX 操作系统具有良好且稳定的性能，该操作系统迅速在计算机中得到广泛的应用，在随后的几十年中又不断地被改进。

图 1-1　Linux 的标志 Tux

1.1.1　Linux 操作系统的历史

1990 年，芬兰人莱纳斯·贝内迪克特·托瓦尔兹（Linus Benedict Torvalds）（以下简称莱纳斯）接触了为教学而设计的 Minix 系统后，开始着手研究、编写一个开放的、与 Minix 系统兼容的操作系统。1991 年 10 月 5 日，莱纳斯在芬兰赫尔辛基大学的一台 FTP（File Transfer Protocol，文件传送协议）服务器上发布了一个消息。这标志着 Linux 操作系统的诞生。互联网（Internet）的兴起，使得 Linux 操作系统也十分迅速地发展，很快就有许多程序员加入 Linux 操作系统的编写行列。

1-1　微课
自由开源的
Linux 操作系统

1994 年 3 月，内核 1.0 版本的推出标志着 Linux 第一个正式版本诞生。

1.1.2　理解 Linux 的体系结构

Linux 一般由 3 个部分组成：内核（Kernel）、命令解释层（shell 或其他操作环境）、实用工具。

1-2　拓展阅读
Linux 系统的
特点

1. 内核

内核是系统的"心脏"，是运行程序、管理磁盘及打印机等硬件设备的核心程序。命令解释层向用户提供一个操作界面，从用户那里接收命令，并且把命令送到内核执行。由于内核提供的都是操作系统最基本的功能，所以如果内核出现问题，那么整个计算机系统就可能会崩溃。

2. 命令解释层

shell 是系统的用户界面，提供用户与内核进行交互操作的接口。它接收用户输入的命令，并且将命令送入内核去执行。

命令解释层在操作系统内核与用户之间提供操作界面，可以看作解释器。Linux 存在几种操作环境，分别是桌面（Desktop）、窗口管理器（Window Manager）和命令行 shell（Command Line shell）。

3. 实用工具

标准的 Linux 操作系统都有一套叫作实用工具的程序，它们是专门的程序，如编辑器、执行标准的计算操作等。用户也可以使用自己的工具。

实用工具可分为以下 3 类。

- 编辑器：用于编辑文件。
- 过滤器：用于接收数据并过滤数据。
- 交互程序：允许用户发送信息或接收来自其他用户的信息。

1.1.3　Linux 的版本

Linux 的版本分为内核版本和发行版本两种。

1. 内核版本

内核提供了一个在裸设备与应用程序间的抽象层。

Linux 内核的版本号命名是有一定规则的，版本号的格式通常为"主版本号.次版本号.修正号"。主版本号和次版本号标志着重要的功能变更，修正号表示较小的功能变更。以 5.13.18 为例，5 代表主版本号，13 代表次版本号，18 代表修正号。

2. 发行版本

仅有内核而没有应用软件的操作系统是无法使用的，所以许多公司或社团将内核、源代码及相关的应用软件组织成一个完整的操作系统，让一般的用户可以简便地安装和使用操作系统，这就是所谓的发行（Distribution）版本。一般人们所说的 Linux 操作系统便是针对这些发行版本的。目前各种 Linux 发行版本超过 300 种，它们的发行版本号各不相同，使用的内核版本号也可能不一样，现在流行的 Linux 操作系统发行版本有 RHEL（RedHat Enterprise Linux，红帽企业 Linux）、CentOS、Fedora、openSUSE、Debian、Ubuntu 等。

1-3 拓展阅读

Linux 发行版本

1.1.4 统信 UOS V20

统信 UOS 是一款基于 Debian 操作系统的商业化操作系统，其前身为 deepin。deepin 是一款自主研发的开源 Linux 操作系统，于 2004 年发布。它的设计目标是提供一个用户友好、美观、稳定和安全的桌面操作系统，同时支持多语言和多文化环境。

deepin 在中国用户中非常受欢迎，其因易用性和优美的用户界面而备受赞誉。统信 UOS 是 deepin 的商业化版本，针对企业和政府机构定制，为他们提供更加稳定和安全的操作系统，同时也提供了更加丰富的支持和服务。

统信 UOS 的核心技术包括自主研发的桌面环境、系统安全机制、云端协同、容器技术等。它还提供了全面的应用程序支持，包括生产力工具、办公软件、设计软件、多媒体软件等，以满足企业和政府机构的不同需求。

统信软件技术有限公司（以下简称统信软件）由国内优秀的操作系统厂家于 2019 年联合成立。2020 年，统信软件响应国家对于教育软件正版化、国产化的政策要求，推出统信服务器操作系统 V20 1050E（以下简称统信 UOS V20），统信 UOS V20 是一个基于 Linux 内核的完整而紧密的服务器操作系统。

统信 UOS V20 拥有自主的软件包管理系统。统信 UOS V20 的系统管理员对安装到系统上的软件包拥有完全控制权，包括安装单个软件包和自动升级整个操作系统。个别软件包也可以被保护而不被升级。甚至可以告诉软件包管理系统哪些软件是自己编译的，以及它们所需要的依赖关系。

为了提防"特洛伊木马"和其他恶意软件，更好地保护系统，统信 UOS V20 会校验统信 UOS V20 的注册维护人员所上传的软件包。统信 UOS V20 的开发人员也会特别注意以安全的方式配置软件包。（加入 QQ 群 30539076，可随时获取备课包、ISO 映像文件及其他资料，后文不再说明。）

1.2 项目设计与准备

中小型企业在选择网络操作系统时，一般首选统信 UOS V20。一是由于其开源的优势，二是考虑到其安全性较高。

要想成功安装统信 UOS V20，首先必须充分考虑硬件的基本要求、多重引导、磁盘分区等，然后查看硬件是否兼容并获取发行版本，最后选择合适的安装方式。做好这些准备工作，统信 UOS V20 的安装之旅才可能一帆风顺。

1.2.1　安装方式

任何硬盘在使用前都要进行分区。硬盘的分区有两种类型：主分区和扩展分区。统信 UOS V20 提供了 4 种安装方式，可以从 CD（Compact Disc，小型光碟）/DVD（Digital Versatile Disc，数字通用光碟）-ROM 启动安装、从 USB（Universal Serial Bus，通用串行总线）安装、从 PXE（Preboot eXecution Environment，预启动执行环境）安装和从镜像引导安装。

1.2.2　规划分区

在启动统信 UOS V20 安装程序前，需根据实际情况的不同，准备统信 UOS V20 安装软件，同时要进行分区规划。

对于初次接触统信 UOS 的用户来说，分区方案越简单越好，所以最好的选择就是为统信 UOS 创建 3 个分区，即用户保存系统和数据的根分区（/）、启动分区（/boot）和交换分区（swap）。其中，交换分区不用太大，物理内存的 2 倍即可；启动分区用于保存系统启动时所需的文件，一般 500MB 就够了；根分区需要根据统信 UOS V20 安装后占用资源的大小和所需保存数据的多少来调整大小（一般情况下，划分 10GB～20GB 就足够了）。

> **特别注意**　如果选择的固件类型为 UEFI（Unified Extensible Firmware Interface，统一可扩展固件接口），则 Linux 系统至少必须创建 4 个分区：根分区（/）、启动分区（/boot）、EFI（Extensible Firmware Interface，可扩展固件接口）启动分区（/boot/efi）和交换分区（swap）。

当然，对于"统信 UOS 熟手"，或者要安装服务器的系统管理员来说，这种分区方案就不太合适了。此时，一般会再创建一个/usr 分区，操作系统基本都在这个分区中；还需要创建一个/home 分区，所有的用户信息都在这个分区中；另外需要创建一个/var 分区，服务器的登录文件、邮件、Web 服务器的数据文件都会放在这个分区中。统信 UOS 常见分区方案（预留 60GB）如图 1-2 所示。

挂载点	设备	说明
/	/dev/sda1	10GB，主分区
/home	/dev/sda2	8GB，主分区
/boot	/dev/sda3	500MB，主分区
swap	/dev/sda5	4GB（内存的 2 倍）
/var	/dev/sda6	8GB，逻辑分区
/usr	/dev/sda7	8GB，逻辑分区

图 1-2　统信 UOS 常见分区方案

> **特别注意**　该分区方案是基于传统的 MBR 分区的，每块硬盘最多可以分为 4 个分区。如果采用 GPT 分区，则最多可划分 128 个分区，不再分主分区、逻辑分区和交换分区。

1.2.3　项目准备

本项目需要的硬件设备和软件如下。

- 1 台安装 Windows 11 操作系统的计算机，名称为 Win11-1，IP 地址为 192.168.10.31/24。
- 1 套统信 UOS V20 的 ISO 镜像文件。
- 1 套 VMware Workstation 16 Pro 软件。

> **特别说明** 原则上，在本书中，统信 UOS V20 服务器可使用的 IP 地址范围是 192.168.10.1/24～192.168.10.10/24，统信 UOS V20 客户端可使用的 IP 地址范围是 192.168.10.20/24～192.168.10.30/24，Windows 客户端可使用的 IP 地址范围是 192.168.10.31/24～192.168.10.50/24。

本项目借助虚拟机软件要完成如下 3 项任务。

- 安装 VMware Workstation。
- 安装统信 UOS V20 第一台虚拟机，名称为 server01。
- 完成对 server01 的基本配置。

下面，我们就通过统信 UOS V20 ISO 镜像文件来启动计算机，并逐步安装程序。

1-5　课堂慕课

安装与配置统信
UOS V20 操作系统

1.3 项目实施

任务 1-1　安装与配置虚拟机

（1）成功安装 VMware Workstation 后的虚拟机软件的管理界面如图 1-3 所示。

（2）在图 1-3 所示的界面中选择"创建新的虚拟机"选项，并在弹出的"新建虚拟机向导"对话框中选中"典型（推荐）"单选按钮，然后单击"下一步"按钮，如图 1-4 所示。

（3）进入安装客户机操作系统界面，选中"稍后安装操作系统"单选按钮，然后单击"下一步"按钮，如图 1-5 所示。

图 1-3　虚拟机软件的管理界面

图 1-4　"新建虚拟机向导"对话框

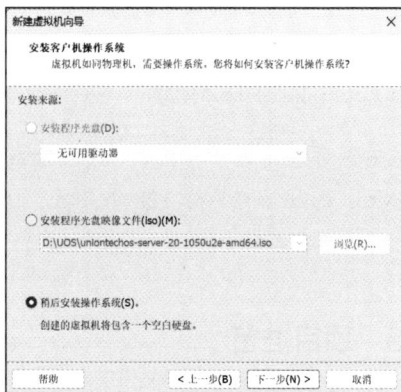

图 1-5　安装客户机操作系统界面

注意　请一定选中"稍后安装操作系统"单选按钮。如果选中"安装程序光盘映像文件(iso)"单选按钮，并把下载好的统信 UOS V20 的镜像选中，则虚拟机会通过默认的安装策略安装最精简的统信 UOS V20 操作系统，而不会再询问安装设置的选项。

（4）在图 1-6 所示的界面中选择客户机操作系统的类型为"Linux"，版本为"Debian 10.x 64 位"，然后单击"下一步"按钮。

（5）进入命名虚拟机界面，输入虚拟机名称，单击"浏览"按钮，并在选择安装位置之后单击"下一步"按钮，如图 1-7 所示。

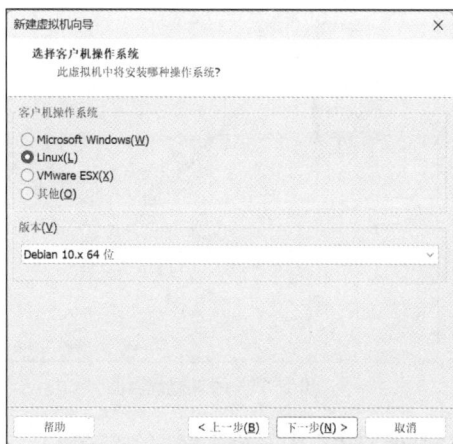

图1-6　选择客户机操作系统界面　　　　　图1-7　命名虚拟机界面

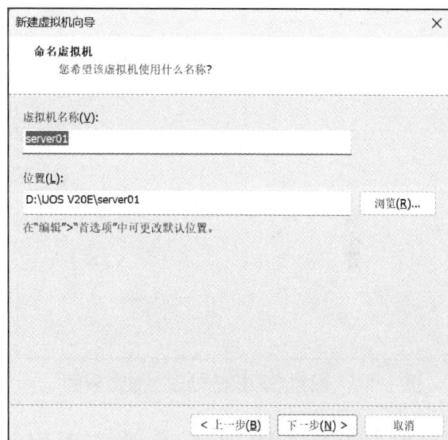

（6）进入指定磁盘容量界面，将虚拟机的"最大磁盘大小(GB)"设置为 100GB（默认为 20GB），然后单击"下一步"按钮，如图 1-8 所示。

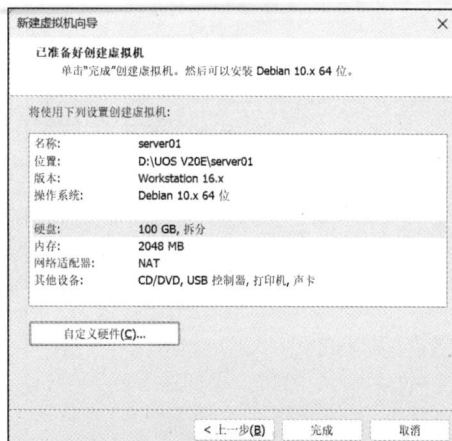

（7）进入已准备好创建虚拟机界面，单击"自定义硬件"按钮，如图 1-9 所示，完成设置后，再单击"完成"按钮。

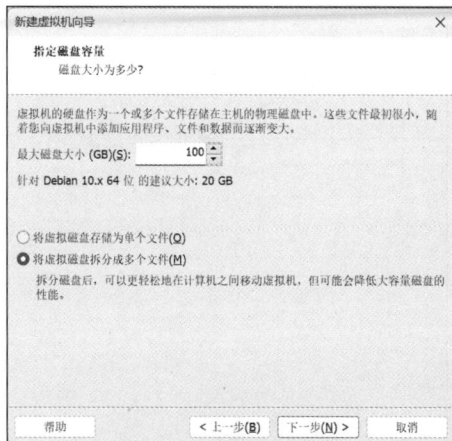

图1-8　指定磁盘容量界面　　　　　图1-9　已准备好创建虚拟机界面

（8）在图 1-10 所示的界面中单击"处理器"，根据"宿主"的性能设置处理器数量以及每个处理器的内核数量，并开启虚拟化功能，即勾选"虚拟化 CPU 性能计数器"复选框。如果需要添加多个硬盘，则需要完成设置后关闭该虚拟机。在虚拟机没有开启的情况下，重新打开"虚拟机设置"界面，单击"添加"按钮，选中"硬盘"，单击"下一步"按钮，直到完成添加一块硬盘。重复 4 次，添加 4 块硬盘，如图 1-11 所示。

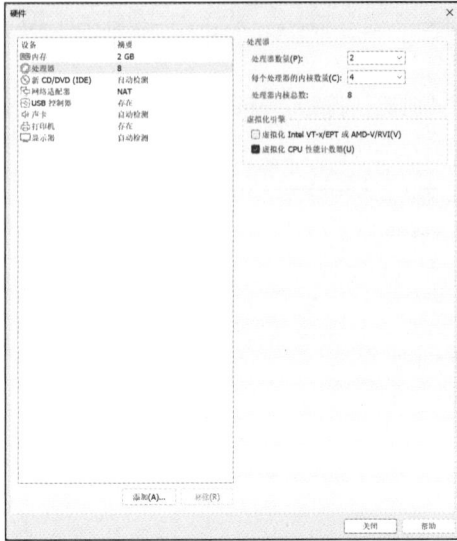

图 1-10　设置虚拟机的处理器参数界面

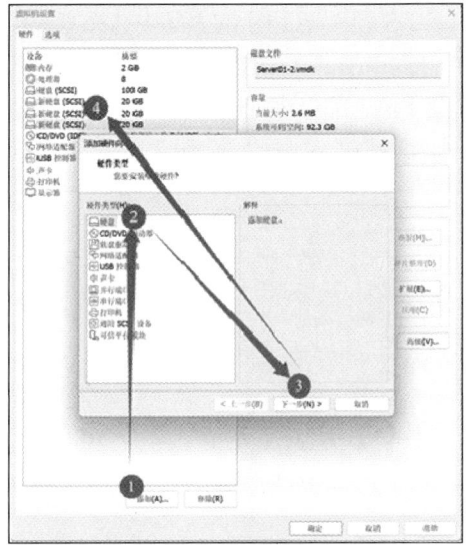

图 1-11　添加硬盘界面

（9）单击"CD/DVD(IDE)"，此时应在"使用 ISO 映像文件"中选择下载好的统信 UOS V20 系统镜像文件，如图 1-12 所示。

（10）单击"网络适配器"，选中"仅主机模式"单选按钮，如图 1-13 所示。虚拟机软件为用户提供了 3 种可选的网络模式，分别为桥接模式、NAT（Network Address Translation，网络地址转换）模式与仅主机模式。

图 1-12　设置虚拟机的光驱设备界面

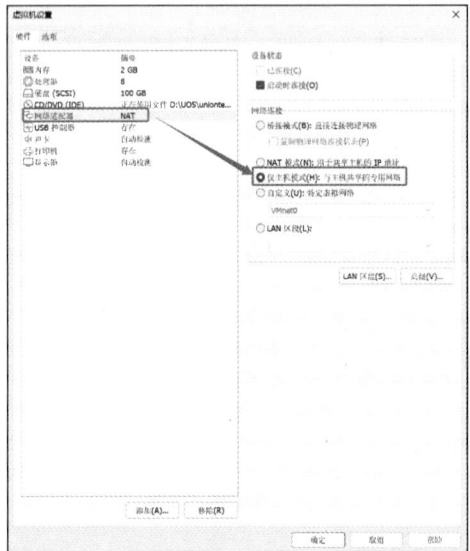

图 1-13　设置虚拟机的网络适配器参数界面

- **桥接模式：**相当于在物理主机与虚拟机网卡之间架设了一座桥梁，从而可以通过物理主机的网卡访问外网。在实际使用中，桥接模式虚拟机网卡对应的网卡是 VMnet0。

- **NAT 模式：**让虚拟机的网络服务发挥路由器的作用，使得通过虚拟机软件模拟的主机可以通过物理主机访问外网。在实际使用中，NAT 模式虚拟机网卡对应的网卡是 VMnet8。

- **仅主机模式：**仅让虚拟机内的主机与物理主机通信，不能访问外网。在真机中，仅主机模式虚拟机网卡对应的网卡是 VMnet1。

（11）把 USB 控制器、声卡、打印机等不需要的设备移除。移除声卡后可以避免在输入错误后发出提示声音，确保自己在今后实验中的思绪不被打乱。移除后单击"关闭"→"完成"按钮。

（12）右击刚刚新建的虚拟机，单击"设置"命令，进入虚拟机的高级设置界面，单击"选项"标签，选择"高级"选项，根据实际情况选择固件类型，如图 1-14 所示。

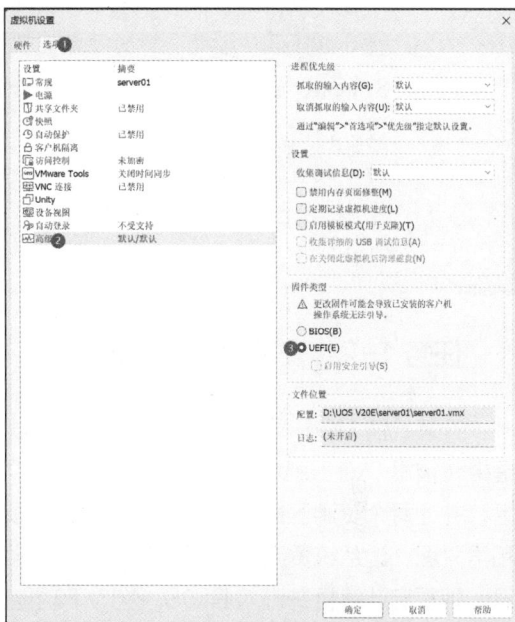

图 1-14　虚拟机的高级设置界面

> **特别注意** 若固件类型选择了 UEFI 模式，则对固态盘进行分区必须使用 GPT 分区。这一点非常重要！下面在初次安装统信 UOS V20 时，固件类型采用 UEFI 模式。

（13）单击图 1-14 所示界面中的"确定"按钮，虚拟机的配置顺利完成。当看到图 1-15 所示的界面时，说明虚拟机已经配置成功了。

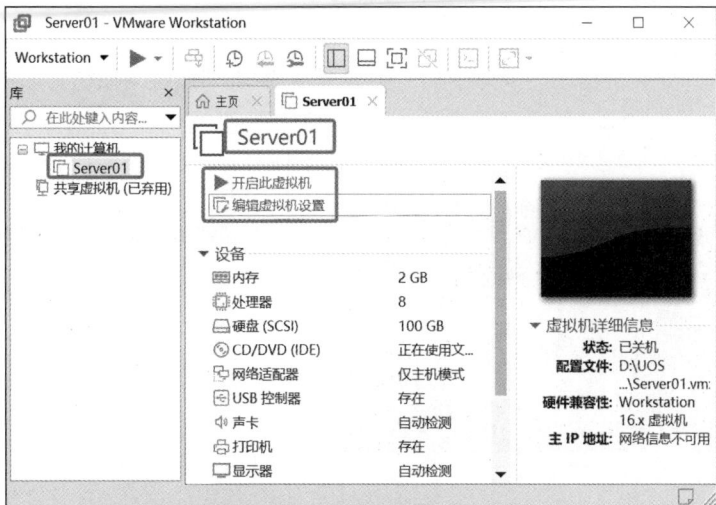

图 1-15　虚拟机配置成功的界面

> **小知识**　① UEFI 启动方式需要一个独立的分区，它将系统启动文件和操作系统本身隔离，可以更好地保护系统的启动。
> ② UEFI 启动方式支持的硬盘容量更大。传统的基本输入输出系统（Basic Input/Output System，BIOS）启动由于受 MBR 的限制，默认无法引导 2.1TB 以上的硬盘。随着硬盘价格的不断下降，2.1TB 以上的硬盘会逐渐普及，因此 UEFI 启动会是今后主流的启动方式。
> ③ 本书主要采用 UEFI 启动方式，但在某些关键点会同时讲解两种启动方式，请读者学习时注意。

任务 1-2　安装统信 UOS V20

安装统信 UOS V20 时，计算机的 CPU（Central Processing Unit，中央处理器）需要支持虚拟化技术（Virtualization Technology，VT）。VT 指的是让单台计算机能够分割出多个独立资源区，并让每个资源区按照需要模拟系统的一项技术，其本质就是通过中间层实现计算机资源的管理和再分配，让系统资源的利用率最大化。如果开启虚拟机后依然提示"CPU 不支持 VT"等报错信息，则重启计算机并进入 BIOS，把 VT 功能开启即可。

（1）在图 1-15 所示的界面中单击"开启此虚拟机"按钮后数秒就可看到统信 UOS V20 安装界面，如图 1-16 所示。在界面中，默认从"Install UnionTech OS Server 20(Graphic)"引导启动，需要在 60s 之内使用键盘中的"↑"和"↓"方向键选择安装统信 UOS V20 的选项，并在选项为高亮状态时按键盘中的"Enter"键。

> **特别说明**　Install UnionTech OS Server 20 (Graphic)：使用图形用户界面模式安装。
> Install UnionTech OS Server 20：使用字符界面模式安装，无用户界面交互模式。
> Rescue UnionTech OS Server 20：进入救援模式。
> Check ISO md5sum：校验 ISO 镜像的完整性。

（2）选择系统的安装语言为"简体中文（中国）"后单击"继续"按钮，如图 1-17 所示。

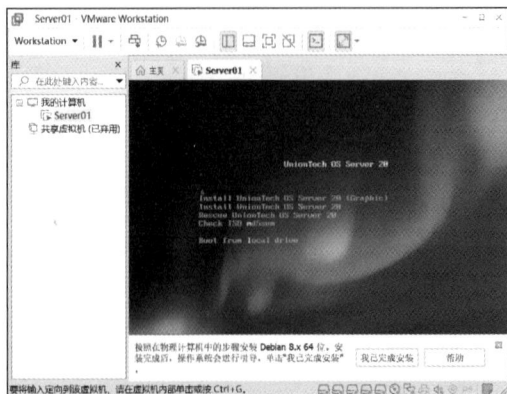

图 1-16　统信 UOS V20 安装界面

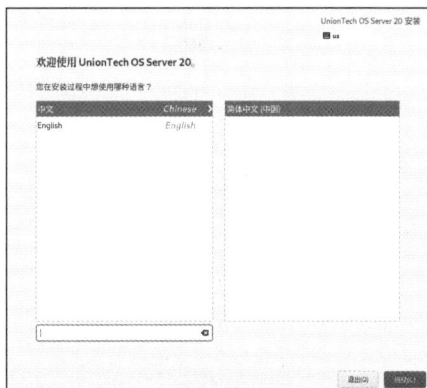

图 1-17　选择系统的安装语言界面

（3）在图 1-18 所示的安装信息摘要界面保留"软件选择"的系统默认值，不必更改。统信 UOS V20 已默认选中"带 DDE 的服务器"单选按钮[**"带 DDE 的服务器"指的是安装了 DDE(Deepin Desktop Environment，深度桌面环境 ）的服务器操作系统，它提供了图形化界面，方便用户进行操作和管理**]和内核"4.19"，可以不做任何更改，如图 1-19 所示。

图 1-18　安装信息摘要界面

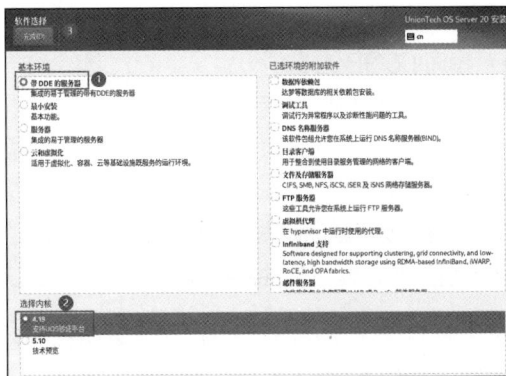

图 1-19　软件选择界面

（4）在图 1-19 所示的界面中单击"完成"按钮返回统信 UOS V20 安装信息摘要界面，选择"网络和主机名"选项后，在网络和主机名界面将"主机名"设置为 server01，将以太网的连接状态改成"打开"状态，然后单击右上角的"完成"按钮，如图 1-20 所示。

（5）返回统信 UOS V20 安装信息摘要界面，选择"时间和日期"选项，设置时区为亚洲，城市为上海，单击"完成"按钮。

（6）返回统信 UOS V20 安装信息摘要界面，选择"安装目的地"选项后，进入安装目标位置界面，选中"自定义"单选按钮，然后单击左上角的"完成"按钮，如图 1-21 所示。

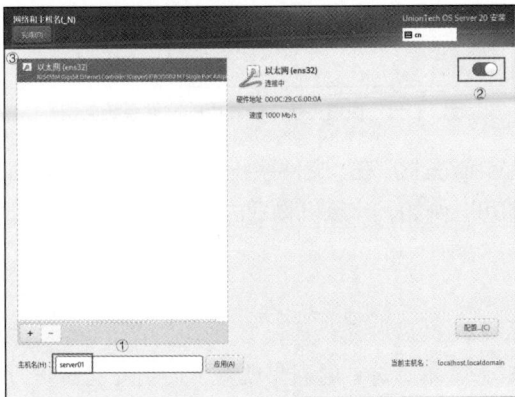

图 1-20　网络和主机名界面

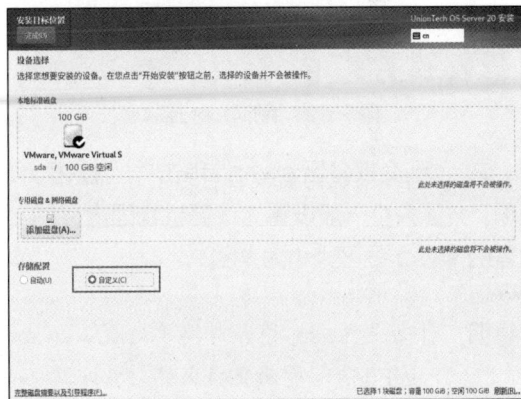

图 1-21　安装目标位置界面

（7）开始分区。磁盘分区允许用户将一个磁盘划分成几个单独的部分，每个部分都有自己的盘符。在分区之前，首先规划分区，以 100GB 硬盘为例，做如下规划。

- /boot 分区大小为 500MB。
- /boot/efi 分区大小为 500MB。

- /分区大小为 10GB。
- /home 分区大小为 8GB。
- swap 分区大小为 4GB。
- /usr 分区大小为 8GB。
- /var 分区大小为 8GB。
- /tmp 分区大小为 1GB。
- 预留 60GB 左右。

下面进行具体分区操作。

① 创建启动分区/boot。在"手动分区"界面中的"新挂载点将使用以下分区方案"下拉列表框中选择"标准分区"。单击"+"按钮，如图 1-22 所示，选择挂载点为"/boot"（**也可以直接输入挂载点**），将期望容量设置为 500MB，然后单击"添加挂载点"按钮。在图 1-23 所示的界面中设置**文件系统**类型，默认文件系统类型为"xfs"。

> **注意** ① 一定要选择"标准分区"，以保证/boot 为单独分区，为后面配额实训做必要的准备。
> ② 单击图 1-23 所示界面中的"–"按钮，可以删除选中的分区。

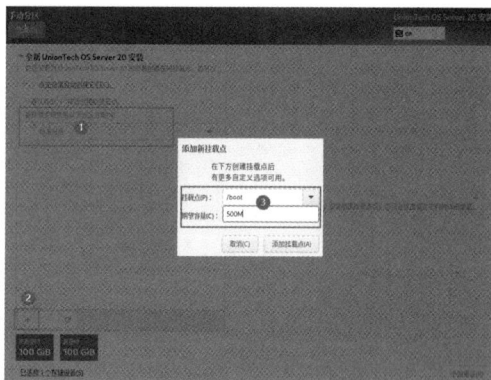

图 1-22　添加/boot 挂载点

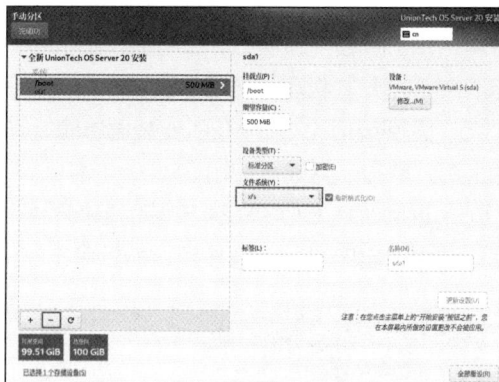

图 1-23　设置/boot 挂载点的文件系统类型

② 创建交换分区 swap。单击"+"按钮，创建 swap 分区。在"文件系统"类型中选择"swap"选项，分区大小一般设置为计算机物理内存的 2 倍即可。例如，计算机物理内存大小为 2GB，那么设置的 swap 分区大小为 4GB。

> **说明** 什么是 swap 分区？简单地说，swap 分区就是虚拟内存分区，它类似于 Windows 的 PageFile.sys 页面交换文件。当计算机的物理内存不够时，它利用硬盘上的指定空间作为"后备军"来动态扩充内存的大小。

③ 创建 EFI 启动分区/boot/efi。用与上面类似的方法创建/boot/efi，大小为 500MB。
④ 创建根分区/。用与上面类似的方法创建根分区，大小为 10GB。
⑤ 用与上面类似的方法创建/home 分区（大小为 8GB）、/usr 分区（大小为 8GB）、/var 分区（大小为 8GB）、/tmp 分区（大小为 1GB）。文件系统类型全部设置为"xfs"，设备类型全部设

置为"标准分区"。设置完成后如图 1-24 所示。

> **特别注意** ① 不可与根分区分开的目录是/dev、/etc、/sbin、/bin 和/lib。系统启动时，内核只载入一个分区，那就是根分区，因为内核启动要加载/dev、/etc、/sbin、/bin 和/lib 这 5 个目录的程序，所以这 5 个目录必须和根分区在一起。
> ② 最好单独分区的目录是/home、/usr、/var 和/tmp。出于安全和管理的目的，最好将以上 4 个目录独立出来。例如，在 samba 服务中，/home 目录可以配置磁盘配额；在 postfix 服务中，/var 目录可以配置磁盘配额。

⑥ 单击图 1-24 所示界面左上角的"完成"按钮。然后单击"接受更改"按钮完成分区，如图 1-25 所示。

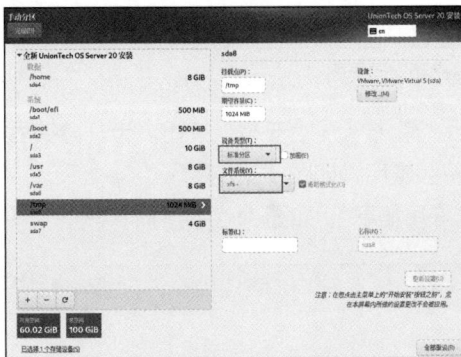

图 1-24　手动分区界面

图 1-25　完成分区后的结果界面

在本例中，/home 使用了独立分区/dev/nvme0n1p2。分区编号与分区顺序有关。

> **注意** 对于 NVMe 硬盘要特别注意，这是一种固态盘。由于使用了 UFFI 启动，所以固态盘的分区采用 GPT 分区。/dev/nvme0n1 表示第 1 个 NVMe 硬盘，/dev/nvme0n2 表示第 2 个 NVMe 硬盘；/dev/nvme0n1p1 表示第 1 个 NVMe 硬盘的第 1 个分区，/dev/nvme0n1p5 表示第 1 个 NVMe 硬盘的第 5 个分区，以此类推。

（8）返回安装信息摘要界面，如图 1-18 所示，选择"根密码"选项后，若输入弱口令的密码，则无法通过。root 账户拥有最高管理权限，因此，一定要让根密码足够复杂，否则系统将面临严重的安全问题。完成根密码设置后，单击"完成"按钮，如图 1-26 所示。

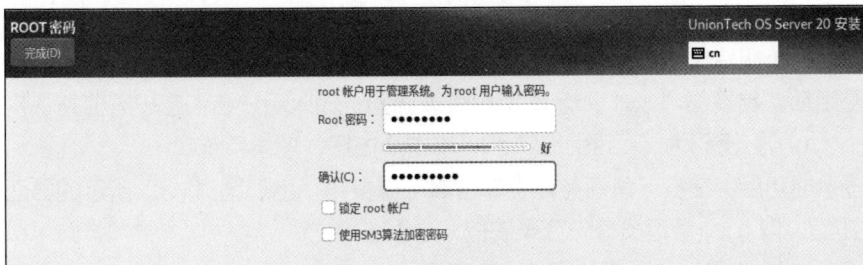

图 1-26　设置根密码界面

（9）返回安装信息摘要界面，如图 1-18 所示，选择"创建用户"选项后，即可看到设置普通账户和密码界面，如图 1-27 所示，例如，设置该用户的全名和用户名为"yangyun"，密码为"passw0@d"，单击"完成"按钮。

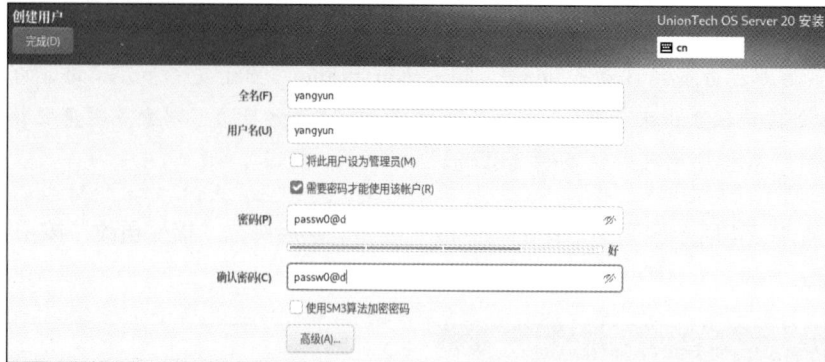

图 1-27　设置普通账户和密码界面

（10）返回安装信息摘要界面，如图 1-18 所示，单击"开始安装"按钮。十几分钟后，统信 UOS V20 安装完成，单击"重启系统"按钮，系统将会重启，如图 1-28 所示。

（11）系统重启后将看到系统初始化界面，单击"许可信息"，如图 1-29 所示。

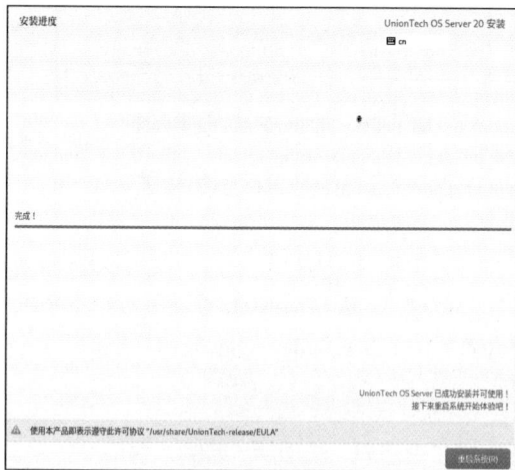

图 1-28　系统重启

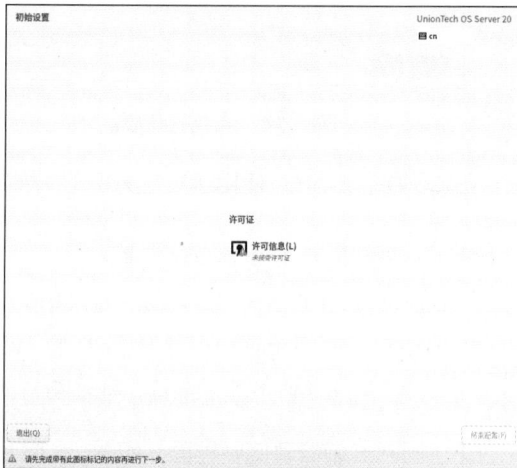

图 1-29　系统初始化界面

（12）进入许可信息界面，勾选"我同意许可协议"复选框，然后单击左上角的"完成"按钮，如图 1-30 所示。

（13）返回系统初始化界面后，单击"结束配置"按钮，系统自动重启。

（14）重启后，出现图 1-31 所示的用户登录界面，输入用户名和密码等信息。例如，输入用户名为"yangyun"，密码为"passw0@d"，单击➡按钮，登录系统。

（15）登录成功后，在右下角任务栏中单击⏻电源按钮，出现图 1-32 所示的界面，单击"切换用户"按钮后，以 root 管理员身份登录统信 UOS V20。

统信 UOS V20 登录后的界面如图 1-33 所示。

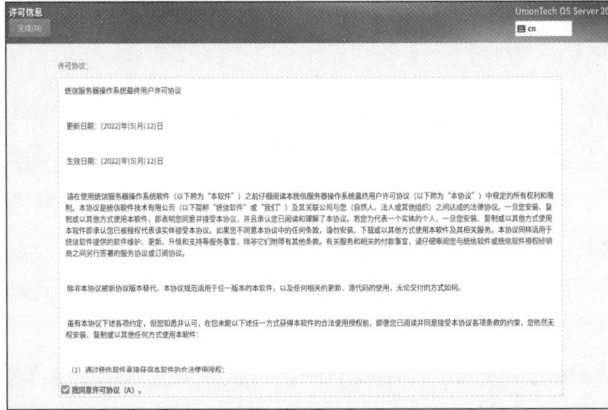

图 1-30　许可信息

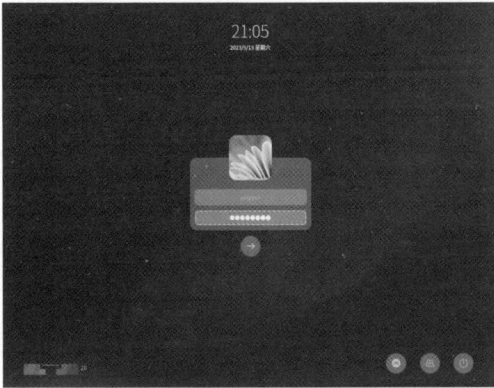

图 1-31　用户登录界面

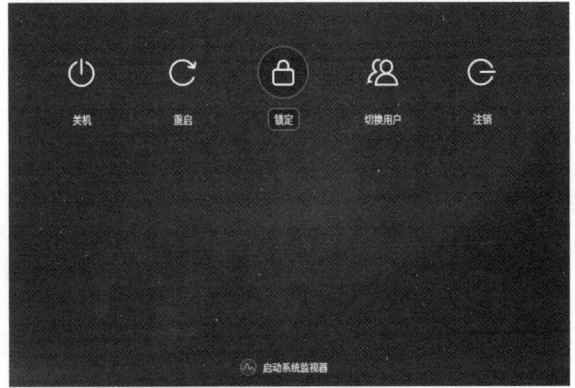

图 1-32　切换用户界面

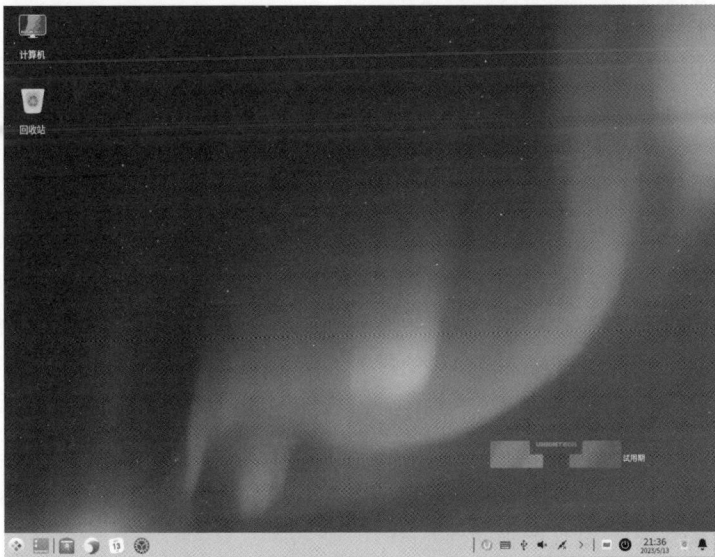

图 1-33　统信 UOS V20 登录后的界面

任务 1-3　使用 RPM

RPM（RedHat Package Manager，红帽软件包管理器）是国产操作系统广泛使用的软件包管理器。早期在 Linux 系统中安装服务程序是一件非常困难、极需耐心的事情，而且大多数的服务程序仅提供源代码，需要运维人员自行编译代码并解决许多软件依赖关系方面的问题。那时，要安装好一个服务程序，运维人员需要具备丰富的知识和高超的技能，并拥有良好的耐心，而且在安装、升级、卸载服务程序时，还要考虑到其他程序、库的依赖关系，所以进行校验、安装、卸载、查询、升级等管理软件操作的难度都非常大。

RPM 机制就是为解决这些问题而设计的。RPM 有点像 Windows 操作系统中的控制面板，它会建立统一的数据库文件，详细记录软件信息并自动分析依赖关系。表 1-1 所示为常用的 rpm 命令。

表 1-1　常用的 rpm 命令

命令	功能	命令	功能
rpm –ivh filename.rpm	安装软件	rpm –qpi filename.rpm	查询软件描述信息
rpm –Uvh filename.rpm	升级软件	rpm –qpl filename.rpm	列出软件文件信息
rpm –e filename.rpm	卸载软件	rpm –qf filename	查询文件属于哪个 RPM

任务 1-4　软件包管理：yum 与 AppStream

尽管 rpm 命令能够帮助用户查询软件相关的依赖关系，但具体问题还是要运维人员自己来解决。而有些大型软件可能与数十个程序都有依赖关系，在这种情况下安装软件是非常痛苦的。yum 软件仓库便是为了进一步降低软件安装难度和复杂度而设计的软件。

1. yum 软件仓库

yum（Yellowdog Updater，Modified，shell 前端软件包管理器）是一种在 Linux 操作系统中进行软件包管理的工具，主要用于安装、升级和移除软件包。它可以自动解决依赖性问题，并提供了一个简单的命令行界面和图形用户界面，方便用户进行软件包管理。

目前，国产操作系统都采用将发布的软件存储在 yum 软件仓库内的方式进行软件管理。这种管理方式通过分析软件的依赖属性，将软件内的记录信息写入清单列表，然后将这些清单列表记录成软件相关的仓库（Repository）。当用户需要安装软件时，操作系统客户端会向网络上的 yum 服务器的仓库网址请求下载清单列表。通过将清单列表的数据与本机 RPM 数据库已有的软件数据进行比较，用户可以一次性安装所有需要的具有依赖属性的软件。

统信 UOS V20 也采用了这种基于 yum 软件仓库的方式进行软件管理。用户可以通过命令行界面或图形用户界面来访问统信 UOS V20 的 yum 软件仓库，查找、安装、更新和卸载软件。统信 UOS V20 的 yum 软件仓库包含大量的软件包，覆盖了各种不同的应用领域，用户可以根据自己的需求进行选择和安装。yum 使用流程如图 1-34 所示。

当统信 UOS V20 客户端有升级、安装的需求时，会向仓库要求更新清单列表，使清单列表更新到本机的/var/cache/yum 中。当统信 UOS V20 客户端实施升级、安装操作时，会用清单列表的数据与本机 RPM 数据库的数据进行比较，这样就知道该下载什么软件了。接下来它会到 yum 服务器下载所需的软件，然后通过 RPM 的机制开始安装软件。这就是整个 yum 使用流程，仍然离不开 RPM。

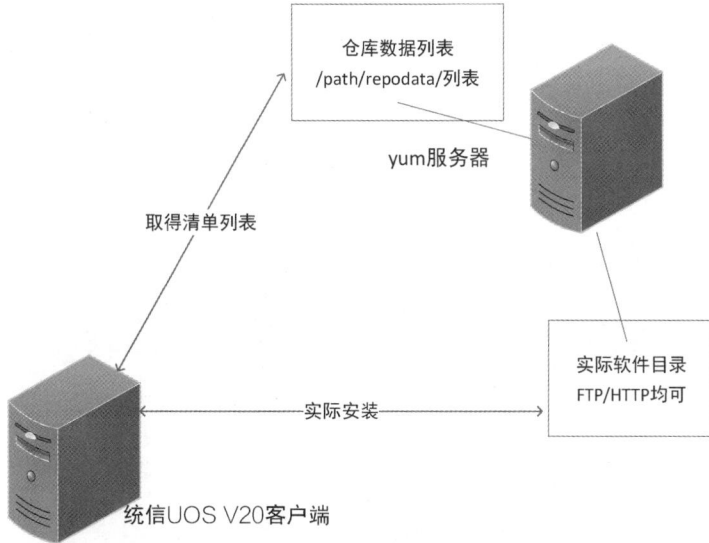

图 1-34　yum 使用流程

随着对包管理工具的需求不断升级，dnf（Dandified Yum）作为 yum 的下一代版本应运而生，旨在提供更高效的依赖管理和更友好的用户体验。常见的 dnf 命令及其功能如表 1-2 所示。

表 1-2　常见的 dnf 命令及其功能

命令	功能
dnf　repolist　all	列出所有软件仓库
dnf　list　all	列出软件仓库中的所有软件包
dnf　info　软件包名称	查看软件包信息
dnf　install　软件包名称	安装软件包
dnf　reinstall 软件包名称	重新安装软件包
dnf　update　软件包名称	升级软件包
dnf　remove　软件包名称	移除软件包
dnf　clean　all	清除所有软件仓库缓存
dnf　check-update	检查可更新的软件包
dnf　grouplist	查看系统中已经安装的软件包组
dnf　groupinstall　软件包组	安装指定的软件包组
dnf　groupremove　软件包组	移除指定的软件包组
dnf　groupinfo　软件包组	查询指定的软件包组信息

2. AppStream

统信 UOS V20 采用了 RHEL 提出的新的设计理念——应用程序流（AppStream），这一设计理念使得用户可以更加轻松地升级用户空间软件包，同时保留核心操作系统软件包。通过 AppStream，用户可以在独立的生命周期中安装其他版本的软件，保证操作系统始终保持最新状态。此外，AppStream 还允许用户安装同一程序的多个主要版本，从而为用户提供更多的选择。

　　AppStream 包含额外的用户空间应用程序、运行时语言和数据库，以支持不同的工作负载和用例。其中，AppStream 中的内容有两种格式：一种是我们熟悉的 RPM 格式，另一种是称为模块的 RPM 格式扩展。通过这两种格式，用户可以根据自己的需要进行安装，以满足特定的需求。

【例 1-1】配置本地 yum 源，安装 firefox。

　　创建挂载 ISO 镜像文件的文件夹。/media 一般是系统安装时创建的，读者可以不必新建文件夹，直接使用该文件夹即可。但如果想把 ISO 镜像文件挂载到其他文件夹，则请自行创建。

（1）新建配置文件/etc/yum.repos.d/dvd.repo。

```
[root@Server01 ~]# vim /etc/yum.repos.d/dvd.repo
[root@Server01 ~]# cat /etc/yum.repos.d/dvd.repo
[uosv20-AppStream]
name=uosv20-AppStream
baseurl=file:///media
gpgcheck=0
enabled=1
```

> **注意** baseurl 语句的写法：baseurl=file:/// media 中有 3 个 "/"。

（2）挂载 ISO 镜像文件（保证/media 存在）。本书中，**黑体内容**一般表示输入命令。

```
[root@Server01 ~]# mount /dev/cdrom /media
mount: /media: WARNING: device write-protected, mounted read-only.
[root@Server01 ~]#
```

（3）清理缓存并建立元数据缓存。

```
[root@Server01 ~]# dnf clean all
[root@Server01 ~]# dnf makecache                # 建立元数据缓存
```

（4）查看。

```
[root@Server01 ~]# dnf  repolist           # 列出系统中可用和不可用的所有软件仓库
[root@Server01 ~]# dnf  list               # 列出所有软件包
[root@Server01 ~]# dnf  list  installed     # 列出所有安装了的软件包
[root@Server01 ~]# dnf  search  firefox     # 搜索软件仓库中的软件包
[root@Server01 ~]# dnf  provides  /bin/bash  # 查找某一文件的提供者
[root@Server01 ~]# dnf  info  firefox       # 查看软件包详情
```

（5）安装 firefox 软件（无须信息确认）。

```
[root@Server01 ~]# dnf install firefox -y
```

> **注意** 要使用本地配置的 yum 源，需要将/etc/yum.repos.d/目录下的 5 个文件（UnionTechOS-kernel510-x86_64.repo、UnionTechOS-update-x86_64.repo、UnionTechOS-everything-x86_64.repo、UnionTechOS-modular-x86_64.repo、UnionTechOS-x86_64.repo）内的 enabled 值全改为 0，否则可能会导致没联网时安装软件提示无软件源并报错。在后续项目中可能会无法联网，建议读者按要求做好修改，如果需要联网安装，再把 enabled 值改为 1 即可。

任务 1-5　systemd 初始化进程服务

统信 UOS 的开机过程是从 BIOS 开始的，首先进入 Boot Loader，再加载系统内核，然后内核进行初始化，最后启动初始化进程。初始化进程是统信 UOS 的第一个进程，它需要完成一些系统初始化工作，为用户提供一个合适的工作环境。统信 UOS V20 已经替换了人们熟悉的初始化进程服务 System V init，正式采用了 Linux 全新的 systemd 初始化进程服务。systemd 初始化进程服务采用了并发启动机制，从而大大提高了开机速度。

统信 UOS V20 选择 systemd 初始化进程服务已经是一个既定事实，因此不再使用"运行级别"这个概念。统信 UOS V20 在启动时需要进行大量的初始化工作，例如，挂载文件系统、交换分区以及启动各种进程服务等，这些都可以看作一个个单元（Unit）。systemd 使用目标（Target）的概念来代替 System V init 中运行级别的概念，它们表示一组要在特定时间启动的单元。不同的目标表示不同的系统运行状态，例如，基本多用户目标（multi-user.target）表示系统已经启动并且准备好接受多个用户登录。通过使用目标，systemd 可以更加高效地管理系统服务的启动顺序，以及进行依赖关系的处理。System V init 与 systemd 的对应关系如表 1-3 所示。

表 1-3　System V init 与 systemd 的对应关系

System V init 运行级别	systemd 目标名称	作用
0	poweroff.target	关机
1	rescue.target	单用户模式
2	multi-user.target	等同于级别 3
3	multi-user.target	多用户的文本界面
4	multi-user.target	等同于级别 3
5	graphical.target	多用户的图形界面
6	reboot.target	重启
emergency	emergency.target	紧急 shell

下面在统信 UOS V20 中完成如下 2 个实例。

【例 1-2】多用户的图形界面转换为多用户的文本界面。

```
[root@Server01 ~]# systemctl get-default
graphical.target
[root@Server01 ~]# systemctl set-default multi-user.target
Removed /etc/systemd/system/default.target.
Created symlink /etc/systemd/system/default.target→
 /usr/lib/systemd/system/multi-user.target.
[root@Server01 ~]# reboot
```

【例 1-3】多用户的文本界面转换为多用户的图形界面。

```
[root@Server01 ~]# systemctl set-default graphical.target
Removed /etc/systemd/system/default.target.
Created symlink /etc/systemd/system/default.target→
 /usr/lib/systemd/system/graphical.target.
[root@Server01 ~]# reboot
```

任务 1-6　启动 shell

统信 UOS V20 中的 shell 又称为命令行，在这个命令行的终端窗口中，用户输入命令，操作系统执行命令并将返回结果显示在屏幕上。

1. 使用统信 UOS V20 的终端窗口

现在的统信 UOS V20 默认采用图形界面的 DDK（Driver Developmen Kit，设备开发包）操作方式，要想使用 shell 功能，就必须像在 Windows 中那样打开一个终端窗口。一般用户可以执行"启动器"→"终端"命令来打开终端窗口，如图 1-35 所示。

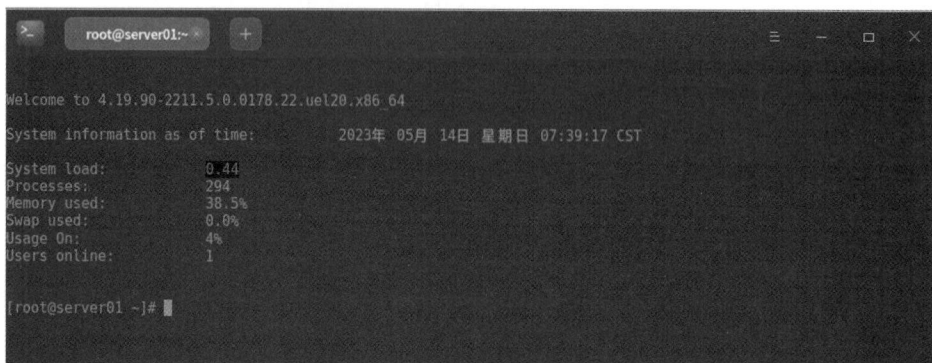

图 1-35　统信 UOS V20 的终端窗口

执行以上命令后，就打开了一个绿字黑底的终端窗口，在这里可以使用统信 UOS V20 支持的所有命令行的命令。

2. 使用 shell 提示符

登录之后，普通用户的 shell 提示符以"$"结尾，超级用户的 shell 提示符以"#"结尾。

```
[root@server01 ~]#                    # root 用户的 shell 提示符以"#"结尾
[root@server01 ~]# su - yangyun       # 切换到普通用户 yangyun，"#"提示符将变为"$"
[root@server01 ~]$ su - root          # 再切换回 root 用号，"$"提示符将变为"#"
密码：
```

3. 退出系统

在终端窗口中输入"shutdown -P now"，或者单击右下角任务栏中的电源按钮🔘，选择"关机"命令，可以退出系统。

4. 再次登录

如果再次登录，为了后面的实训顺利进行，请选择 root 用户。在图 1-36 所示的登录界面中输入 root 用户及密码，以 root 身份登录系统。

图 1-36　登录界面

任务 1-7　制作系统快照

安装成功后，请一定使用虚拟机的快照功能进行快照备份，以便需要时可立即恢复到系统的初始状态。读者需注意，对于重要实训节点，也可以进行快照备份，以便后续可以恢复到适当断点。

1.4 拓展阅读 "核高基"与国产操作系统

"核高基"就是"核心电子器件、高端通用芯片及基础软件产品"的简称，是国务院于 2006 年发布的《国家中长期科学和技术发展规划纲要（2006—2020 年）》中和载人航天与探月工程并列的 16 个重大科技专项之一。近年来，一批国产基础软件的领军企业的强势发展给我国软件市场增添了信心，而"核高基"犹如助推器，给了国产基础软件更强劲的发展支持力量。

近些来，我国大量的计算机用户将目光转移到 Linux 操作系统和国产办公软件上，国产操作系统和办公软件的下载量一时间以几倍的速度增长，国产 Linux 操作系统和办公软件的发展也引起了大家的关注。

随着国产软件技术的不断进步，我国的信息化建设也会朝着更安全、更可靠、更可信的方向发展。

1.5 项目实训 安装与基本配置 Linux 操作系统

1. 项目背景

某公司需要新安装一台带有统信 UOS V20 的计算机，该计算机硬盘大小为 100GB，固件启动方式仍采用传统的 BIOS 启动方式，而不采用 UEFI 启动方式。

2. 项目要求

（1）规划好 2 台计算机（Server01 和 Client1）的 IP 地址、主机名、虚拟机网络连接方式等内容。

（2）在 Server01 上安装完整的统信 UOS V20。

（3）硬盘大小为 100GB，按以下要求完成分区创建。

- /boot 分区大小为 600MB。
- swap 分区大小为 4GB。
- /分区大小为 10GB。
- /usr 分区大小为 8GB。
- /home 分区大小为 8GB。
- /var 分区大小为 8GB。
- /tmp 分区大小为 6GB。
- 预留约 55GB 不进行分区。

（4）简单设置新安装的统信 UOS V20 的网络环境。

（5）安装 DDE 桌面环境，将显示分辨率调至 1280px×768px。

（6）制作系统快照。

（7）使用虚拟机的"克隆"功能新生成一个统信 UOS V20，主机名为 Client1，并设置该主机的 IP 地址等参数。（"克隆"生成的主机系统要避免与原主机系统冲突。）

（8）使用 ping 命令测试这 2 台 Linux 主机的连通性。

3. 深度思考

思考以下两个问题。

（1）分区规划为什么必须慎之又慎？

（2）第一个系统的虚拟内存设置至少多大？为什么？

4. 做一做

根据项目要求，将项目完整地做一遍。

1.6 练习题

一、填空题

1. GNU 的含义是_____。

2. Linux 内核一般有 3 个主要部分：_____、_____、_____。

3. Linux 是基于_____的软件模式发布的，它是 GNU 项目制定的通用公共许可证，英文是_____。

4. Linux 的版本分为_____和_____两种。

5. 安装统信 UOS V20 最少需要两个分区，分别是_____和_____。

6. 统信 UOS V20 默认的系统管理员账号是_____。

7. UEFI 是_____的缩写，中文含义是_____。

8. NVMe 是_____的缩写，中文含义是_____。

9. NVMe 硬盘是一种固态盘。若采用的是 GPT 分区方式，则/dev/nvme0n1 表示第_____个 NVMe 硬盘，/dev/nvme0n2 表示第_____个 NVMe 硬盘，/dev/nvme0n1p1 表示_____，/dev/nvme0n1p5 表示_____，以此类推。

10. 传统的 BIOS 启动由于_____的限制，默认是无法引导超过_____TB 以上的硬盘的。

11. 如果选择的固件类型为"UEFI"，则 Linux 操作系统至少必须创建 4 个分区：_____、_____、_____和_____。

二、选择题

1. Linux 最早是由计算机爱好者（　　）开发的。

A. Richard Petersen   B. Linus Benedict Torvalds

C. Rob Pick   D. Linux Sarwar

2. 下列选项中，（　　）是自由软件。

A. Windows 10   B. UNIX

C. Linux   D. Windows Server 2016

3. 下列选项中，（　　）不是 Linux 的特点。

A. 多任务   B. 单用户

C. 设备独立性   D. 开放性

4. Linux 的内核版本 2.3.20 是（　　）的版本。

A. 不稳定   B. 稳定   C. 第三次修订   D. 第二次修订

5. 统信 UOS V20 安装过程中的硬盘分区工具是（　　）。

A. PQmagic   B. FDISK   C. FIPS   D. Disk Druid

6. 统信 UOS V20 的根分区可以设置成（   ）。

A. FAT16   B. FAT32   C. xfs   D. NTFS

三、简答题

1. 简述 Linux 的体系结构。

2. 使用虚拟机安装统信 UOS V20 操作系统时，为什么要选择"稍后安装操作系统"，而不选择"安装程序光盘映像文件（iso）"？

3. 简述 RPM 与 yum 软件仓库的作用。

4. 安装统信 UOS V20 的基本磁盘分区有哪些？

5. 统信 UOS V20 支持的文件类型有哪些？

6. 统信 UOS V20 采用了 systemd 作为初始化进程服务，那么如何查看某个服务的运行状态？

1.7 实践习题

用虚拟机和安装光盘安装与配置统信 UOS V20，试着在安装过程中对 IPv4 进行配置。

1.8 超链接

访问学习**国家精品资源共享课程网站**中学习情境的相关内容。在学习后面的项目时也请访问该学习网站，本书不再一一标注。

国家精品资源共
享课程网站

项目2
统信UOS V20常用命令与vim

02

项目导入

在文本模式和终端模式下，人们经常使用统信 UOS 命令来查看系统的状态和监视系统的操作，如对文件和目录进行浏览、操作等。

系统管理员的一项重要工作就是修改与设定某些重要软件的配置文件，因此系统管理员至少要学会使用一种以上的文字接口的文本编辑器。所有的统信 UOS 发行版本都内置了 vim。vim 不但可以用不同颜色显示文本内容，还能够进行如 shell script、C program 等程序的编辑，因此可以将 vim 视为一种程序编辑器。

掌握统信 UOS 常用命令和 vim 编辑器是学好统信 UOS V20 的必备基础。

职业能力目标

- 熟悉统信 UOS V20 操作系统的命令基础。
- 掌握文件目录类命令。

- 掌握系统信息类命令。
- 掌握进程管理类命令及其他常用命令。
- 掌握 vim 编辑器的使用方法。

素养提示

- 明确职业技术岗位所需的职业规范和精神，树立社会主义核心价值观。

- "大学之道，在明明德，在亲民，在止于至善。""'高山仰止，景行行止。'虽不能至，然心向往之。"了解计算机的主奠基人——华罗庚，知悉读大学的真正含义。

2.1 项目知识准备

Linux 命令是对 Linux 操作系统进行管理的命令。对于统信 UOS V20 操作系统来说，无论是 CPU、内存、磁盘驱动器、键盘、鼠标，还是用户等，都是文件。统信 UOS 命令是统信 UOS 系统正常运行的核心，与 DOS(Disk Operating System，磁盘操作系统)命令类似。掌握统信 UOS 命令对于管理统信 UOS V20 操作系统来说是非常有必要的。

2.1.1 了解统信 UOS 命令的特点

在统信 UOS 操作系统中，命令区分大小写。在命令行中，可以使用"Tab"键来自动补齐命令，即可以只输入命令的前几个字母，然后按"Tab"键补齐。

按"Tab"键时，如果系统只找到一个与输入字符相匹配的目录或文件，则自动补齐；如果没有相匹配的内容或有多个相匹配的内容，系统将发出警鸣声，再按"Tab"键将列出所有相匹配的内容（如果有），以供用户选择。

例如，在命令提示符后输入"mou"，然后按"Tab"键，系统将自动补齐该命令为"mount"；如果在命令提示符后只输入"mo"，然后按"Tab"键，将发出一声警鸣，再次按"Tab"键，系统将显示所有以"mo"开头的命令。

另外，利用"↑"或"↓"方向键，可以翻查曾经执行过的命令，并可以再次执行。

如果要在一个命令行中输入和执行多条命令，可以使用分号来分隔命令，如"cd /;ls"。

如果要断开一个长命令，可以使用"\"。它可以将一个较长的命令分成多行表达，增强命令的可读性。输入"\"后，shell 自动显示提示符">"，表示正在输入一个长命令，此时可继续在新的命令行中输入命令的后续部分。

2.1.2 后台执行程序

一个文本控制台或一个仿真终端在同一时刻只能执行一个程序或命令。在执行结束前，一般不能进行其他操作。此时可采用在后台执行程序的方式，以释放控制台或终端，使其仍能进行其他操作。要使程序以后台方式执行，只需在要执行的命令后加上一个"&"即可，如"top &"。

2.2 项目设计与准备

本项目的所有操作都在 Server01 上进行，使用的主要命令包括文件目录类命令、系统信息类命令、进程管理类命令以及其他常用命令等。

可使用"hostnamectl set-hostname Server01"修改主机名（关闭终端后重新打开即生效）。

```
[root@localhost ~]# hostnamectl set-hostname Server01
```

2.3 项目实施

下面通过实例来了解常用的统信 UOS 命令。先把打开的终端关闭，再重新打开，让新修改的主机名生效。

任务 2-1 熟练使用文件目录类命令

文件目录类命令是对文件和目录进行各种操作的命令。

1. 熟练使用浏览目录类命令

（1）pwd 命令

pwd 命令用于显示用户当前所处的目录。

```
[root@Server01 ~]# pwd
/root
```

（2）cd 命令

cd 命令用来在不同的目录中进行切换。用户在登录系统后，会处于用户的"家目录"（$HOME，也叫主目录）中，该目录一般以/home 开头，后接用户名，这个目录就是用户的初始登录目录（root 用户的主目录为/root）。如果用户想切换到其他的目录下，就可以使用 cd 命令，其后接想要切换的目录名。例如：

```
[root@Server01 ~]# cd ..          # 切换目录位置至当前目录的父目录下
[root@Server01 /]# cd etc         # 切换目录位置至当前目录下的 etc 子目录下
[root@Server01 etc]# cd ./yum     # 切换目录位置至当前目录下的 yum 子目录下
[root@Server01 yum]# cd ~         # 切换目录位置至用户登录时的主目录下
[root@Server01 ~]# cd ../etc      # 切换目录位置至当前目录的父目录下的 etc 子目录下
[root@Server01 etc]# cd /etc/xml  # 利用绝对路径表示切换目录位置至 /etc/xml 目录下
[root@Server01 xml]# cd           # 切换目录位置至用户登录时的工作目录下
[root@Server01 ~]#
```

> **说明** 在统信 UOS 操作系统中，用"."代表当前目录，用".."代表当前目录的父目录，用"～"代表用户的主目录。例如，root 用户的主目录是/root，则不带任何参数的"cd"命令相当于"cd～"命令，即将目录位置切换到用户的主目录。

（3）ls 命令

ls 命令用来列出目录或文件信息。该命令的格式为：

```
ls  [选项]  [目录或文件]
```

ls 命令的常用选项如下。

- -a：显示所有文件，包括以"."开头的隐藏文件。
- -A：显示指定目录下所有的子目录及文件，包括隐藏文件，但不显示"."和".."。
- -t：依照文件最后修改时间的顺序列出文件。
- -F：列出当前目录下的文件名及其类型。
- -R：显示目录下及其所有子目录下的文件名。
- -c：按文件的修改时间排序。

- -C: 分成多列显示各行。
- -d: 如果参数是目录, 则只显示其名称, 而不显示其下的各个文件, 往往与 "-l" 选项一起使用, 以得到目录的详细信息。
- -l: 以长格式显示文件的详细信息。
- -g: 同上, 并显示文件的所有者工作组名。
- -i: 在输出的第一列显示文件的 i 节点号。

例如:

```
[root@Server01 ~]#ls       # 列出当前目录下的文件及目录
[root@Server01 ~]#ls -a    # 显示包括以 "." 开头的隐藏文件在内的所有文件
[root@Server01 ~]#ls -t    # 依照文件最后修改时间的顺序列出文件
[root@Server01 ~]#ls -F    # 列出当前目录下的文件名及其类型
# 以 "/" 结尾表示目录名, 以 "*" 结尾表示可执行文件, 以 "@" 结尾表示符号链接
[root@Server01 ~]#ls -l    # 以长格式显示当前目录下所有文件的详细信息, 包括权限、所有者、文件
大小、修改时间及文件名
[root@Server01 ~]#ls -lg   # 同上, 并显示文件的所有者工作组名
[root@Server01 ~]#ls -R    # 显示目录下及其所有子目录下的文件名
```

2. 熟练使用浏览文件类命令

（1）cat 命令

cat 命令主要用于滚动显示文件内容, 或将多个文件合并成一个文件。该命令的格式为:

```
cat [选项] 文件名
```

cat 命令的常用选项如下。

- -b: 对输出内容中的非空行标注行号。
- -n: 对输出内容中的所有行标注行号。

通常使用 cat 命令查看文件内容, 但是 cat 命令的输出内容不能分页显示, 要查看超过一页的文件内容, 需要使用 more 或 less 等其他命令。如果在 cat 命令中没有指定参数, 则 cat 命令会从标准输入（键盘）中获取内容。

例如, 查看/etc/passwd 文件内容的命令为:

```
[root@Server01 ~]#cat /etc/passwd
```

利用 cat 命令还可以合并多个文件。例如, 把 file1 和 file2 文件合并为 file3 文件, 且合并后 file2 文件的内容在 file1 文件的内容前面, 则命令为:

```
[root@Server01 ~]# echo "This is file1!">file1    # 先建立 file1 示例文件
[root@Server01 ~]# echo "This is file2!">file2    # 先建立 file2 示例文件
[root@Server01 ~]# cat file2 file1>file3          # 如果 file3 文件存在, 则此命令的执行
结果会覆盖 file3 文件中的原有内容
[root@Server01 ~]# cat file3
This is file2!
This is file1!
[root@Server01 ~]# cat file2 file1>>file3
# 如果 file3 文件存在, 则此命令的执行结果将把 file2 和 file1 文件的内容附加到 file3 文件中原有内容的后面
```

（2）more 命令

在使用 cat 命令时, 如果文件内容太长, 则用户只能看到文件的最后一部分内容。这时可以使用 more 命令一页一页地分页显示文件内容。more 命令通常用于分页显示文件内容。在大部分情况下, 可以不加任何选项直接执行 more 命令查看文件内容。执行 more 命令后, 进入 more 状态, 按 "Enter" 键可以

向下移动一行，按 "Space" 键可以向下移动一页，按 "Q" 键可以退出 more 命令。该命令的格式为：

```
more  [选项]  文件名
```

more 命令的常用选项如下。

- -num：这里的 num 是一个数字，用来指定分页显示时每页的行数。
- +num：指定从文件的第 num 行开始显示。

例如：

```
[root@Server01 ~]#more /etc/passwd        # 以分页方式查看 passwd 文件的内容
[root@Server01 ~]#cat /etc/passwd |more    # 以分页方式查看 passwd 文件的内容
```

more 命令经常在管道中被调用，以实现各种命令输出内容的分页显示。上述的第二个命令就是利用 shell 的管道功能分页显示 passwd 文件的内容。关于管道的内容在项目 7 中有详细介绍。

（3）less 命令

less 命令是 more 命令的改进版，它的功能比 more 命令的功能更强大。more 命令只能实现向下翻页，而 less 命令不但可以实现向下、向上翻页，还可以实现前、后、左、右移动。执行 less 命令后，进入 less 状态，按 "Enter" 键可以向下移动一行，按 "Space" 键可以向下移动一页，按 "B" 键可以向上移动一页，按方向键可以向前、后、左、右移动，按 "Q" 键可以退出 less 命令。

less 命令还支持在一个文本文件中进行快速查找。先按 "/" 键，再输入要查找的单词或字符。less 命令会在文本文件中进行快速查找，并把找到的第一个搜索目标高亮显示。如果希望继续查找，就再次按 "/" 键，并按 "Enter" 键即可。

less 命令的用法与 more 命令的用法基本相同，例如：

```
[root@Server01 ~]#less /etc/passwd       # 以分页方式查看 passwd 文件的内容
```

（4）head 命令

head 命令用于显示文件内容的开头部分，默认情况下只显示文件内容的开头 10 行。该命令的格式为：

```
head  [选项]  文件名
```

head 命令的常用选项如下。

- -n num：显示指定文件内容的开头 num 行。
- -c num：显示指定文件内容的开头 num 个字符。

例如：

```
[root@Server01 ~]#head -n 20 /etc/passwd   # 显示 passwd 文件内容的开头 20 行
```

> **说明** 若 -n num 中 num 为负值，则表示倒数第 |num| 行后面的所有行都不显示。例如，num=-3 表示文件中倒数第 3 行后面的所有行都不显示，其余都显示。

（5）tail 命令

tail 命令用于显示文件内容的末尾部分，默认情况下，只显示文件内容的末尾 10 行。该命令的格式为：

```
tail  [选项]  文件名
```

tail 命令的常用选项如下。

- -n num：显示指定文件内容的末尾 num 行。
- -c num：显示指定文件内容的末尾 num 个字符。
- -n +num：从第 num 行开始显示指定文件的内容。

例如:

```
[root@Server01 ~]#tail -n 20 /etc/passwd   # 显示 passwd 文件内容的末尾 20 行
```

tail 命令"最强悍"的功能是可以持续刷新一个文件的内容,想要实时查看最新日志文件时,这个功能特别有用。此时命令的格式为:

```
tail -f 文件名
```

例如:

```
[root@Server01 ~]# tail -f /var/log/messages
  Aug 24 10:08:19 Server01 systemd-hostnamed[34361]: Changed static host name to
'Server01'
  Aug 24 10:08:19 Server01 NetworkManager[1381]: <info>  [1692842899.7133] hostname:
hostname changed from "Server02" to "Server01"
  ......
  Aug 24 10:08:19 Server01 systemd[1]: Started Network Manager Script Dispatcher
Service.
  Aug 24 10:08:29 Server01 systemd[1]: NetworkManager-dispatcher.service: Succeeded.
  Aug 24 10:08:49 Server01 systemd[1]: systemd-hostnamed.service: Succeeded.
```

3. 熟练使用目录操作类命令

（1）mkdir 命令

mkdir 命令用于创建一个目录。该命令的语法为:

```
mkdir [选项] 目录名
```

上述目录名可以为相对路径,也可以为绝对路径。

mkdir 命令的常用选项如下。

-p: 在创建目录时,如果父目录不存在,则同时创建该目录及该目录的父目录。

例如:

```
[root@Server01 ~]# mkdir dir1   # 在当前目录下创建 dir1 子目录
[root@Server01 ~]# mkdir -p dir2/subdir2
# 在当前目录的 dir2 目录下创建 subdir2 子目录,如果 dir2 目录不存在,则同时创建
```

（2）rmdir 命令

rmdir 命令用于删除空目录。该命令的格式为:

```
rmdir [选项] 目录名
```

上述目录名可以为相对路径,也可以为绝对路径,但所删除的目录必须为空目录。

rmdir 命令的常用选项如下。

-p: 在删除目录时,一同删除父目录,但父目录中必须没有其他目录及文件。

例如:

```
[root@Server01 ~]# rmdir dir1   # 在当前目录下删除 dir1 空子目录
[root@Server01 ~]# rmdir -p dir2/subdir2
# 删除当前目录下的 dir2/subdir2 空子目录,删除 subdir2 目录时,如果 dir2 目录中无其他目录及文件,则一
同删除
```

4. 熟练使用 cp 命令

（1）cp 命令的使用方法

cp 命令主要用于文件或目录的复制。该命令的格式为:

```
cp [选项] 源文件 目标文件
```

cp 命令的常用选项如下。

- -a: 尽可能将文件状态、权限等属性按照原状予以复制。
- -f: 如果目标文件或目录存在，则先删除它们再进行复制（覆盖），并且不提示用户。
- -i: 如果目标文件或目录存在，则提示用户是否覆盖已有的文件或目录。
- -R（r）: 递归复制目录，即复制时包含目录下的各级子目录。
- -p: 保留源文件或目录的属性，也就是复制文件时保留其权限、时间戳以及所有者信息。

特别提示 若加选项-f后仍提示用户，则说明"cp -i"设置了别名 cp。可取消别名设置：unalias cp。

（2）使用 cp 命令的范例

cp 命令是非常重要的，使用不同身份执行这个命令会有不同的结果产生，尤其是加上-a、-p 选项时，对于不同身份来说，差异非常大。在下面的练习中，有的身份为 root，有的身份为一般账号（在这里用 yangyun 这个账号），练习时请特别注意身份的差别。请观察下面的 CP 命令范例。另外，/tmp 是在安装时建立的独立分区，如果安装时没有建立，则请自行建立。

【例 2-1】用 root 身份，将主目录下的.bashrc 复制到/tmp 下，并更名为 bashrc。

```
[root@Server01 ~]# cp ~/.bashrc /tmp/bashrc
[root@Server01 ~]# cp -i ~/.bashrc /tmp/bashrc
cp: 是否覆盖'/tmp/bashrc'?          #n 为不覆盖，y 为覆盖
# 重复两次，由于/tmp 下已经存在 bashrc，加上-i 选项后
# 在覆盖前会询问用户是否确认覆盖！可以按"n"键或者"y"键来二次确认
```

【例 2-2】切换目录到/tmp，并将/var/log/wtmp 复制到/tmp，观察其目录属性。

```
[root@Server01 ~]# cd /tmp
[root@Server01 tmp]# cp /var/log/wtmp . # 复制到当前目录，最后的"."不要忘记
[root@Server01 tmp]#ls -l /var/log/wtmp wtmp
-rw-rw-r-- 1 root utmp 8832  7月 21 11:08 /var/log/wtmp
-rw-r--r-- 1 root root 8832  8月 24 10:21 wtmp
# 在不加任何选项复制的情况下，文件的某些属性/权限会改变
# 这是个很重要的特性，要注意连文件建立的时间也不一样了
```

如果想要将文件的所有属性都进行复制该怎么办？可以加上-a，如下所示。

```
[root@Server01 tmp]# cp -a /var/log/wtmp wtmp_2
[root@Server01 tmp]# ls -l /var/log/wtmp wtmp_2
-rw-rw-r-- 1 root utmp 8832  7月 21 11:08 /var/log/wtmp
-rw-rw-r-- 1 root utmp 8832  7月 21 11:08 wtmp_2
```

cp 命令的功能很多，由于我们常常会进行一些数据的复制，所以会常常用到这个命令。一般来说，如果复制别人的数据（当然，你必须有读的权限），我们总是希望复制到的数据最后是自己的。所以，在预设的条件中，cp 命令的源文件与目标文件的权限是不同的，目标文件的所有者通常会是命令操作者本身。

例如，在例 2-2 中，由于身份是 root，因此复制过来的文件所有者与群组就变为 root。由于 cp 命令具有这个特性，所以我们在进行复制的时候，需要特别注意某些特殊权限文件。例如，密码文件(/etc/shadow)以及一些配置文件就不能直接用 cp 命令来复制，而必须加上-a 或-p 等选项。若加上-p 选项，则表示除复制文件的内容外，还把修改时间和访问权限也复制到新文件中。

> **注意** 想要复制文件给其他用户，也必须注意文件的权限（包含读、写、执行以及文件所有者等），否则，其他用户还是无法对你给的文件进行修改。

【例 2-3】复制/etc/目录下的所有内容到/tmp 文件夹。

```
[root@Server01 tmp]# cp /etc /tmp
cp: 未指定 -r；略过目录'/etc'   # 如果是目录则不能直接复制，要加上-r 选项
[root@Server01 tmp]# cp -r /etc /tmp
# 再次强调，使用-r 可以复制目录，但是文件与目录的权限可能会改变
# 所以在复制时，常常利用"cp  -a  /etc  /tmp"命令保持复制前后的对象权限不改变
```

【例 2-4】只有~/.bashrc 比/tmp/bashrc 更新时，才进行复制。

```
[root@Server01 tmp]# cp -u ~/.bashrc /tmp/bashrc
# -u 的特性是只有在目标文件与源文件有差异时，才会复制
# 所以-u 常用于"复制"的工作中
```

> **思考** 你能否使用 yangyun 身份，完整地复制/var/log/wtmp 文件到/tmp，并将其更名为 bobby_wtmp 呢？

参考答案：

```
[root@Server01 tmp]# su - yangyun
[yangyun@Server01 ~]$ cp -a /var/log/wtmp /tmp/bobby_wtmp
[yangyun@Server01 ~]$ ls -l /var/log/wtmp  /tmp/bobby_wtmp
-rw-rw-r-- 1 yangyun yangyun 8832  7月 21 11:08 /tmp/bobby_wtmp
-rw-rw-r-- 1 root   utmp   8832  7月 21 11:08 /var/log/wtmp
[yangyun@Server01 ~]$ exit
注销
[root@Server01 tmp]#
```

5. 熟练使用文件操作类命令

（1）mv 命令

mv 命令主要用于文件或目录的移动或改名。该命令的格式为：

```
mv  [选项]  源文件或目录  目标文件或目录
```

mv 命令的常用选项如下。

- -i：如果目标文件或目录存在，则提示是否覆盖目标文件或目录。
- -f：无论目标文件或目录是否存在，均直接覆盖目标文件或目录且不提示。

例如：

```
# 将当前目录下的/tmp/wtmp 文件移动到/usr/目录下，文件名不变
[root@Server01 tmp]# cd
[root@Server01 ~]# mv /tmp/wtmp /usr/
# 将/usr/wtmp 文件移动到根目录下，移动后的文件名为 tt
[root@Server01 ~]# mv /usr/wtmp /tt
```

（2）rm 命令

rm 命令主要用于文件或目录的删除。该命令的格式为：

```
rm  [选项]  文件名或目录名
```

rm 命令的常用选项如下。

- -i：删除文件或目录时提示用户。

- –f：删除文件或目录时不提示用户。
- –R：递归删除目录，即删除时包含目录下的文件和各级子目录。

例如：

```
# 删除当前目录下的所有文件，但不删除子目录和隐藏文件
[root@Server01 ~]# mkdir /dir1;cd /dir1                    # ";"分隔连续运行的命令
[root@Server01 dir1]# touch aa.txt  bb.txt; mkdir subdir11;ll
[root@Server01 dir1]# rm *
# 删除当前目录下的子目录 subdir11，包含其下的所有文件和子目录，并且提示用户确认
[root@Server01 dir]# rm -iR subdir11
```

（3）touch 命令

touch 命令用于建立文件或更新文件的存取和修改时间。该命令的格式为：

```
touch  [选项]  文件名或目录名
```

touch 命令的常用选项如下。

- –d yyyymmdd：把文件的存取和修改时间改为 yyyy 年 mm 月 dd 日。
- –a：只把文件的存取时间改为当前时间。
- –m：只把文件的修改时间改为当前时间。

例如：

```
[root@Server01 dir]# cd
[root@Server01 ~]# touch aa
# 如果当前目录下存在 aa 文件，则把 aa 文件的存取和修改时间改为当前时间
# 如果不存在 aa 文件，则新建 aa 文件
[root@Server01 ~]# touch -d 20220808 aa        #将 aa 文件的存取和修改时间改为 2022 年 8 月 8 日
```

（4）rpm 命令

rpm 命令主要用于对 RPM 软件包进行管理。RPM 软件包是 Linux 的各种发行版本中应用最为广泛的软件包之一。学会使用 rpm 命令对 RPM 软件包进行管理至关重要。该命令的格式为：

```
rpm  [选项]  软件包名
```

rpm 命令的常用选项如下。

- –qa：查询系统中安装的所有软件包。
- –q：查询指定的软件包在系统中是否安装。
- –qi：查询系统中已安装软件包的描述信息。
- –ql：查询系统中已安装软件包包含的文件列表。
- –qf：查询系统中指定文件所属的软件包。
- –qp：查询软件包文件中的信息，通常用于在未安装软件包之前了解软件包中的信息。
- –i：安装指定的软件包。
- –v：显示较详细的信息。
- –h：以"#"显示进度。
- –e：卸载已安装的软件包。
- –U：升级指定的软件包。软件包的版本必须比当前系统中安装的软件包的版本高才能正确升级。如果当前系统中并未安装指定的软件包，则直接安装。
- –F：更新软件包。

2-3 拓展阅读

diff 命令、ln 命令、gzip 命令、gunzip 命令、tar 命令

【例 2-5】使用 rpm 命令查询软件包及文件。

```
[root@Server01 ~]#rpm -qa|more          # 查询系统中安装的所有软件包
[root@Server01 ~]#rpm -q selinux-policy   # 查询系统是否安装了 selinux-policy 软件包
[root@Server01 ~]#rpm -qi selinux-policy  # 查询系统已安装的 selinux-policy 软件包的描
述信息
[root@Server01 ~]#rpm -ql selinux-policy  # 查询系统已安装的 selinux-policy 软件包包含
的文件列表
[root@Server01 ~]#rpm -qf /etc/passwd       //查询 passwd 文件所属的软件包
```

【例 2-6】可以利用 rpm 命令安装 network-scripts 软件包（在统信 UOS V20 中，网络相关服务管理已经转移到 NetworkManager 了，不再是 network。若想使用网卡配置文件，则必须安装 network-scripts 软件包，该软件包默认已安装）。卸载、安装与升级过程如下。

```
[root@Server01 Packages]#rpm -e network-scripts
# 卸载 network-scripts 软件包
[root@Server01 ~]# mount /dev/cdrom /media   # 挂载光盘
[root@Server01 ~]#cd /media/Packages # 切换目录到软件包所在的目录
[root@Server01 Packages]# rpm -ivh network-scripts-10.04-4.up2.uel20.01.x86_64.rpm
# 安装软件包，系统将以 "#" 显示安装进度和安装的详细信息
[root@Server01 Packages]# rpm -Uvh network-scripts-10.04-4.up2.uel20.01.x86_64.rpm
# 升级 network-scripts 软件包
```

> **注意** 卸载软件包时不加扩展名 .rpm，如果使用命令 rpm -e network-scripts-10.04-4.up2.uel20.01. x86_64-- nodeps，则表示不检查依赖性。另外，软件包的名称会因系统版本而稍有差异，不要机械照抄。

（5）whereis 命令

whereis 命令用来查找命令的可执行文件所在位置。该命令的格式为：

```
whereis [选项] 命令名称
```

whereis 命令的常用选项如下。

- -b：只查找二进制文件。
- -m：只查找命令的联机帮助手册部分。
- -s：只查找源代码文件。

例如：

```
# 查找命令 rpm 的可执行文件所在位置
[root@Server01 Packages]# cd
[root@Server01 ~]# whereis rpm
rpm: /usr/bin/rpm /usr/lib/rpm /etc/rpm
```

（6）find 命令

find 命令用于查找文件。它的功能非常强大。该命令的格式为：

```
find [路径] [匹配表达式]
```

find 命令的匹配表达式主要有以下几种类型。

- -name filename：查找指定文件名的文件。
- -user username：查找属于指定用户的文件。
- -group grpname：查找属于指定组的文件。

- -print：显示查找结果。
- -size n：查找大小为 n 块的文件，一块为 512B。符号"+n"表示查找大小大于 n 块的文件；符号"-n"表示查找大小小于 n 块的文件；符号"nc"表示查找大小为 n 个字符的文件。其中 n 表示文件的大小。
- -inum n：查找索引节点号为 n 的文件。
- -type：查找指定类型的文件。文件类型有：b（块设备文件）、c（字符设备文件）、d（目录）、p（管道文件）、l（符号链接文件）、f（普通文件）。
- -atime n：查找 n 天前被访问过的文件。符号"+n"表示查找超过 n 天前被访问的文件；符号"-n"表示查找未超过 n 天前被访问的文件。
- -mtime n：类似于 atime，但查找依据是文件内容被修改的时间。
- -ctime n：类似于 atime，但查找依据是文件索引节点被修改的时间。
- -perm mode：查找与给定访问权限匹配的文件，必须以八进制的形式给出访问权限。
- -newer file：查找比指定文件更新的文件，即最后修改时间离现在更近。
- -exec command {} \;：对匹配指定条件的文件执行 command 命令。
- -ok command {} \;：同上，但执行 command 命令时请求用户确认。

例如：

```
[root@Server01 ~]# find . -type f -exec ls -l {} \;
# 在当前目录下查找普通文件，并以长格式显示
[root@Server01 ~]# find /tmp -type f -mtime 5 -exec rm {} \;
# 在/tmp 目录下查找修改时间为 5 天前的普通文件，并删除。保证/tmp 目录存在
[root@Server01 ~]# find /etc -name "*.conf"
# 在/etc 目录下查找文件名以".conf"结尾的文件
[root@Server01 ~]# find . -type d -perm 755 -exec ls {} \;
# 在当前目录下查找访问权限为 755 的目录并显示
```

> **注意** 由于 find 命令在执行过程中将消耗大量资源，所以建议以后台方式执行。

（7）grep 命令

grep 命令用于查找文件中包含指定字符串的行。该命令的格式为：

```
grep [选项] 要查找的字符串 文件名
```

grep 命令的常用选项如下。

- -v：列出不匹配的行。
- -c：对匹配的行计数。
- -l：只显示包含匹配模式的文件名。
- -h：抑制包含匹配模式的文件名的显示。
- -n：每个匹配行只按照相对的行号显示。
- -i：对匹配模式不区分大小写。

在 grep 命令中，符号"^"表示行的开始，符号"$"表示行的结尾。如果要查找的字符串中带有空格，则可以用单引号或双引号标注。

例如：

```
[root@Server01 ~]# grep -2 root /etc/passwd
# 在文件 passwd 中查找包含字符串 "root" 的行，如果找到，则显示该行及该行前后各 2 行的内容
[root@Server01 ~]# grep "^root$" /etc/passwd
# 在 passwd 文件中查找只包含 "root" 4 个字符的行
```

> **提示** grep 命令和 find 命令的差别在于，grep 命令是在文件中查找满足条件的行，而 find 命令是在指定目录下根据文件的相关信息查找满足指定条件的文件。

【例 2-7】可以利用 grep 命令的 -v 选项，删除带 "#" 的注释行和空白行。下面的例子将配置文件 /etc/man_db.conf 中的空白行和注释行删除，将简化后的配置文件存放到当前目录下，并更改文件名为 man_db.bak。

```
[root@Server01 ~]# grep -v "^#" /etc/man_db.conf |grep -v "^$">man_db.bak
[root@Server01 ~]# cat man_db.bak
```

（8）dd 命令

dd 命令用于按照指定大小和数量的数据块来复制文件或转换文件。该命令的格式为：

```
dd [选项]
```

dd 命令是一个比较重要而且有特色的命令，它能够让用户按照指定大小和数量的数据块来复制文件。当然如果需要，还可以在复制过程中转换其中的数据。统信 UOS V20 操作系统中有一个名为 /dev/zero 的设备文件，因为这个文件不会占用系统存储空间，却可以提供无穷无尽的数据，所以可以使用它作为 dd 命令的输入文件来生成一个指定大小的文件。dd 命令的选项及其作用如表 2-1 所示。

表 2-1 dd 命令的选项及其作用

选项	作　　用
if	输入的文件名
of	输出的文件名
bs	设置每个 "数据块" 的大小
count	设置要复制 "数据块" 的数量

例如，我们可以用 dd 命令从 /dev/zero 设备文件中取出两个大小为 560MB 的数据块，然后将其保存成名为 file1 的文件。理解这个命令后，就能创建任意大小的文件了（**进行配额测试时很有用**）。

```
[root@Server01 ~]# dd if=/dev/zero of=file1 count=2 bs=560M
记录了 2+0 的读入
记录了 2+0 的写出
1174405120 字节（1.2 GB，1.1 GiB）已复制，3.18469 s，369 MB/s
[root@Server01 ~]# rm file1
```

dd 命令的功能也绝不仅限于复制文件这么简单。如果想把光驱设备中的光盘制作成 ISO 映像文件，在 Windows 操作系统中需要借助第三方软件才能做到，但在统信 UOS V20 中可以直接使用 dd 命令来压制映像文件，将它变成一个可立即使用的 ISO 映像文件。

```
[root@Server01 ~]# dd if=/dev/cdrom of=UOS-V20-x86_64.iso
记录了 16084992+0 的读入
```

```
记录了 16084992+0 的写出
8235515904 字节（8.2 GB, 7.7 GiB）已复制, 55.5348 s, 148 MB/s
[root@Server01 ~]# rm UOS-V20-x86_64.iso
```

任务 2-2　熟练使用系统信息类命令

系统信息类命令是对系统的各种信息进行显示和设置的命令。

（1）dmesg 命令

dmesg 命令用实例名称和物理名称来标识连到系统上的设备。dmesg 命令也用于显示系统诊断信息、系统版本号、物理内存大小以及其他信息。例如：

```
[root@Server01 ~]#dmesg|more
```

> **提示**　系统启动时，屏幕上会显示系统 CPU、内存、网卡等硬件信息。但通常信息的显示时间较短，如果用户没有看清，则可以在系统启动后用 dmesg 命令查看。

（2）free 命令

free 命令主要用来查看系统内存、虚拟内存的大小及占用情况。例如：

```
[root@Server01 ~]# free
              total        used        free      shared  buff/cache   available
Mem:        2006448      762420      599704       12528      644324      898268
Swap:       4194300      233472     3960828
```

（3）timedatectl 命令

timedatectl 命令对于 RHEL /CentOS 7 的分布式系统来说，是一个新工具，统信 UOS V20 仍然沿用。timedatectl 命令作为 systemd 系统和服务管理器的一部分，代替旧的、传统的、用于基于 Linux 分布式系统的 sysvinit 守护进程的 date 命令。

timedatectl 命令可以查询和更改系统时钟，可以使用此命令来显示或设置当前的日期、时间和时区，或实现与远程 NTP（Network Time Protocol，网络时间协议）服务器的自动系统时钟同步。

① 显示系统的当前时间、日期、时区等信息。

```
[root@Server01 ~]# timedatectl status
             Local time: 四 2023-08-24 11:12:25 CST
         Universal time: 四 2023-08-24 03:12:25 UTC
               RTC time: 四 2023-08-24 03:12:25
              Time zone: Asia/Shanghai (CST, +0800)
System clock synchronized: no
              NTP service: active
          RTC in local TZ: no
```

实时时钟（Real-Time Clock，RTC），即硬件时钟。

② 设置当前时区。

```
[root@Server01 ~]# timedatectl |grep Time              # 查看当前时区
[root@Server01 ~]# timedatectl list-timezones          # 查看所有可用时区
[root@Server01 ~]# timedatectl set-timezone Asia/Shanghai   # 修改当前时区
```

③ 设置时间和日期。

```
[root@Server01 ~]# timedatectl set-time 10:43:30   # 只设置时间
Failed to set time: Automatic time synchronization is enabled
```

这个错误是启动了时间同步造成的，改正错误的办法是关闭该 NTP 单元。

```
[root@Server01 ~]# clear                                    # 清屏
[root@Server01 ~]# timedatectl set-ntp no                   # 关闭时间同步
[root@Server01 ~]# timedatectl set-time 10:58:30            # 仅设置时间，格式为时分秒
[root@Server01 ~]# timedatectl set-time 2020-08-22          # 仅设置日期，格式为年月日
[root@Server01 ~]# timedatectl                              # 查看设置结果
[root@Server01 ~]# timedatectl set-time "2021-8-21 11:01:40" # 设置日期和时间
[root@Server01 ~]# timedatectl                              # 查看设置结果
```

注意 只有 root 用户才可以设置系统的日期和时间。

（4）cal 命令

cal 命令用于显示指定月份或年份的日历，可以带两个参数，其中，年份、月份用数字表示；只有一个参数时该参数表示年份，年份的范围为 1~9999；不带任何参数的 cal 命令显示当前月份的日历。例如：

```
[root@Server01 ~]# cal 7 2023
      七月 2023
一  二  三  四  五  六  日
                    1   2
 3   4   5   6   7   8   9
10  11  12  13  14  15  16
17  18  19  20  21  22  23
24  25  26  27  28  29  30
31
```

（5）clock 命令

clock 命令用于从计算机的硬件获得日期和时间。例如：

```
[root@Server01 ~]# clock
2020-08-22 00:00:58.586442+08:00
```

任务 2-3 熟练使用进程管理类命令

进程管理类命令是对进程进行各种显示和设置的命令。

（1）ps 命令

ps 命令主要用于查看系统的进程。该命令的格式为：

```
ps [选项]
```

ps 命令的常用选项如下。

- -a：显示当前控制终端的进程（包含其他用户的进程）。
- -u：显示进程的用户名和启动时间等信息。
- -w：宽行输出，不截取输出中的命令行。
- -l：按长格式显示输出。
- -x：显示没有控制终端的进程。
- -e：显示所有的进程。

- -t n: 显示第 *n* 个控制终端的进程。

例如：

```
[root@Server01 ~]# ps -au
USER          PID %CPU %MEM    VSZ   RSS TTY      STAT START    TIME COMMAND
root         1455  0.0  1.4 1451764 28220 tty1     Ssl+ 8月20   1:05 /usr/libexec/
Xorg -background none :0 -sea
root        34905  0.0  0.1 224032  3600 pts/0    Ss   8月21   0:00 /bin/bash
root        40117  0.0  0.1 224140  3528 pts/0    R+   00:01   0:00 ps -au
```

> **提示** ps 命令通常和重定向、管道等命令一起使用，用于查找出所需的进程。输出内容第一行的中文解释是：显示进程所属的用户名；显示进程的唯一标识符（PID, Process ID）；显示进程在 CPU 上的占用百分比；显示进程在内存上的占用百分比；显示进程的虚拟内存大小（以 KB 为单位）；显示进程使用的实际物理内存大小（以 KB 为单位）；显示进程所关联的终端设备（如果有的话）；显示进程的状态，例如运行（R）、睡眠（S）、僵尸（Z）等；显示进程启动的时间；显示进程已经占用 CPU 的时间；显示进程的命令行。

（2）pidof 命令

pidof 命令用于查询某个指定服务进程的进程号码值（Process Identifier, PID）。该命令的格式为：

```
pidof [选项] [服务进程名称]
```

每个进程的 PID 是唯一的，因此可以通过 PID 来区分不同的进程。例如，可以使用如下命令来查询本机上 sshd 服务进程的 PID。

```
[root@Server01 ~]# pidof sshd
1410
```

（3）kill 命令

前台进程在运行时，可以用"Ctrl+C"组合键（生产环境中比较常用的一个组合键）来终止它，但后台进程无法使用这种方法终止，此时可以使用 kill 命令向后台进程发送强制终止信号，以达到目的。例如：

```
[root@Server01 ~]# kill -1
 1) SIGHUP      2) SIGINT      3) SIGQUIT     4) SIGILL      5) SIGTRAP
 6) SIGABRT     7) SIGBUS      8) SIGFPE      9) SIGKILL    10) SIGUSR1
11) SIGSEGV    12) SIGUSR2    13) SIGPIPE    14) SIGALRM    15) SIGTERM
16) SIGSTKFLT  17) SIGCHLD    18) SIGCONT    19) SIGSTOP    20) SIGTSTP
21) SIGTTIN    22) SIGTTOU    23) SIGURG     24) SIGXCPU    25) SIGXFSZ
26) SIGVTALRM  27) SIGPROF    28) SIGWINCH   29) SIGIO      30) SIGPWR
......
```

上述命令用于显示 kill 命令能够发送的信号种类。每种信号都有一个对应数值，例如，SIGKILL 信号对应的数值为 9。kill 命令的格式为：

```
kill [选项] 进程1 进程2 ......
```

选项 -s 后一般接信号的种类。

例如：

```
[root@Server01 ~]# ps
  PID TTY          TIME CMD
```

```
 34905 pts/0    00:00:00 bash
 40123 pts/0    00:00:00 ps
[root@Server01 ~]# kill -s SIGKILL 34905  # 或者 kill  -9 34905
# 上述命令用于终止 bash 进程，会关闭终端
```

（4）killall 命令

killall 命令用于终止某个指定名称的服务程序对应的全部进程。该命令的格式为：

`killall [选项] [进程名称]`

通常来讲，复杂软件的服务程序会有多个进程协同为用户提供服务，如果逐个终止这些进程会比较麻烦，此时可以使用 killall 命令来批量终止某个服务程序带有的全部进程。下面以 sshd 服务程序为例，终止其全部进程。

```
[root@Server01 ~]# pidof sshd
1410
[root@Server01 ~]# killall -9 sshd
[root@Server01 ~]# pidof sshd
[root@Server01 ~]#
```

> **注意** 如果在命令行终端中执行一个命令后想立即终止它，可以按"Ctrl + C"组合键，这样将立即终止该命令的进程。或者，如果有些命令在执行时不断地在屏幕上输出信息，影响后续命令的输入，则可以在输入命令时在其末尾加上一个"&"符号，这样命令将在系统后台执行。

（5）nice 命令

统信 UOS V20 操作系统有两个和进程有关的优先级，用"ps -l"命令可以看到这两个优先级：PRI 值和 NI 值。PRI 值是进程实际的优先级，它是由操作系统动态计算得到的。这个优先级的计算和 NI 值有关。NI 值可以被用户更改，NI 值越大，优先级越低。一般用户只能增大 NI 值，只有超级用户才可以减小 NI 值。NI 值被改变后，会影响 PRI 值。优先级高的进程被优先运行，默认时进程的 NI 值为 0。nice 命令的格式如下。

`nice  -n  程序名  # 以指定的优先级运行程序`

其中，n 表示 NI 值，正值代表 NI 值增大，负值代表 NI 值减小。

例如：

`[root@Server01 ~]# nice --2 ps -l`

（6）renice 命令

renice 命令是根据进程的 PID 来改变进程优先级的。renice 命令的格式为：

`renice n  PID`

其中，n 为修改后的 NI 值。

例如：

```
[root@Server01 ~]# ps -l
F S   UID     PID     PPID  C PRI  NI ADDR  SZ  WCHAN   TTY        TIME CMD
F S   UID     PID     PPID  C PRI  NI ADDR  SZ  WCHAN   TTY        TIME CMD
0 S    0    40142    40135  0  80   0 - 55908 do_wai  pts/0   00:00:00 bash
0 R    0    40226    40142  0  80   0 - 53949 -       pts/0   00:00:00 ps
[root@Server01 ~]# renice -6 40142
[root@Server01 ~]# ps -l
```

（7）top 命令

和 ps 命令不同，top 命令可以实时监控进程的状况。top 命令界面自动每 5s
刷新一次，也可以用"top -d 20"，使得 top 命令界面每 20s 刷新一次。

2-4　拓展阅读

top 命令

任务 2-4　熟练使用其他常用命令

除了上面介绍的命令，还有一些命令也经常用到。

（1）clear 命令

clear 命令用于清除命令行终端的内容。

（2）uname 命令

uname 命令用于显示系统信息。例如：

```
[root@Server01 ~]# uname -a
 Linux Server01 4.19.90-2211.5.0.0178.22.uel20.x86_64 #1 SMP Thu Nov 24 11:03:45 CST
2022 x86_64 x86_64 x86_64 GNU/Linux
```

（3）man 命令

man 命令用于列出命令的帮助手册，非常有用！例如：

```
[root@Server01 ~]# man ls
```

典型的 man 命令列出的命令帮助手册包含以下部分。

- NAME：命令的名字。
- SYNOPSIS：命令的概要，简单说明命令的使用方法。
- DESCRIPTION：详细描述命令的使用，如各种参数（选项）的作用。
- SEE ALSO：列出可能要查看的其他相关的手册页条目。
- AUTHOR、COPYRIGHT：作者和版权等信息。

（4）shutdown 命令

shutdown 命令用于在指定时间关闭系统。该命令的格式为：

```
shutdown  [选项]  时间  [警告信息]
```

shutdown 命令常用的选项如下。

- -r：系统关闭后重新启动。
- -h：关闭系统。

时间可以是以下形式。

- now：表示立即。
- hh:mm：指定绝对时间，hh 表示小时，mm 表示分钟。
- +m：表示 m 分钟以后。

例如：

```
[root@Server01 ~]# shutdown -h now    # 关闭系统
```

（5）halt 命令

halt 命令用于立即关闭系统，但该命令不自动关闭电源，需要手动关闭电源。

（6）reboot 命令

reboot 命令用于重新启动系统，相当于"shutdown -r now"。

（7）poweroff 命令

poweroff 命令用于立即关闭系统，并关闭电源，相当于"shutdown -h now"。

（8）alias 命令

alias 命令用于定义命令的别名。该命令的格式为：

```
alias 命令别名 = "命令行"
```

例如：

```
[root@Server01 ~]# alias mand="vim /etc/man_db.conf"
# 定义 mand 为命令"vim /etc/man_db.conf"的别名
```

alias 命令不带任何参数时将列出系统已定义的别名。

（9）unalias 命令

unalias 命令用于取消别名的定义。例如：

```
[root@Server01 ~]# unalias mand
```

（10）history 命令

history 命令用于显示用户最近执行的命令，可以保留的历史命令数和环境变量 HISTSIZE 有关。只要在编号前加"!"，就可以重新执行编号对应的历史命令。例如：

```
[root@Server01 ~]# history
[root@Server01 ~]# !128
```

上述代码示例表示重新执行第 128 个历史命令。

（11）wget 命令

wget 命令用于在终端中下载网络文件，命令的格式为：

```
wget [选项] 下载地址
```

2-5 拓展阅读

wget 命令

（12）who 命令

who 命令用于查看当前登录主机的用户终端信息，命令的格式为：

```
who [选项]
```

这 3 个简单的字母可以快速显示出所有正在登录本机的用户名以及他们正在开启的终端信息。执行 who 命令后的结果如下。

```
[root@Server01 ~]# who
root     tty1         2023-07-21 11:08 (:0)
```

（13）last 命令

last 命令用于查看所有的登录记录，命令的格式为：

```
last [选项]
```

使用 last 命令可以查看本机的登录记录。但是，由于这些信息都是以日志文件的形式保存在系统中的，所以黑客可以很容易地对信息进行篡改。因此，不能单纯以此来判定是否遭黑客攻击。

```
[root@Server01 ~]# last
root     tty1         :0               Fri Jul 21 11:08   still logged in
root     :0                            Fri Jul 21 11:08   still logged in
reboot   system boot  4.19.90-2211.5.0 Fri Jul 21 11:08   still running
root     tty1         :0               Tue Jun 13 16:46 - crash (37+18:22)
root     :0                            Tue Jun 13 16:46 - crash (37+18:22)
reboot   system boot  4.19.90-2211.5.0 Tue Jun 13 16:45   still running
root     tty1         :0               Sun May 14 06:59 - crash (30+09:46)
root     :0                            Sun May 14 06:59 - crash (30+09:46)
```

```
reboot    system boot   4.19.90-2211.5.0 Sun May 14 06:59    still running
root      tty2          :1               Sat May 13 21:10 - 06:59  (09:48)
root      :1                             Sat May 13 21:10 - 06:59  (09:48)
yangyun   tty1          :0               Sat May 13 21:06 - 06:59  (09:52)
yangyun   :0                             Sat May 13 21:06 - 06:59  (09:52)
reboot    system boot   4.19.90-2211.5.0 Sat May 13 20:58 - 06:59  (10:00)

wtmp begins Sat May 13 20:58:23 2023
```

（14）sosreport 命令

sosreport 命令用于收集系统配置及架构信息并输出诊断文档，命令的格式为：

```
sosreport
```

（15）echo 命令

echo 命令用于在命令行终端输出字符串或变量提取后的值，命令的格式为：

```
echo [字符串 | $变量]
```

例如，把指定字符串"long60.cn"输出到终端的命令为：

```
[root@Server01 ~]# echo long60.cn
```

该命令会在终端显示如下信息。

```
long60.cn
```

下面使用"$变量名"的方式提取变量 SHELL 的值，并将其输出到终端。

```
[root@Server01 ~]# echo $SHELL
/bin/bash                      # 显示当前的 bash
```

任务 2-5　熟练使用 vim 编辑器

vim 是 vimsual interface IMproved 的简称，它可以执行输出、删除、查找、替换、块操作等文本操作，而且用户可以根据自己的需要对其进行定制。这是其他编辑器所没有的。vim 不是一个排版程序，不可以对字体、格式、段落等其他属性进行编排，它只是一个文本编辑器。vim 是全屏幕文本编辑器，没有菜单，只有命令。

1. 启动与退出 vim

在命令行终端提示符后输入 vim 和想要编辑（或建立）的文件名，便可启动 vim。例如：

```
[root@Server01 ~]# vim myfile
```

如果只输入 vim，而不带文件名，也可以启动 vim，其编辑环境如图 2-1 所示。

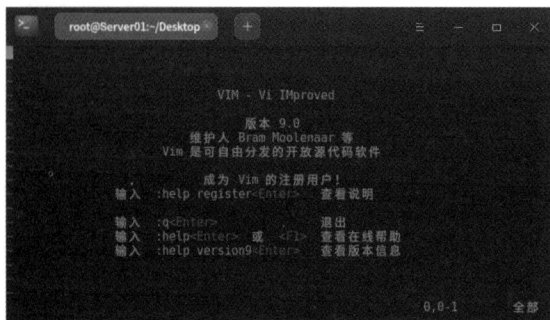

图 2-1　vim 编辑环境

在命令模式（**初次启动 vim 不进行任何操作就是命令模式**）下输入:q、:q!、:wq 或:x（注意":"）并按"Enter"键，就会退出 vim。其中:wq 命令和:x 命令是保存退出，而:q 命令是直接退出。如果文件已有新的变化，则 vim 会提示保存文件，:q 命令也会失效。这时可以用:w 命令保存文件后用:q 命令退出，也可以用:wq 命令或:x 命令退出。如果不想保存改变后的文件，就需要用:q!命令。这个命令将不保存文件而直接退出 vim。例如：

```
:w                # 保存
:w    filename    # 另存为 filename
:wq               # 保存退出
:wq   filename    # 以 filename 为文件名保存后退出
:q!               # 不保存退出
:x                # 保存并退出，功能和:wq 相同
```

2. 熟练掌握 vim 的基本工作模式

vim 有 3 种基本工作模式：命令模式、输入模式和末行模式。用 vim 打开一个文件后，便处于命令模式。利用文本插入命令，如 i、a、o 等，可以进入输入模式，按"Esc"键可以从输入模式退回命令模式。在命令模式下按":"键可以进入末行模式，当执行完命令或按"Esc"键可以回到命令模式。3 种基本工作模式的转换如图 2-2 所示。

（1）命令模式

进入 vim 之后，首先进入的就是命令模式。进入命令模式后，vim 等待命令输入而不是文本输入。也就是说，这时输入的字母都将作为命令来解释。

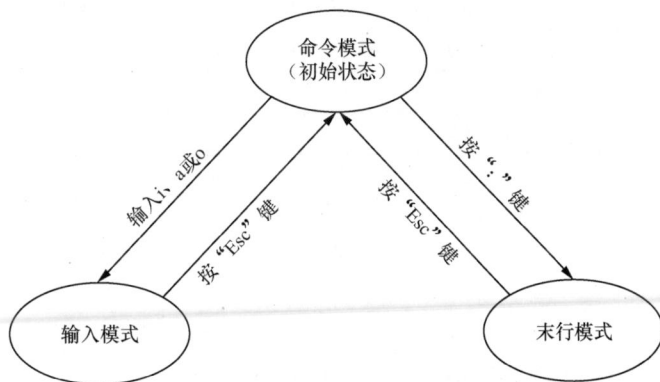

图 2-2　3 种基本工作模式的转换

进入命令模式后，光标停在屏幕第一行行首，用"_"表示，其余各行的行首均有一个"~"符号，表示该行为空行。最后一行是状态行，显示当前正在编辑的文件名及其状态。如果显示的是[New File]，则表示该文件是一个新建的文件。

如果输入"vim [文件名]"命令，且该文件已在系统中存在，则在屏幕上显示该文件的内容，并且光标停在第一行的行首，在状态行显示该文件的文件名、行数和字符数。

（2）输入模式

在命令模式下输入相应的命令可以进入输入模式：输入插入命令 i、附加命令 a、打开命令 o、修改命令 c 或替换命令 s 都可以进入输入模式。在输入模式下，用户输入的任何字符都被 vim 当作文件内容保存起来，并将其显示在屏幕上。在文本输入过程中（输入模式下），若想回到命令模式，

按"Esc"键即可。

（3）末行模式

在命令模式下，用户按":"键即可进入末行模式。此时 vim 会在显示窗口的最后一行（通常也是屏幕的最后一行）显示一个":"作为末行模式的提示符，等待用户输入命令。多数文件管理命令都是在此模式下执行的。输入的命令执行完后，vim 自动回到命令模式。

若在末行模式下输入命令的过程中改变了主意，可在按"Backspace"键将输入的命令全部删除之后，再按"Esc"键，使 vim 回到命令模式。

3. 使用 vim

（1）命令模式下的命令说明

在命令模式下，"光标移动""查找与替换""删除、复制与粘贴"等命令的说明分别如表 2-2~表 2-4 所示。

表 2-2　命令模式下的光标移动命令的说明

命　令	光标移动
h 或向左方向键（←）	光标向左移动一个字符
j 或向下方向键（↓）	光标向下移动一个字符
k 或向上方向键（↑）	光标向上移动一个字符
l 或向右方向键（→）	光标向右移动一个字符
Ctrl + f	屏幕向下移动一页，相当于"Page Down"键（常用）
Ctrl + b	屏幕向上移动一页，相当于"Page Up"键（常用）
Ctrl + d	屏幕向下移动半页
Ctrl + u	屏幕向上移动半页
+	光标移动到非空格符的下一列
−	光标移动到非空格符的上一列
n<Space>	n 表示数字，如 20。输入数字后再按"Space"键，光标会在这一行向右移动 n 个字符。例如，输入 20 并按"Space"键，光标会在这一行向右移动 20 个字符
0 或功能键"Home"	数字 0。光标移动到这一行的最前面字符处（常用）
$ 或功能键"End"	光标移动到这一行的最后面字符处（常用）
H	光标移动到屏幕最上方那一行的第 1 个字符
M	光标移动到屏幕中央那一行的第 1 个字符
L	光标移动到屏幕最下方那一行的第 1 个字符
G	光标移动到这个文件的最后一行（常用）
nG	n 为数字。光标移动到这个文件的第 n 行。例如，输入 20 并按"G"键，光标会移动到这个文件的第 20 行（可配合:set nu）
gg	光标移动到这个文件的第 1 行，相当于输入 1，并按"G"键（常用）
n<Enter>	n 为数字。光标向下移动 n 行（常用）

说明	如果将右手放在键盘上，你会发现 h、j、k、l 是排列在一起的，因此可以使用这 4 个按键来移动光标。如果想要将光标进行多次移动，例如向下移动 30 行，可以输入 30，并按"J"键或按"↓"键，即输入想要进行的次数（数字）后，按相应的键。

表 2-3　命令模式下的查找与替换命令的说明

命　令	查找与替换
/word	自光标位置开始向下查找一个名称为 word 的字符串。例如，要在文件内查找 myweb 这个字符串，输入/myweb 即可（常用）
?word	自光标位置开始向上查找一个名称为 word 的字符串
n	这个 n 代表英文按键，代表重复前一个查找的动作。例如，如果刚刚执行/myweb 向下查找 myweb 这个字符串，则按"n"键后，会向下继续查找下一个名称为 myweb 的字符串。如果刚刚执行?myweb，那么按"n"键会向上继续查找一个名称为 myweb 的字符串
N	这个 N 代表英文按键。与 n 刚好相反，其代表为反向进行前一个查找动作。例如，执行/myweb 后，按"N"键表示向上查找 myweb 字符串
:n1,n2 s/word1/word2/g	n1 与 n2 为数字。在第 n1~n2 行查找 word1 这个字符串，并将该字符串替换成 word2。例如，在第 100~200 行查找 myweb 字符串并替换成 MYWEB 字符串，则输入":100,200 s/myweb/ MYWEB/g"（常用）
:1,$ s/word1/word2/g	从第 1 行到最后一行查找 word1 字符串，并将该字符串替换成 word2（常用）
:1,$ s/word1/word2/gc	从第 1 行到最后一行查找 word1 字符串，并将该字符串替换成 word2，且在替换前显示提示字符，给用户确认是否需要替换（常用）

注：使用/word 配合 n 及 N 是非常有帮助的！可以让你重复找到一些查找的关键词。

表 2-4　命令模式下的删除、复制与粘贴命令的说明

命　令	删除、复制与粘贴
x, X	在一行字符当中，x 为向后删除一个字符（相当于"Del"键），X 为向前删除一个字符（相当于"Backspace"键）（常用）
nx	n 为数字。连续向后删除 n 个字符，例如，要连续向后删除 10 个字符，输入 10x
dd	删除光标所在的那一整列（常用）
ndd	n 为数字。删除光标所在位置的向下 n 行，例如，20dd 是删除从光标所在位置开始的向下 20 行（常用）
d1G	删除从光标所在位置到第 1 行的所有数据
dG	删除从光标所在位置到最后一行的所有数据
d$	删除从光标所在位置到该行行尾的所有数据
d0	数字 0。删除从光标所在行的前一字符到该行的首个字符之间的所有字符
c	修改文本，如果想要修改一个单词，可以按下 c 键，然后再按下一个动作键，比如 w（表示单词），这样就会删除当前单词并进入插入模式，从而可以输入新的单词
yy	复制光标所在行（常用）
nyy	n 为数字。复制光标所在位置向下 n 行，例如，20yy 是复制 20 行（常用）
y1G	复制从光标所在行到第 1 行的所有数据

续表

命　　令	删除、复制与粘贴
yG	复制从光标所在行到最后一行的所有数据
y0	复制从光标所在位置的前一个字符到该行行首的所有数据
y$	复制从光标所在位置到该行行尾的所有数据
p, P	p 为将已复制的数据在光标所在位置的下一行粘贴，P 为粘贴在光标所在位置的上一行。例如，目前光标在第 20 行，且已经复制了 10 行数据，按"p"键后，这 10 行数据会粘贴在原来的 20 行数据之后，即由第 21 行开始粘贴。但如果按"P"键，则会在光标所在位置的上一行粘贴数据，即原本的第 20 行会变成第 30 行（常用）
J	将光标所在行的数据与下一行的数据结合成一行
u	撤销上一个动作（常用）
Ctrl+r	反撤销上一个动作（常用）
.	小数点，表示重复前一个动作。想要重复删除、粘贴等动作，输入小数点即可（常用）

> **说明**　"u"与"Ctrl+r"组合键是很常用的命令！一个是撤销，另一个是反撤销。利用这两个命令会为编辑提供很多方便。

这些命令看似复杂，其实使用起来非常简单。例如，在命令模式下使用 5yy 复制后，再使用以下命令进行粘贴。

```
P           # 在光标之后粘贴
Shift+p     # 在光标之前粘贴
```

在进行查找与替换时，若不在命令模式下，则可按"Esc"键进入命令模式，输入"/"或"?"进行查找。例如，在一个文件中查找 swap 单词，首先按"Esc"键，进入命令模式，然后输入：

```
/swap
```

或

```
?swap
```

若把光标所在行中的所有单词 the 替换成 THE，则需输入：

```
:s /the/THE/g
```

仅把第 1～10 行中的 the 替换成 THE：

```
:1,10 s /the/THE/g
```

这些编辑命令非常有弹性，基本上可以说是由命令与范围构成的。需要注意的是，我们采用计算机的键盘来说明 vim 的操作，但在具体的环境中还要参考相应的资料。

（2）输入模式下的命令说明

输入模式下的命令说明如表 2-5 所示。

表 2-5　输入模式下的命令说明

命　　令	说　　明
i	从光标所在位置前开始插入文本
I	将光标移到当前行的行首，然后插入文本
a	在光标所在位置之后追加文本
A	将光标移到所在行的行尾，从此处开始插入文本

续表

命　　令	说　　明
o	在光标所在行的下面插入一行，并将光标移到该行行首，等待输入
O	在光标所在行的上面插入一行，并将光标移到该行行首，等待输入
Esc	退出末行模式或回到命令模式（常用）

> **说明**　上面这些命令中，在 vim 界面的左下角处会出现"--INSERT--"或"--REPLACE--"的字样。由名称就知道该动作的含义了。需要特别注意的是，想要在文件中输入字符，一定要在左下角看到 INSERT 或 REPLACE 时才能输入。

（3）末行模式下的命令说明

如果当前在输入模式下，则先按"Esc"键进入命令模式，在命令模式下按":"键进入末行模式。

在末行模式下保存文件、退出编辑等的命令说明如表 2-6 所示。

表 2-6　末行模式下的命令说明

命令	说　　明
:w	将编辑的数据写入硬盘文件中（常用）
:w!	若文件属性为只读，则强制写入该文件。但到底能不能写入，还与用户对该文件拥有的权限有关
:q	退出 vim（常用）
:q!	若曾修改过文件，又不想存储，则使用"!"强制退出而不存储文件。注意，"!"在 vim 中常常具有强制的意思
:wq	存储后退出，若为":wq!"，则表示强制存储后退出（常用）
ZZ	这是大写的 Z。若文件没有更改，则不存储退出；若文件已经被更改，则存储后退出
:w [filename]	将编辑的数据存储成 filename 文件（类似于另存为新文件）
:r [filename]	在编辑的数据中，读入 filename 文件的数据，即将 filename 文件内容加到光标所在行的后面
:n1,n2 w [filename]	将 n1～n2 的内容存储成 filename 文件
:! command	暂时将 vim 退回到命令模式下显示执行 command 命令的结果。例如，输入":! ls /home"，即可在 vim 中查看/home 下以 ls 输出的文件信息
:set nu	显示行号，设定之后，会在每一行的行首显示该行的行号
:set nonu	与:set nu 相反，即取消显示行号

4. 完成案例练习

（1）本案例练习的要求（在 Server01 上实现）

① 在/tmp 目录下建立一个名为 mytest 的目录，进入 mytest 目录。

② 将/etc/man_db.conf 复制到上述目录下，使用 vim 命令打开目录下的 man_db.conf 文件。

③ 在 vim 中设定行号，将光标移动到第 58 行，再向右移动 13 个字符，请问你看到的该行前面的 12 个字母组合是什么？

④ 将光标移动到第一行，并向下查找"gzip"字符串，请问它在第几行？

⑤ 将第 50~100 行的"man"字符串替换成大写"MAN"字符串，并且逐个确认是否需要替换，如何操作？如果在确认过程中一直按"Y"键，结果会在最后一行出现替换了多少个"man"的说明，请回答一共替换了多少个"man"。

⑥ 替换完之后，突然后悔了，要全部复原，有哪些方法？

⑦ 需要复制第 65~73 行这 9 行的内容，并且粘贴到最后一行之后。

⑧ 删除第 23~28 行的开头为"#"的批注数据，如何操作？

⑨ 将这个文件另存成一个 man.test.config 文件。

⑩ 找到第 29 行，并删除该行开头的 8 个字符，结果出现的第一个单词是什么？在第一行之前新增一行，在该行输入"I am a student..."；然后存储并退出。

（2）参考步骤

① 输入"mkdir /tmp/mytest; cd /tmp/mytest"。

② 输入"cp /etc/man_db.conf .; vim man_db.conf"。

③ 输入":set nu"，然后会在界面中看到左侧出现数字，即行号。先按"5+8+G"组合键，再按"1+5+→"组合键，会看到"# on privileges"。

④ 先输入"1G"或"gg"，再输入/gzip，该字符串在第 93 行。

⑤ 直接输入":50,100 s/man/MAN/gc"即可！若一直按"Y"键，则最终会出现"在 15 行内置换 26 个字符串"的说明。

⑥ 两种简单的方法：可以一直按"U"键恢复到原始状态；使用:q!命令强制不保存文件而直接退出命令模式，再载入该文件。

⑦ 输入"65G"，然后输入"9yy"，最后一行会出现"复制 9 行"之类的说明字样。按"G"键使光标移动到最后一行，再按"p"键，会在最后一行之后粘贴上述 9 行内容。

⑧ 输入"23G→6dd"就能删除 6 行，此时你会发现光标所在的第 23 行变成以 MANPATH_ MAP 开头了，开头为"#"的批注数据所在行都被删除了。

⑨ 输入":w man.test.config"，你会发现最后一行出现"man.test.config"[新]…的字样。

⑩ 输入"29G"之后，再输入"8x"即可删除 8 个字符，出现 MAP 的字样；输入"1G"，将光标移到第一行，然后按"O"键，新增一行且进入输入模式；输入"I am a student..."后，按"Esc"键回到命令模式等待后续工作；最后输入":wq"。

如果你能顺利完成上述练习，那么使用 vim 应该没有太大的问题了。请一定熟练应用，多练习几遍。

2.4 拓展阅读 中国计算机的主奠基者

在我国计算机发展的历史"长河"中，有一位做出突出贡献的科学家，他也是中国计算机的主奠基者，你知道他是谁吗？

他就是华罗庚教授——我国计算技术的奠基人和最主要的开拓者之一。华罗庚教授在数学上的造诣和成就深受世界科学家的赞赏。在美国任访问研究员时，华罗庚教授的心里就已经开始勾画我国电子计算机事业的蓝图了!

华罗庚教授于 1950 年回国,1952 年在全国高等学校院系调整时,他从清华大学电机系物色了闵乃大、夏培肃和王传英 3 位科研人员,在他任所长的中国科学院应用数学研究所内建立了我国第一个电子计算机科研小组。1956 年筹建中国科学院计算技术研究所时,华罗庚教授担任筹备委员会主任。

2.5　项目实训　熟练使用 Linux 常用命令

1. 项目实训目的
- 掌握统信 UOS V20 各类命令的使用方法。
- 熟悉统信 UOS V20 操作环境。

2. 项目背景
现在有一台已经安装了统信 UOS V20 操作系统的主机,并且已经配置了基本的 TCP/IP(Transmission Control Protocol/Internet Protocol,传输控制协议/互联网协议)参数,能够通过网络连接局域网或远程的主机。还有一台统信 UOS V20 服务器,能够提供 FTP、telnet 和 SSH(Secure Shell,安全外壳)连接。

3. 项目要求
练习使用统信 UOS V20 基本命令,达到熟练应用的目的。

4. 做一做
根据项目要求进行项目实训,检查学习效果。

2.6　练习题

一、填空题
1. 在统信 UOS V20 操作系统中,命令＿＿＿＿大小写。在命令行中,可以使用＿＿＿＿键来自动补齐命令。

2. 要在一个命令行中输入和执行多条命令,可以使用＿＿＿＿来分隔命令。

3. 断开一个长命令,可以使用＿＿＿＿,将一个较长的命令分成多行表达,增强命令的可读性。输入该符号后,shell 自动显示提示符＿＿＿＿,表示正在输入一个长命令。

4. 要使程序以后台方式执行,只需在要执行的命令后加上一个＿＿＿＿符号。

二、选择题
1. (　　　)命令能用来查找文件 TESTFILE 中包含 4 个字符的行。
A. grep '????' TESTFILE　　　　　B. grep '....' TESTFILE
C. grep '^????$' TESTFILE　　　　D. grep '^....$' TESTFILE

2. (　　　)命令用来显示/home 及其子目录下的文件名。
A. ls -a /home　　B. ls -R /home　　C. ls -l /home　　D. ls -d /home

3. 如果忘记了 ls 命令的用法,可以采用(　　　)命令获得帮助。
A. ? ls　　　　　B. help ls　　　　C. man ls　　　　D. get ls

4. 查看系统当中所有进程的命令是（　　）。

A. ps all　　　　　　B. ps aix　　　　C. ps auf　　　D. ps aux

5. 统信 UOS V20 中有多个查看文件内容的命令，如果希望在查看文件内容过程中通过上下移动光标来查看文件内容，则下列符合要求的命令是（　　）。

A. cat　　　　　　　B. more　　　　　C. less　　　　D. head

6. （　　）命令可以了解当前目录下还有多少空间。

A. df　　　　　　　B. du　/　　　　C. du　.　　　D. df　.

7. 假如需要找出 /etc/my.conf 文件属于哪个软件包，可以执行（　　）命令。

A. rpm –q /etc/my.conf　　　　　　B. rpm –requires /etc/my.conf

C. rpm –qf /etc/my.conf　　　　　　D. rpm –q | grep /etc/my.conf

8. 在应用程序启动时，（　　）命令用于设置进程的优先级。

A. priority　　　　B. nice　　　　　C. top　　　　D. setpri

9. （　　）命令可以把 f1.txt 复制为 f2.txt。

A. cp f1.txt | f2.txt　　　　　　　B. cat f1.txt | f2.txt

C. cat f1.txt > f2.txt　　　　　　D. copy f1.txt | f2.txt

10. 使用（　　）命令可以查看统信 UOS V20 的启动信息。

A. mesg –d　　　　　　　　　　B. dmesg

C. cat /etc/mesg　　　　　　　　D. cat /var/mesg

三、简答题

1. more 和 less 命令有何区别？

2. 统信 UOS V20 下对磁盘的命名原则是什么？

3. 在网上下载一个统信 UOS V20 的应用软件，介绍其用途和基本使用方法。

2.7　实践习题

练习使用统信 UOS V20 常用命令和 vim 编辑器，达到熟练应用的目的。

学习情境二

系统管理与配置

故不积跬步，无以至千里；不积小流，无以成江海。

——《荀子·劝学》

项目3
管理统信UOS V20服务器的用户和组

03

项目导入

作为统信 UOS V20 操作系统的网络管理员，掌握用户和组的创建与管理至关重要。项目 3 主要介绍利用命令行对用户和组进行创建与管理。

职业能力目标

- 了解用户和组配置文件。
- 熟练掌握统信 UOS V20 中用户账户的创建与管理的方法。

- 熟练掌握统信 UOS V20 中组的创建与管理的方法。
- 熟悉用户账户管理命令。

素养提示

- 了解中国国家顶级域名（CN），了解中国互联网发展中的大事和大师，激发学生的自豪感。

- "古之立大事者，不惟有超世之才，亦必有坚忍不拔之志"，鞭策学生努力学习。

3-1 微课

管理统信 UOS V20
服务器的用户和组

3.1 项目知识准备

统信 UOS V20 操作系统是多用户多任务的操作系统，允许多个用户同时登录系统，使用系统资源。

3.1.1 理解用户账户和组

用户账户是用户的身份标识。用户通过用户账户可以登录系统，并访问已经被授权的资源。系统依据用户账户来区分属于每个用户的文件、进程、任务，并给每个用户提供特定的工作环境（如用户的工作目录、shell 版本以及图形化的环境配置等），使每个用户都能不受干扰地独立工作。

统信 UOS V20 操作系统中的用户账户分为两种：普通用户账户和超级用户（root）账户。普通用户账户在系统中只能进行普通工作，只能访问他们拥有的或者有权限执行的文件。超级用户账户也叫管理员账户，它的任务是对普通用户账户和整个系统进行管理。超级用户账户对系统具有绝对的控制权，能够对系统进行一切操作，如操作不当很容易造成系统损坏。

因此即使系统只有一个用户使用，也应该在超级用户账户之外再建立一个普通用户账户，在用户进行普通工作时以普通用户账户登录系统。

在统信 UOS V20 操作系统中，为了方便管理员的管理和用户的工作，产生了组的概念。组是具有相同特性的用户的逻辑集合，使用组有利于系统管理员按照用户的特性组织和管理用户，提高工作效率。有了组，在进行资源授权时可以把权限授予某个组，组中的成员即可自动获得这种权限。一个用户账户可以同时是多个组的成员，其中某个组是该用户账户的主组（私有组），其他组是该用户账户的附属组（标准组）。表 3-1 所示为用户和组的基本概念。

表 3-1　用户和组的基本概念

概　　念	描　　述
用户名	用于标识用户的名称，可以是由字母、数字组成的字符串，区分大小写
密码	用于验证用户身份的特殊验证码
用户标识（User ID，UID）	用于表示用户的数字标识符
用户主目录	用户的私人目录，也是用户登录系统后默认所在的目录
登录 shell	用户登录后默认使用的 shell 程序，默认为/bin/bash
组	具有相同特性的用户属于同一个组
组标识（Group ID，GID）	用于表示组的数字标识符

root 用户的 UID 为 0；系统用户的 UID 取值范围为 1～999；普通用户的 UID 可以在创建时由管理员指定，如果不指定，则普通用户的 UID 默认从 1000 开始顺序编号。在统信 UOS V20 中，创建用户账户的同时也会创建一个与用户同名的组，该组是用户的主组。普通组的 GID 默认也从 1000 开始编号。

3.1.2　理解用户账户文件

用户账户信息和组信息分别存储在用户账户文件和组文件中。

1. /etc/passwd 文件

准备工作：创建用户 bobby、user1、user2，将 user1 和 user2 加入 bobby 组（后文有详细解释）。

```
[root@Server01 ~]# useradd bobby; useradd user1; useradd user2
[root@Server01 ~]# usermod -G bobby user1
[root@Server01 ~]# usermod -G bobby user2
```

在统信 UOS V20 操作系统中，创建的用户账户及其相关信息（密码除外）均放在/etc/passwd 配置文件中。用 vim 编辑器（或者使用 cat　/etc/passwd）打开 passwd 文件，如下。

```
root:x:0:0:root:/root:/bin/bash
bin:x:1:1:bin:/bin:/sbin/nologin
......
bobby:x:1002:1002::/home/bobby:/bin/bash
user1:x:1003:1003::/home/user1:/bin/bash
user2:x:1004:1004::/home/user2:/bin/bash
```

文件中的每一行代表一个用户账户的信息，可以看到第一个用户账户是 root，然后是一些标准账户，此类账户的 shell 为/sbin/nologin，代表无本地登录权限，最后一行是由系统管理员创建的普通账户：user2。

passwd 文件的每一行用“:”分隔为 7 个字段，各个字段的内容如下。

用户名:加密口令:UID:GID:用户的描述信息:主目录:命令解释器（登录 shell）

passwd 文件字段说明如表 3-2 所示，其中少数字段的内容是可以为空的，但仍需使用“:”进行占位来表示该字段。

表 3-2　passwd **文件字段说明**

字　　段	说　　明
用户名	用户账户名称，用户登录时使用的用户名
加密口令	用户口令，考虑到系统的安全性，现在已经不使用该字段保存口令，而使用字母“x”来填充该字段，真正的密码保存在 shadow 文件中
UID	用户标识，唯一表示某用户的数字标识符
GID	用户所属的组标识，对应 group 文件中的 GID
用户的描述信息	可选的关于用户名、用户电话号码等的描述性信息
主目录	用户的宿主目录，用户成功登录后的默认目录
命令解释器	用户使用的登录 shell，默认为“/bin/bash”

2. /etc/shadow 文件

由于所有用户对/etc/passwd 文件均有读取权限，所以为了增强系统的安全性，加密之后的口令都存放在/etc/shadow 文件中。/etc/shadow 文件只对 root 用户可读，因此大大增强了系统的安全性。shadow 文件的内容形式如下（使用 **cat** /etc/shadow 命令可查看整个文件）。

```
root:$6$Dpof2C4hFI6XWBTG$yj.U8vznFz6KEdevW3sDCJ74auw8x6JlgSmDBg2GlRdnAIcuDL92q1XM
7HJGHKLn3E0CjEtQNtEpldRb5bC3I/:19490:0:90:7:::
bin:*:19125:0:99999:7:::
daemon:*:19125:0:99999:7:::
......
bobby:!:18495:0:90:7:::
user1:!:18495:0:90:7:::
user2:!:18495:0:90:7:::
```

shadow 文件保存密码加密之后的口令以及与口令相关的一系列信息，每个用户的信息在 shadow 文件中占一行，并且用“:”分隔为 9 个字段，各字段说明如表 3-3 所示。

3. /etc/login.defs 文件

创建用户账户时，会根据/etc/login.defs 文件的配置来设置用户账户的某些选项。该配置文件的有效配置内容及中文注释如下。

表 3-3　shadow **文件字段说明**

字　段	说　明
1	用户名
2	加密后的用户口令，"*"表示非登录用户，"!!"表示未设置密码
3	自 1970 年 1 月 1 日起，到用户最近一次更改口令的天数
4	自 1970 年 1 月 1 日起，到用户可以更改密码的天数，即最短口令存活期
5	自 1970 年 1 月 1 日起，到用户必须更改密码的天数，即最长口令存活期
6	口令过期前几天提醒用户更改口令
7	口令过期后几天账户被禁用
8	账户被禁用的具体日期（相对日期，从 1970 年 1 月 1 日至禁用时的天数）
9	保留字段，用于功能扩展

```
MAIL_DIR          /var/spool/mail        # 用户邮箱目录
MAIL_FILE         .mail
PASS_MAX_DAYS     99999                  # 账户密码最长有效天数
PASS_MIN_DAYS     0                      # 账户密码最短有效天数
PASS_MIN_LEN      5                      # 账户密码的最小长度
PASS_WARN_AGE     7                      # 账户密码过期前提前警告的天数
UID_MIN                      1000        # 用 useradd 命令创建账户时自动产生的最小 UID 值
UID_MAX                      60000       # 用 useradd 命令创建账户时自动产生的最大 UID 值
GID_MIN                      1000        # 用 groupadd 命令创建组时自动产生的最小 GID 值
GID_MAX                      60000       # 用 groupadd 命令创建组时自动产生的最大 GID 值
USERDEL_CMD       /usr/sbin/userdel_local
# 如果定义，将在删除用户时执行，以删除相应用户的计划作业和输出作业等
CREATE_HOME       yes                    # 创建用户账户时是否为用户创建主目录
```

3.1.3　理解组文件

组账户的信息存放在/etc/group 文件中，组管理的信息（组口令、组管理员等）则存放在/etc/gshadow 文件中。

1. /etc/group 文件

group 文件位于/etc 目录下，用于存放用户的组账户信息，对于该文件的内容，任何用户都可以读取。每个组账户在 group 文件中占一行，并且用 ":" 分隔为 4 个字段。每一行各字段的内容如下（使用 cat　/etc/group 命令可以查看整个文件内容）。

组名称:组口令（一般为空，用 x 占位）:GID:组成员列表

group 文件的内容形式如下。

```
root:x:0:
bin:x:1:
daemon:x:2:
bobby:x:1002:user1,user2
user1:x:1003:
user2:x:1004:
```

可以看出，root 的 GID 为 0，没有其他组成员。如果有多个用户账户属于同一个组，则 group 文件的组成员列表中各成员之间以 "," 分隔。在/etc/group 文件中，用户的主组并不把该用户作为

成员列出，只有用户的附属组才会把该用户作为成员列出。例如，用户 bobby 的主组是 bobby，但/etc/group 文件中组 bobby 的组成员列表中并没有用户 bobby，只有用户 user1 和 user2。

2. /etc/gshadow 文件

/etc/gshadow 文件用于存放加密后的组口令、组管理员等信息，该文件只有 root 用户可以读取。每个组账户在 gshadow 文件中占一行，并以 ":" 分隔为 4 个字段。每一行中各字段的内容如下。

组名称:加密后的组口令（未设置就用!）:组管理员:组成员列表

gshadow 文件的内容形式如下。

```
root:::
bin:::
daemon:::
bobby:!:::user1,user2
user1:!::
user2:!::
```

3.2 项目设计与准备

服务器安装完成后，需要对用户账户和组、文件权限等内容进行管理。

在进行本项目的教学与实验前，需要做好如下准备。

（1）已经安装好的统信 UOS V20。

（2）ISO 映像文件。

（3）VMware Workstation 16 Pro 以上版本的虚拟机软件。

（4）设计教学与实验用的用户及权限列表。

本项目的所有实例都在服务器 Server01 上完成。

3-2 课堂慕课

管理统信 UOS V20 服务器的用户和组

3.3 项目实施

用户账户管理包括新建用户、设置用户账户口令和管理用户账户等内容。

任务 3-1 新建用户

在系统中新建用户可以使用 useradd 或者 adduser 命令。useradd 命令的格式为：

useradd [选项] <username>

useradd 命令有很多选项，如表 3-4 所示。

表 3-4 useradd 命令选项

选 项	说 明
-c	指定用户的注释性信息
-d	指定用户的主目录

续表

选　　项	说　　明
-e	禁用账户的日期，格式为 YYYY-MM-DD
-f	设置账户过期多少天后被禁用。如果为 0，账户过期后将立即被禁用；如果为-1，账户过期后，将不被禁用，即永不过期
-g	用户所属主组的组名称或者 GID
-G	用户所属的附属组列表，多个组之间用","分隔
-m	若用户主目录不存在则创建它
-M	不创建用户主目录
-n	不创建用户所属主组
-p	创建加密的口令
-r	创建 UID 小于 1000 的不带主目录的系统账户
-s	指定用户的登录 shell，默认为/bin/bash
-u	指定用户的 UID，它必须是唯一的，且大于 999

【例 3-1】新建用户 user3，UID 为 1010，指定其所属的主组为 group1（group1 的 GID 为 1010），用户的主目录为/home/user3，用户的登录 shell 为/bin/bash，用户的密码为 12345678，账户永不过期。

```
[root@Server01 ~]# groupadd -g 1010  group1   # 新建组 group1，其 GID 为 1010
[root@Server01 ~]# useradd -u 1010 -g 1010  -d /home/user3 -s /bin/bash -p
12345678 -f -1 user3
[root@Server01 ~]# tail -1 /etc/passwd
user3:x:1010:1010::/home/user3:/bin/bash
[root@Server01 ~]# grep user3 /etc/shadow        # grep 用于查找符合条件的字符串
user3:12345678:18495:0:90:7:::                   # 这种方式下生成的密码是明文，即 12345678
```

如果新建用户已经存在，那么在执行 useradd 命令时，系统会提示该用户已经存在。

```
[root@Server01 ~]# useradd user3
useradd: 用户"user3"已存在
```

任务 3-2　设置用户账户口令

1. passwd 命令

设置用户账户口令的命令是 passwd。超级用户可以为自己和其他用户设置口令，而普通用户只能为自己设置口令。passwd 命令的格式为：

```
passwd  [选项]  [username]
```

passwd 命令的常用选项如表 3-5 所示。

表 3-5　passwd 命令的常用选项

选　　项	说　　明
-l	锁定（停用）用户账户
-u	口令解锁
-d	将用户口令设置为空，这与未设置口令的账户不同。未设置口令的账户无法登录系统，而口令为空的账户可以

续表

选　项	说　明
-f	强迫用户下次登录时必须修改口令
-n	指定口令的最短存活期
-x	指定口令的最长存活期
-w	口令过期前提前警告的天数
-i	口令过期后多少天锁定账户
-S	显示账户口令的简短状态信息

【例 3-2】假设当前用户为 root，则下面的两个命令分别用于 root 用户修改自己的口令和 root 用户修改 user1 用户的口令。

```
[root@Server01 ~]# passwd          # root 用户修改自己的口令，直接输入 passwd 命令
[root@Server01 ~]# passwd user1    # root 用户修改 user1 用户的口令
```

需要注意的是，普通用户修改口令时，passwd 命令会先验证原来的口令，只有验证通过才可以修改。而 root 用户修改普通用户口令时，不需要知道原来的口令。为了系统安全，用户应选择包含字母、数字和特殊符号的复杂口令，且口令长度应至少为 8 个字符。

如果密码复杂度不够高，系统会提示"**无效的密码：密码未通过字典检查-它基于字典单词**"。这时有两种处理方法，一种方法是再次输入刚才输入的简单密码，系统也会接受；另一种方法是将其更改为符合要求的密码，例如，P@ssw02d 包含大小写字母、数字、特殊符号等共 8 个字符。

2. chage 命令

chage 命令用于设置用户密码过期信息。chage 命令的常用选项如表 3-6 所示。

表 3-6　chage 命令的常用选项

选　项	说　明
-l	列出账户口令属性的各个数值
-m	指定口令最短存活期
-M	指定口令最长存活期
-W	口令过期前提前警告的天数
-I	口令过期后多少天锁定账户
-E	用户账户过期作废的日期
-d	设置口令上一次修改的日期

【例 3-3】设置 user1 用户的口令最短存活期为 6 天，口令最长存活期为 60 天，口令过期前 5 天提醒用户修改口令。设置完成后查看各属性值。

```
[root@Server01 ~]# chage -m 6 -M 60 -W 5 user1
[root@Server01 ~]# chage -l user1
最近一次密码修改时间                        : 8 月 21, 2020
密码过期时间                                : 10 月 20, 2020
密码失效时间                                : 从不
账户过期时间                                : 从不
两次改变密码之间相距的最小天数              : 6
```

两次改变密码之间相距的最大天数	: 60
在密码过期之前警告的天数	: 5

任务 3-3　管理用户账户

1. 修改用户账户

usermod 命令用于修改用户账户的信息，格式为：

```
usermod [选项] 用户名
```

前文反复强调，统信 UOS V20 操作系统中的一切都是文件，因此在系统中创建用户的过程也就是修改配置文件的过程。用户的信息保存在/etc/passwd 文件中，可以直接用 vim 编辑器来修改其中的用户参数项目，也可以用 usermod 命令修改已经创建的用户信息，如用户的 UID、基本/扩展用户组、默认终端等。usermod 命令的选项及作用如表 3-7 所示。

表 3-7　usermod 命令的选项及作用

选　项	作　用
-c	填写用户账户的备注信息
-d -m	选项-m 与选项-d 连用，可重新指定用户的主目录，并自动把旧的数据转移过去
-e	账户的到期时间，格式为 YYYY-MM-DD
-g	变更所属用户组
-G	变更扩展用户组
-L	锁定用户，禁止其登录系统
-U	解锁用户，允许其登录系统
-s	变更默认终端
-u	修改用户的 UID

读者不要被这么多选项难倒。我们先来看用户 user1 的默认信息。

```
[root@Server01 ~]# id user1
uid=1002(user1) gid=1002(user1) 组=1002(user1),1001(bobby)
```

将用户 user1 加入 root 组，这样扩展组列表中会出现 root 组的字样，而基本组不会受到影响。

```
[root@Server01 ~]# usermod -G root user1
[root@Server01 ~]# id user1
uid=1002(user1) gid=1002(user1) 组=1002(user1),0(root)
```

再来试试用-u 选项修改用户 user1 的 UID 值。除此之外，还可以用-g 选项变更所属用户组 GID，用-G 选项修改用户扩展组 GID。

```
[root@Server01 ~]# usermod -u 8888 user1
[root@Server01 ~]# id user1
uid=8888(user1) gid=1002(user1) 组=1002(user1),0(root)
```

修改用户 user1 的主目录为/var/user1，把登录 shell 修改为/bin/tcsh，完成后恢复到初始状态。可以用如下操作。

```
[root@Server01 ~]# usermod -d /var/user1 -s /bin/tcsh user1
[root@Server01 ~]# tail -3 /etc/passwd
user1:x:8888:1002::/var/user1:/bin/tcsh
user2:x:1003:1003::/home/user2:/bin/bash
```

```
user3:x:1010:1010::/home/user3:/bin/bash
[root@Server01 ~]# usermod -d /var/user1 -s /bin/bash user1
```

2. 禁用和恢复用户账户

有时需要暂时禁用一个账户而不删除它。禁用用户账户可以用 passwd 或 usermod 命令实现，也可以直接修改/etc/passwd 或/etc/shadow 文件。

例如，暂时锁定和恢复 user1 账户可以使用以下 3 种方法实现。

（1）使用 passwd 命令（被锁定用户的密码必须是使用 passwd 命令生成的）

使用 passwd 命令锁定 user1 账户，利用 grep 命令查看，可以看到被锁定账户的密码字段前面会加上"!!"。

```
[root@Server01 ~]# passwd user1                  # 修改 user1 密码
更改用户 user1 的密码。
新的密码:
重新输入新的密码:
passwd: 所有的身份验证令牌已经成功更新。
[root@Server01 ~]# grep user1 /etc/shadow        # 查看用户 user1 的口令文件
user1:$6$7oXGRPNsg2554BfD$LuPzo5rONHGW1zUdYDKKm1E5gvOndYyVjge6dHvyggs/1LVcWsOQ9Yz
L5X3rwmZ3nBo4nVhQmqu1zATKNC.ed0:18495:6:60:5:::
[root@Server01 ~]# passwd -l user1               # 锁定用户 user1
锁定用户 user1 的密码。
passwd: 操作成功
[root@Server01 ~]# grep user1 /etc/shadow        # 查看锁定用户的口令文件，注意"!!"
user1:!!$6$7oXGRPNsg2554BfD$LuPzo5rONHGW1zUdYDKKm1E5gvOndYyVjge6dHvyggs/1LVcWsOQ9
YzL5X3rwmZ3nBo4nVhQmqu1zATKNC.ed0:18495:6:60:5:::
[root@Server01 ~]# passwd -u user1               # 解除 user1 账户锁定，重新启用 user1 账户
```

（2）使用 usermod 命令

使用 usermod 命令锁定 user1 账户，利用 grep 命令查看，可以看到被锁定账户的密码字段前面会加上"!"。

```
[root@Server01 ~]# grep user1 /etc/shadow        # user1 账户锁定前的口令显示
user1:$6$7oXGRPNsg2554BfD$LuPzo5rONHGW1zUdYDKKm1E5gvOndYyVjge6dHvyggs/1LVcWsOQ9Yz
L5X3rwmZ3nBo4nVhQmqu1zATKNC.ed0:18495:6:60:5:::
[root@Server01 ~]# usermod -L user1              # 锁定 user1 账户
[root@Server01 ~]# grep user1 /etc/shadow        # user1 账户锁定后的口令显示
user1:!$6$7oXGRPNsg2554BfD$LuPzo5rONHGW1zUdYDKKm1E5gvOndYyVjge6dHvyggs/1LVcWsOQ9Y
zL5X3rwmZ3nBo4nVhQmqu1zATKNC.ed0:18495:6:60:5:::
[root@Server01 ~]# usermod -U user1              # 解除 user1 账户的锁定
```

（3）直接修改用户账户配置文件

可在/etc/passwd 文件或/etc/shadow 文件中关于 user1 账户的 passwd 字段的第一个字符前面加上一个"*"，达到锁定账户的目的，在需要恢复的时候只要删除"*"即可。

如果只是禁止用户账户登录系统，可以将其登录 shell 设置为/bin/false 或者/dev/null。

3. 删除用户账户

要删除一个账户，可以直接删除/etc/passwd 和/etc/shadow 文件中要删除账户对应的行，或者用 userdel 命令删除。userdel 命令的格式为：

```
userdel [-r] 用户名
```

如果不加-r 选项，则 userdel 命令会在系统中所有与账户有关的文件（如/etc/passwd、

/etc/shadow、/etc/group）中将用户的信息全部删除。

如果加-r 选项，则在删除用户账户的同时，还将用户主目录及其下的所有文件和目录全部删除。另外，如果用户使用 E-mail，则同时也将/var/spool/mail 目录下的用户文件删除。

任务 3-4　管理组

管理组包括创建、删除、修改组和为组添加、删除用户等内容。

1. 创建、删除、修改组

创建、删除、修改组的命令与创建、管理用户账户的命令相似。创建组可以使用命令 groupadd 或者 addgroup。

例如，创建一个新的组，组名为 testgroup，可用以下命令。

```
[root@Server01 ~]# groupadd testgroup
```

删除一个组可以用 groupdel 命令，例如，删除刚创建的 testgroup 组可用以下命令。

```
[root@Server01 ~]# groupdel testgroup
```

需要注意的是，如果要删除的组是某个用户的主组，则该组不能被删除。

修改组的命令是 groupmod，其命令格式为：

```
groupmod [选项] 组名
```

groupmod 命令选项如表 3-8 所示。

表 3-8　groupmod 命令选项

选　项	说　明
-g gid	把组的 GID 修改为 gid
-n group-name	把组名修改为 group-name
-o	强制接受更改的组的 GID 为重复的号码

2. 为组添加、删除用户

在统信 UOS V20 中使用不带任何参数的 useradd 命令创建用户时，会同时创建一个和用户账户同名的组，称为主组。当一个组中必须包含多个用户时，需要使用附属组。在附属组中添加、删除用户都用 gpasswd 命令。gpasswd 命令的格式为：

```
gpasswd [选项] [用户] [组]
```

只有 root 用户和组管理员才能够使用 gpasswd 命令，gpasswd 命令选项如表 3-9 所示。

表 3-9　gpasswd 命令选项

选　项	说　明
-a	把用户加入组
-d	把用户从组中删除
-r	取消组的密码
-A	给组指派组管理员

例如，要把 user1 用户加入 testgroup 组，并指派 user1 为组管理员，可以执行下列命令。

```
[root@Server01 ~]# groupadd  testgroup
[root@Server01 ~]# gpasswd -a user1 testgroup
```

```
[root@Server01 ~]# gpasswd -A user1 testgroup
```

任务 3-5　使用 su 命令

因为读者在实验环境中很少遇到安全问题，并且为了避免因权限因素导致配置服务失败，所以和建议使用 root 账户来学习本书，但是在生产环境中还是要对安全多一份敬畏之心，不要用 root 账户做所有事情。因为一旦使用该账户执行了错误的命令，可能会直接导致系统崩溃。尽管统信 UOS V20 考虑到安全性，使得许多系统命令和服务只能由 root 管理员使用，但是这也让普通用户受到了更多的权限束缚，从而无法顺利完成特定的工作任务。

su 命令可以解决切换用户身份的问题，使得当前用户在不退出登录的情况下，顺畅地切换到其他用户身份，例如，从 root 管理员身份切换到普通用户身份，命令如下。

```
[root@Server01 ~]# id
用户 id=0(root) 组 id=0(root) 组=0(root)
[root@Server01 ~]# useradd -G testgroup  test
[root@Server01 ~]# su - test
[test@Server01 ~]$ id
用户 id=1011(test) 组 id=1012(test) 组=1012(test),1011(testgroup)
```

细心的读者会发现，上面的 su 命令与用户名之间有一个"-"。这意味着完全切换到新的用户身份时，环境变量信息也变更为新用户的相应信息，而不是保留原始的信息。强烈建议读者在切换用户身份时添加"-"。

另外，从 root 管理员身份切换到普通用户身份是不需要密码验证的，而从普通用户身份切换到 root 管理员身份就需要进行密码验证了。这也是一个必要的安全检查。

```
[test@Server01 ~]$ su - root
密码：
[root@Server01 ~]# su - test
[test@Server01 ~]$ pwd                  # test 用户的主目录是/home/test
/home/test
[test@Server01 ~]$ exit
注销
[root@Server01 ~]# pwd                  # root 用户的主目录是/root
/root
```

任务 3-6　使用常用的账户管理命令

使用账户管理命令可以在非图形化操作中对账户进行有效的管理。

1. vipw 命令

vipw 命令用于直接对用户账户文件/etc/passwd 进行编辑，使用的默认编辑器是 vi。在用 vipw 命令对/etc/passwd 文件进行编辑时将自动锁定该文件，编辑结束后对该文件进行解锁，保证了文件的一致性。vipw 命令在功能上等同于"vi /etc/passwd"命令，但是比直接使用 vi 命令更安全。vipw 命令的格式为：

```
[root@Server01 ~]# vipw
```

2. vigr 命令

vigr 命令用于直接对组文件/etc/group 进行编辑。在用 vigr 命令对/etc/group 文件进行编辑时将自动锁定该文件，编辑结束后对该文件进行解锁，保证了文件的一致性。vigr 命令在功能上等同于 "vi /etc/group" 命令，但是比直接使用 vi 命令更安全。vigr 命令的格式为：

```
[root@Server01 ~]# vigr
```

3. pwck 命令

pwck 命令用于验证用户账户文件认证信息的完整性。该命令验证/etc/passwd 文件和/etc/shadow 文件每行中字段的格式和值是否正确。pwck 命令的格式为：

```
[root@Server01 ~]# pwck
```

4. grpck 命令

grpck 命令用于验证组文件认证信息的完整性。该命令可验证/etc/group 文件和/etc/gshadow 文件每行中字段的格式和值是否正确。grpck 命令的格式为：

```
[root@Server01 ~]# grpck
```

5. id 命令

id 命令用于显示一个用户的 UID、GID 以及用户所属的组列表。在命令行输入 "id" 并直接按 "Enter" 键将显示当前用户的 UID、GID 以及用户所属的组列表。id 命令的格式为：

```
id  [选项] 用户名
```

例如，显示 user1 用户的 UID、GID 以及用户所属的组列表的实例如下所示。

```
[root@Server01 ~]# id user1
uid=8888(user1) gid=1002(user1) 组=1002(user1),1011(testgroup),0(root)
```

6. whoami 命令

whoami 命令用于显示当前用户名。whoami 命令与 "id -un" 命令的作用相同。

```
[root@Server01 ~]# su -  user1
[user1@Server01 ~]$ whoami
User1
[root@Server01 ~]# exit
```

7. newgrp 命令

newgrp 命令用于转换用户的当前组到指定的主组，对于没有设置组口令的组，只有组的成员才可以使用 newgrp 命令转换主组身份到该组。如果组设置了口令，则其他组的用户只要拥有组口令，就可以将主组身份转换到该组。应用实例如下。

```
[root@Server01 ~]# id                   # 显示当前用户的 GID
用户 id=0(root) 组 id=0(root) 组=0(root)
[root@Server01 ~]# newgrp group1        # 转换用户的主组
[root@Server01 ~]# id
用户 id=0(root) 组 id=1010(group1) 组=1010(group1),0(root)
[root@Server01 ~]# newgrp               # newgrp 命令不指定组时转换为用户的主组
[root@Server01 ~]# id
用户 id=0(root) 组 id=0(root) 组=0(root),1010(group1)
```

使用 groups 命令可以列出指定用户的组。例如：

```
[root@Server01 ~]# whoami
root
[root@Server01 ~]# groups
root group1
```

3.4 企业实战与应用——账户管理实例

1. 情境

假设需要的账户数据如表 3-10 所示，用于管理用户账户和控制系统访问，你该如何操作？

表 3-10　账户数据

账户名称	账户全名	支持次要组	是否可登录主机	口　　令
myuser1	1st user	mygroup1	可以	password
myuser2	2nd user	mygroup1	可以	password
myuser3	3rd user	无额外支持	不可以	password

2. 解决方案

解决方案如下。

```
# 先处理账户相关属性的数据
[root@Server01 ~]# groupadd mygroup1
[root@Server01 ~]# useradd -G mygroup1 -c "1st user" myuser1
[root@Server01 ~]# useradd -G mygroup1 -c "2nd user" myuser2
[root@Server01 ~]# useradd -c "3rd user" -s /sbin/nologin myuser3

# 再处理账户的口令相关属性的数据
[root@Server01 ~]# echo "password" | passwd --stdin myuser1
[root@Server01 ~]# echo "password" | passwd --stdin myuser2
[root@Server01 ~]# echo "password" | passwd --stdin myuser3
```

特别注意　myuser1 与 myuser2 都支持次要组，但该组不一定存在，因此有可能需要先手动创建。再者，myuser3 是"不可以登录主机"的账户，因此需要使用/sbin/nologin 来设置，这样该账户就成为非登录账户了。

3.5 拓展阅读　中国国家顶级域名"CN"服务器

你知道我国是在哪一年真正拥有了互联网吗？中国国家顶级域名"CN"服务器是哪一年完成设置的呢？

1994 年 4 月 20 日，一条传输速率为 64kbit/s 的国际专线从中国科学院计算机网络信息中心通过美国 Sprint 公司连入 Internet，实现了中国与 Internet 的全功能连接。从此我国被国际上正式承认为真正拥有全功能互联网的国家。此事被我国新闻界评为 1994 年我国十大科技新闻之一，被国家统计公报列为我国 1994 年重大科技成就之一。

1994 年 5 月 21 日，在钱天白教授和德国卡尔斯鲁厄理工学院的教授的协助下，中国科学院计算机网络信息中心完成了中国国家顶级域名"CN"服务器的设置，改变了我国的顶级域名"CN"服务器一直放在国外的历史。钱天白、钱华林分别担任中国国家顶级域名"CN"的行政联络员和技术联络员。

3.6 项目实训 管理用户和组

1. 项目实训目的

- 熟悉统信 UOS V20 用户的访问权限。
- 掌握在统信 UOS V20 操作系统中添加、修改、删除用户或组的方法。
- 掌握用户账户管理及安全管理的方法。

2. 项目背景

某公司有 60 名员工，分别在 5 个部门工作，每名员工的工作内容不同。需要在服务器上为每名员工创建不同的账户，把相同部门的账户放在一个组中，每个账户都有自己的工作目录。另外，需要根据工作性质对每个部门和每个账户在服务器上的可用空间进行限制。

3. 项目要求

练习设置用户的访问权限，练习账户的创建、修改、删除。

4. 做一做

根据项目要求进行项目实训，检查学习效果。

3.7 练习题

一、填空题

1. 统信 UOS V20 操作系统是_____的操作系统，它允许多个用户同时登录到系统，使用系统资源。

2. 统信 UOS V20 操作系统中的用户账户分为两种：_____和_____。

3. root 用户的 UID 为_____，普通用户的 UID 可以在创建时由管理员指定，如果不指定，则普通用户的 UID 默认从_____开始顺序编号。

4. 在统信 UOS V20 操作系统中，创建用户账户的同时也会创建一个与用户同名的组，该组是用户的_____。普通组的 GID 默认也从_____开始编号。

5. 一个用户账户可以同时是多个组的成员，其中某个组是该用户的_____（私有组），其他组是该用户的_____（标准组）。

6. 在统信 UOS V20 操作系统中，所创建的用户账户及其相关信息（密码除外）均放在配置文件中。

7. 由于所有用户对/etc/passwd 文件均有_____权限，所以为了增强系统的安全性，加密之后的口令都存放在_____文件中。

8. 组账户的信息存放在_____文件中，组管理的信息（组口令、组管理员等）则存放在文件中。

二、选择题

1. （   ）目录存放用户密码信息。

A. /etc   B. /var   C. /dev   D. /boot

2. 创建 UID 是 1200，GID 是 1100，用户主目录是/home/user01 的正确命令为（　　）。

A. useradd –u:1200 –g:1100 –h:/home/user01 user01

B. useradd –u=1200 –g=1100 –d=/home/user01 user01

C. useradd –u 1200 –g 1100 –d /home/user01 user01

D. useradd –u 1200 –g 1100 –h /home/user01 user01

3. 用户登录系统后首先进入（　　）。

A. /home

B. /root 的主目录

C. /usr

D. 用户自己的家目录

4. 在使用了 shadow 口令的系统中，/etc/passwd 和/etc/shadow 两个文件的权限正确的是
（　　）。

A. –rw–r––––– , –r––––––––

B. –rw–r––r–– , –r––r––r––

C. –rw–r––r–– , –r––––––––

D. –rw–r––rw– , –r–––––r––

5. （　　）可以删除一个用户并同时删除用户的主目录。

A. rmuser –r

B. deluser –r

C. userdel –r

D. usermgr –r

6. 管理员应该采用的安全措施有（　　）。

A. 把 root 密码告诉每一位用户

B. 设置 telnet 服务来提供远程系统维护

C. 经常检测账户数量、内存信息和磁盘信息

D. 当员工辞职后，立即删除该员工的用户账户

7. 系统中没有 students 用户，在/etc/group 文件中有一行 students::1050:z3,14,w5，这表
示有（　　）个用户在 students 组里。

A. 3

B. 4

C. 5

D. 不知道

8. 命令（　　）可以用来检测用户 lisa 的信息。

A. finger lisa

B. grep lisa /etc/passwd

C. find lisa /etc/passwd

D. who lisa

项目4
配置与管理文件系统

04

项目导入

统信 UOS V20 操作系统的网络管理员需要学习配置与管理文件系统。尤其对于初学者来说，文件的权限与属性是学习统信 UOS V20 的一个相当重要的"关卡"，如果没有这部分的知识储备，那么遇到"Permission deny"的错误提示时，初学者可能会一筹莫展。

职业能力目标

- 理解统信 UOS V20 文件系统结构。
- 能够进行统信 UOS V20 操作系统的文件权限管理，熟悉文件权限管理工具。

- 掌握统信 UOS V20 操作系统文件权限管理的应用。

素养提示

- 了解"计算机界的诺贝尔奖"——图灵奖，了解科学家姚期智，激发学生的求知欲，从而唤醒学生沉睡的潜能。

- "观众器者为良匠，观众病者为良医。""为学日益，为道日损。"青年学生要多动手、多动脑，只有多实践、多积累，才能提高技艺，也才能成为优秀的"工匠"。

4.1 项目知识准备

文件系统（File System）是磁盘上有特定格式的一片区域，操作系统可利用文件系统保存和管理文件。全面理解文件系统与目录，是网络运维人员需要具备的基本技能。

4.1.1 认识文件系统

用户在硬件存储设备中执行的文件建立、写入、读取、修改、转存与控制等操作都是依靠文件系统来完成的。文件系统的作用是合理规划硬盘，以满足用户正常的使用需求。

4-1 微课

统信 UOS V20 的
文件系统

1. 文件系统的类型

统信 UOS V20 操作系统支持数 10 种类型的文件系统，常见的文件系统类型如下。

（1）ext4：ext3 的改进版本，作为 RHEL 6 中默认的文件系统，它支持的存储容量高达 1EB（1EB=1 073 741 824GB），且有足够多的子目录。另外，ext4 文件系统能够批量分配块（block），从而极大地提高了读/写效率。

（2）xfs：一种高性能的日志文件系统，而且是 RHEL 7/8 中默认的文件系统。它的优势在发生意外宕机后尤其明显，它可以快速恢复可能被破坏的文件，而且其强大的日志功能只需要极少的文件权限和属性的信息。它最大可支持的存储容量为 18EB，这几乎满足了所有需求。

2. 文件权限和属性的记录

日常在硬盘中需要保存的数据非常多，因此统信 UOS V20 操作系统中有一个名为 super block 的"硬盘地图"。统信 UOS V20 并不是把文件内容直接写入这个"硬盘地图"中，而是在里面记录整个文件系统的信息。因为如果把所有的文件内容都写入其中，它的体积将变得非常大，而且文件内容的查询与写入速度会变得很慢。统信 UOS V20 只是把每个文件的权限和属性记录在索引节点（inode）中，而且每个文件占用一个独立的 inode 表格。该表格的大小默认为 128B，里面记录着如下信息。

- 该文件的访问权限（read、write、execute）。
- 该文件的所有者与所属组（owner、group）。
- 该文件的大小（size）。
- 该文件的创建或内容修改时间（ctime）。
- 该文件的最后一次访问时间（atime）。
- 该文件的修改时间（mtime）。
- 该文件的特殊权限（SUID、SGID、SBIT）。
- 该文件的真实数据地址（point）。

3. 文件实际内容的记录

文件的实际内容保存在 block 中（block 的大小可以是 1KB、2KB 或 4KB），一个 inode 的默认大小仅为 128B（ext3 中），记录一个 block 则消耗 4B。当文件的 inode 被写满后，统信 UOS V20 操作系统会自动分配出一个 block，专门用于像 inode 那样记录其他 block 的信息，这样把各个 block 的内容串到一起，就能够让用户读取完整的文件内容了。对于存储文件内容的 block，有下面两种常见情况（以 4KB 大小的 block 为例进行说明）。

- 情况 1：文件很小（如 1KB），但依然会占用一个 block，因此会潜在地浪费 3KB。
- 情况 2：文件较大（如 5KB），那么会占用两个 block（剩下的 1KB 也要占用一个 block）。

计算机系统在发展过程中产生了众多的文件系统，为了使用户在读取或写入文件时不用关心底层的硬盘结构，统信 UOS V20 内核中的软件层为用户程序提供了一个虚拟文件系统（Virtual File System，VFS）接口，这样用户在操作文件时，实际上是统一对 VFS 进行操作。图 4-1 所示为 VFS 的架构。从中可见，实际文件系统在 VFS 下隐藏了自己的特性和细节，这样用户在日常使用时会觉得"文件系统都是一样的"，也就可以随意使用各种命令在各种文件系统中进行各种操作了（如使用 cp 命令来复制文件)。

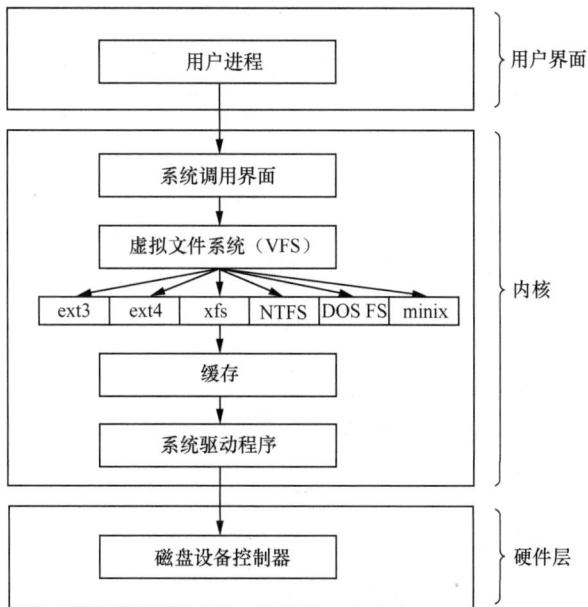

图 4-1　VFS 的架构

4.1.2　理解统信 UOS V20 文件系统结构

在统信 UOS V20 操作系统中，目录、字符设备、块设备、套接字、打印机等都被抽象成了文件：在 Linux 操作系统中，一切都是文件。既然平时和我们"打交道"的都是文件，那么应该如何找到它们呢？在 Windows 操作系统中，想要找到一个文件，我们首先要进入该文件所在的磁盘分区（这里假设是 D 盘），然后进入该磁盘分区下的具体目录，最终找到这个文件。但是在统信 UOS V20 操作系统中并不存在 C、D、E、F 等盘，统信 UOS V20 操作系统中的一切文件都是从根目录（/）开始的，并按照文件系统层次化标准（Filesystem Hierarchy Standard，FHS），采用树形结构来存放文件，以及定义常见目录的用途。另外，Linux 操作系统中的文件名和目录名是严格区分大小写的。例如，root、rOOt、Root、rooT 均代表不同的目录，并且文件名中不得包含"/"。统信 UOS V20 操作系统中的文件存储结构如图 4-2 所示。

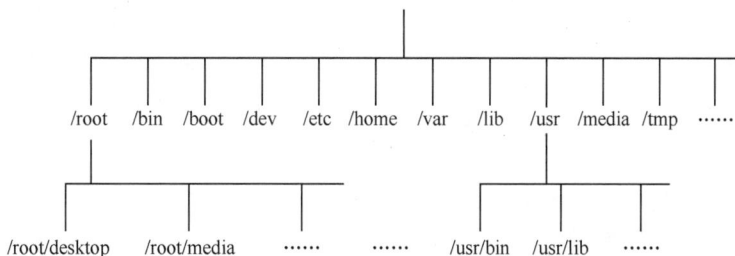

图 4-2　统信 UOS V20 操作系统中的文件存储结构

统信 UOS V20 操作系统中常见的目录名以及相应的存放内容如表 4-1 所示。

表 4-1　统信 UOS V20 操作系统中常见的目录名以及相应的存放内容

目录名	存放内容
/	文件的最上层根目录
/boot	开机所需文件——内核、开机菜单以及所需配置文件等
/dev	以文件形式存放任何设备与接口
/etc	配置文件
/home	用户主目录
/bin	Binary 的缩写，存放用户的可运行程序，如 ls、cp 等，也存放其他 shell，如 bash 和 cs 等
/lib	开机时用到的函数库，以及/bin 与/sbin 下的命令要调用的函数
/sbin	开机过程中需要的命令
/media	用于挂载设备文件的目录
/opt	第三方的软件
/root	系统管理员的主目录
/srv	一些网络服务的数据文件目录
/tmp	任何人均可使用的"共享"临时目录
/proc	虚拟文件系统（procfs），提供关于系统内核状态的信息，包括当前运行进程、内存信息、设备信息等
/usr/local	用户自行安装的软件
/usr/sbin	Linux 操作系统开机时不会使用的软件/命令/脚本
/usr/share	帮助与说明文件，也可存放共享文件
/var	主要存放经常变化的文件，如日志
/lost+found	当文件系统发生错误时，将一些丢失的文件片段存放在这里

4.1.3　理解绝对路径与相对路径

1. 了解绝对路径与相对路径的概念

- 绝对路径：由根目录"/"开头的文件名或目录名，如/home/dmtsai/basher。
- 相对路径：相对于当前路径的文件名或目录名，如./home/dmtsai 或../../home/dmtsai 等。

> **技巧**　开头不是"/"的路径属于相对路径。

2. 相对路径实例

相对路径是以当前所在路径的相对位置来表示的。例如，当前在/home 目录下，要想进入/var/log 目录，可以怎么写呢？

- cd　../var/log：相对路径。

3. "."和".."特殊目录

因为当前在/home 下，所以要回到上一层目录（../）之后，才能进入/var/log 目录。特别注意以下两个特殊目录。

- .：代表当前所在目录，也可以用./来代表。
- ..：代表上一层目录，也可以用../来代表。

此处的.和..是很重要的，例如，我们常常看到的 cd ..或./command 之类的命令表达方式就是代表上一层目录与当前所在目录的工作状态。

4.2 项目设计与准备

在进行本项目的教学与实验前，需要做好如下准备。

（1）已经安装好的统信 UOS V20。

（2）统信 UOS V20 安装光盘或 ISO 映像文件。

（3）设计教学与实验用的用户及权限列表。

本项目的所有实例都在服务器 Server01 上完成。

4.3 项目实施

4-2 课堂慕课

配置与管理
文件系统

任务 4-1 管理统信 UOS V20 文件权限

管理统信 UOS V20 文件权限是网络运维人员的基本任务之一。

1. 理解文件和文件权限

文件是操作系统用来存储信息的基本结构，是一组信息的集合。文件可通过文件名来唯一地标识。统信 UOS V20 中的文件名最长可允许 255 个字符，这些字符包括 A～Z、0～9、.、_、-等。与其他操作系统相比，统信 UOS V20 最大的不同就是没有"扩展名"的概念，也就是说，文件名和该文件的种类并没有直接的关联。例如，sample.txt 可能是一个运行文件，而 sample.exe 也可能是一个文本文件，甚至可以不使用扩展名。另外，统信 UOS V20 的一个特性是文件名区分大小写。例如，sample.txt、Sample.txt、SAMPLE.txt、samplE.txt 在统信 UOS V20 操作系统中都代表不同的文件，但在 DOS（Disk Operating System，磁盘操作系统）和 Windows 操作系统中代表同一个文件。在统信 UOS V20 操作系统中，如果文件名以"."开头，则表示该文件为隐藏文件，需要使用"ls -a"命令才能显示。

统信 UOS V20 中的每一个文件或目录都拥有访问权限，访问权限决定了谁能访问以及如何访问文件或目录。可以通过以下 3 种访问方式限制访问权限。

- 只允许用户自己访问。
- 允许一个预先指定的用户组中的成员访问。
- 允许系统中的任何用户访问。

同时，用户能够控制一个给定的文件或目录的访问程度。一个文件或目录可能有读、写及执行权限。当创建一个文件时，系统会自动授予文件所有者读和写的权限，这样可以允许所有者显示文件和修改文件。文件所有者可以将这些权限变为任何想指定的权限。一个文件也许只有读权限，禁止任何修改。一个文件也可能只有执行权限，允许它像一个程序一样执行。

根据授予权限的不同，3 种不同的用户（所有者、所属组和其他用户）能够访问不同的目录或者文件。所有者是创建文件的用户，文件所有者能够授予所属组的其他成员以及系统中除所属组成员之外的其他用户文件访问权限。

每一个用户针对系统中的所有文件都有它自身的读、写和执行权限。第 1 套权限控制访问自己的文件权限，即所有者权限。第 2 套权限控制所属组访问其中一个用户文件的权限。第 3 套权限控制其他所有用户访问一个用户文件的权限。这 3 套权限授予不同类型用户（所有者、所属组和其他用户）的读、写及执行权限，就构成了一个由 9 个字符表示的权限组。

我们可以用"ls -l"或者"ll"命令显示文件的属性，其中包括权限，如下所示。

```
[root@Server01 ~]# ll
总用量 1146900
-rw------- 1 root root      1832  5月 13  2023 anaconda-ks.cfg
drwxr-xr-x 3 root root       138  8月 22 00:27 Desktop
drwxr-xr-x 2 root root         6  5月 13  2023 Documents
......
drwxr-xr-x 2 root root        32  5月 13  2023 Music
drwxr-xr-x 3 root root        24  5月 13  2023 Pictures
drwxr-xr-x 2 root root         6  5月 13  2023 Videos
```

上面列出了部分文件的属性，每个文件的属性分为 7 组。文件属性的含义如图 4-3 所示。

图 4-3　文件属性的含义

2. 详解文件的各种属性

（1）第 1 组表示文件类型权限。

① 文件类型。

每一行的第一个字符一般用来区分文件类型，一般取值为 d、-、l、b、c、s、p。具体含义如下。

- d：表示一个目录，在 ext 文件系统中，目录是一种特殊的文件。
- -：表示该文件是一个普通的文件。
- l：表示该文件是一个符号链接文件，实际上它指向另一个文件。
- b、c：分别用于表示块设备和字符设备文件。
- s、p：表示这些文件关系到系统的数据结构和管道，通常很少见到。

② 文件的访问权限。

每一行的第 2~10 个字符表示文件的访问权限。这 9 个字符每 3 个为一组，左边 3 个字符表示所有者权限，中间 3 个字符表示与所有者同一组的用户权限，右边 3 个字符表示其他用户权限。具体含义如下。

- 字符 2、3、4 表示该文件所有者的权限，有时也简称为 u（User）的权限。
- 字符 5、6、7 表示该文件所有者所属组的成员的权限。例如，该文件所有者属于"user"组，该组有 6 个成员，表示这 6 个成员都有此处指定的权限，简称为 g（Group）的权限。

- 字符 8、9、10 表示该文件所有者所属组以外用户的权限，简称为 o（Others）的权限。

③ 3 种文件权限。

根据权限种类的不同，这 9 个字符也分为 3 种类型。

- r（Read）：对文件而言，表示用户具有读取文件内容的权限；对目录而言，表示用户具有浏览目录的权限。
- w（Write）：对文件而言，表示用户具有新增、修改文件内容的权限；对目录而言，表示用户具有删除、移动目录内文件的权限。
- x（Execute）：对文件而言，表示用户具有执行文件的权限；对目录而言，表示用户具有进入目录的权限。

若显示-，则表示不具有该类型的权限。

④ 举例说明。

- brwxr--r--：该文件是块设备文件，文件所有者具有读、写与执行的权限，其他用户则具有读的权限。
- -rw-rw-r-x：该文件是普通文件，文件所有者与同组用户对文件具有读、写的权限，而其他用户仅具有读和执行的权限。
- drwx--x--x：该文件是目录，文件所有者具有浏览目录，删除、移动目录内文件与进入目录的权限，其他用户能进入该目录，但无法读取任何数据。
- lrwxrwxrwx：该文件是符号链接文件，文件所有者、同组用户和其他用户对该文件都具有读、写和执行的权限。

每个用户都拥有自己的主目录，通常在/home 目录下，这些主目录的默认权限为 rwx------；执行 mkdir 命令创建的目录，其默认权限为 rwxr-xr-x。用户可以根据需要修改目录的权限。

此外，默认权限可用 umask 命令修改，方法非常简单，只需执行"umask 777"命令，便代表屏蔽所有权限，之后创建的文件或目录，其权限都变成 000，以此类推。通常 root 用户搭配 umask 命令的数字为 022、027 和 077，普通用户则采用 002，这样产生的默认权限依次为 755、750、700、775。有关权限的数字表示法，后面将会详细说明。

用户登录系统时，用户环境会自动执行 umask 命令来决定文件、目录的默认权限。

（2）第 2 组表示有多少文件名连接到此节点。

每个文件都会将其权限与属性记录到文件系统的节点中，由于我们使用的目录树是使用文件来记录的，因此每个文件名会连接到一个节点。第 2 组属性记录的就是有多少不同的文件名连接到相同的节点。

（3）第 3 组表示文件（或目录）的所有者账号。

（4）第 4 组表示文件所属组。

在统信 UOS V20 操作系统中，用户的账号会属于一个或多个组。例如，class1、class2、class3 均属于 projecta 组，假设某个文件所属的组为 projecta，且该文件的权限为-rwxrwx---，则 class1、class2、class3 对于该文件都具有读、写与执行的权限（看组权限）。但不属于 projecta 组的其他用户的账号，对于该文件就不具有任何权限。

（5）第 5 组表示文件的容量，默认单位为 B。

（6）第 6 组表示文件的创建时间或者最后修改时间。

这一组的内容分别为日期（月、日）及时间。如果这个文件被修改的时间距离现在太久了，那么时间部分仅显示年份。如果想要显示完整的时间格式，则可以使用 ls 的选项，即使用 ls -l --full-time。

（7）第 7 组表示文件的文件名。

比较特殊的是：如果文件名之前多一个 "."，则代表这个文件为隐藏文件。请读者使用 ls 及 ls -a 这两个命令体验一下什么是隐藏文件。

3. 使用数字表示法修改权限

在创建文件时系统会自动设置默认权限，如果这些默认权限无法满足需要，则可以使用 chmod 命令来修改权限。通常在修改权限时可以用两种方法来表示权限类型：数字表示法和文字表示法。

chmod 命令的格式为：

```
chmod      [选项]    文件
```

所谓数字表示法，是指将读（r）、写（w）和执行（x）权限分别以数字 4、2、1 来表示，没有授予权限的部分表示为 0，然后把授予的权限相加得到 3 个数字。表 4-2 所示为以数字表示法修改权限的例子。

表 4-2   以数字表示法修改权限的例子

原始权限	转换为数字	数字表示法
rwxrwxr-x	(421) (421) (401)	775
rwxr-xr-x	(421) (401) (401)	755
rw-rw-r--	(420) (420) (400)	664
rw-r--r--	(420) (400) (400)	644

例如，为文件/etc/file 设置权限：授予所有者和组成员读、写权限，而其他用户只有读权限。应该将权限设置为 "rw-rw-r--"，而该权限的数字表示法为 664，因此可以输入下面的命令来设置权限。

```
[root@Server01 ~]# touch /etc/file ; chmod 664 /etc/file
[root@Server01 ~]# ll /etc/file
-rw-rw-r-- 1 root root 0  8月 22 02:17 /etc/file
```

再如，将.bashrc 文件的所有权限都设置为开放，可以使用如下命令。

```
[root@Server01 ~]# ls -al .bashrc
-rw-r--r-- 1 root root 176  8月 1 2022 .bashrc
[root@Server01 ~]# chmod 777 .bashrc
[root@Server01 ~]# ls  -al .bashrc
-rwxrwxrwx 1 root root 176  8月 1 2022 .bashrc
```

如果要将权限变成-rwxr-xr--呢？权限的数字表示法为（4+2+1）(4+0+1)(4+0+0)=754，所以需要使用 chmod 754 filename 命令。另外，在实际的系统运行中常出现的一个问题是，我们以 vim 编辑一个 shell 的文本批处理文件 test.sh 后，它的权限通常是-rw-rw-r--，也就是 664。如果要将该文件变成可执行文件，并且不让其他用户修改此文件，那么需要-rwxr-xr-x 这样的权限。此时要执行 chmod 755 test.sh 命令。

技巧 如果不希望有些文件被其他用户看到，则可以将文件的权限设置为-rwxr-----，执行 chmod 740　filename 命令。

4. 使用文字表示法修改权限

（1）文字表示法

① 使用权限的文字表示法时，系统用以下 4 种字符来表示不同的用户。

- u：User，表示所有者。
- g：Group，表示所属组。
- o：Others，表示其他用户。
- a：All，表示以上 3 种用户。

② 使用以下 3 种字符的组合来设置权限。

- r：Read，读。
- w：Write，写。
- x：Execute，执行。

③ 操作符包括以下 3 种。

- +：添加某种权限。
- -：删除某种权限。
- =：授予给定权限并取消原来的权限。

④ 以文字表示法修改文件权限时，上例中的权限设置命令应该为：

```
[root@Server01 ~]# chmod u=rw,g=rw,o=r /etc/file
```

⑤ 修改目录权限和修改文件权限相同，都使用 chmod 命令，但不同的是，要使用通配符"*"来表示目录中的所有文件。

例如，要同时将/etc/test 目录中的所有文件权限设置为所有用户都可读写，应该使用下面的命令。

```
[root@Server01 ~]# mkdir /etc/test; touch /etc/test/f1.doc
[root@Server01 ~]# chmod a=rw /etc/test/*
```

或者：

```
[root@Server01 ~]# chmod 666 /etc/test/*
```

⑥ 如果目录中包含其他文件及子目录，则必须使用-R（Recursive）选项来同时设置所有文件及子目录的权限。

（2）使用 chmod 命令也可以设置文件的特殊权限

例如，设置/etc/file 文件的 SUID（Set User ID，设置 UID）权限的方法如下（先了解，后面会详细介绍）。

```
[root@Server01 ~]# ll /etc/file
-rw-rw-r-- 1 root root 0  8月 22 02:17 /etc/file
[root@Server01 ~]# chmod u+s /etc/file
[root@Server01 ~]# ll /etc/file
-rwSrw-r-- 1 root root 0  8月 22 02:17 /etc/file
```

特殊权限也可以采用数字表示法设置。SUID、SGID（Set Group ID，设置 GID）和 SBIT（Sticky BIT，粘滞位）权限的数字表示法分别为 4、2 和 1。使用 chmod 命令设置文件权限时，可以在一般权限的数字前面加上一位数字来表示特殊权限。例如：

```
[root@Server01 ~]# chmod 6664 /etc/file
[root@Server01 ~]# ll  /etc/file
-rwSrwSr-- 1 root root 0  8月 22 02:17 /etc/file
```

（3）使用文字表示法的有趣实例

【例 4-1】假如我们要设置一个文件的权限为-rwxr-xr-x，所表述的含义如下。

- u（User）：具有读、写、执行的权限。
- g/o（Group 与 Others）：具有读与执行的权限。

命令及执行结果如下。

```
[root@Server01 ~]# chmod u=rwx,go=rx  .bashrc
# 注意：u=rwx,go=rx 是连在一起的，中间并没有任何空格
[root@Server01 ~]# ls -al .bashrc
-rwxr-xr-x 1 root root 176  8月  1 2022 .bashrc
```

【例 4-2】假如设置-rwxr-xr--权限又该如何操作呢？可以使用 chmod u=rwx, g=rx, o=r filename 来设置。此外，如果不知道原先的文件权限，而想为.bashrc 文件添加所有用户均可写的权限，那么可以使用如下命令。

```
[root@Server01 ~]# ls -al .bashrc
-rwxr-xr-x 1 root root 176  8月  1 2022 .bashrc
[root@Server01 ~]# chmod a+w .bashrc
[root@Server01 ~]# ls -al .bashrc
-rwxrwxrwx 1 root root 176  8月  1 2022 .bashrc
```

【例 4-3】如果要将权限删除而不改动其他已存在的权限呢？例如，要删除所有用户的执行权限，则可以使用如下命令。

```
[root@Server01 ~]# chmod a-x  .bashrc
[root@Server01 ~]# ls -al .bashrc
-rw-rw-rw- 1 root root 176  8月  1 2022 .bashrc
```

> **特别提示** 在+与-的状态下，只要不是指定的权限，其他权限就不会变动。例如，在例 4-3 中，由于仅删除执行的权限，所以其他权限保持不变。想让用户拥有执行的权限，但又不知道该文件原来的权限，使用 chmod a+x filename 就可以让该用户拥有执行的权限。

4-3 拓展阅读

理解权限与指令间的关系

5. 理解权限与指令间的关系

权限对于用户来说非常重要，因为权限可以限制用户读取/建立/删除/修改文件或目录。

任务 4-2　修改文件与目录的默认权限与扩展属性

文件权限包括读（r）、写（w）、执行（x）等基本权限，决定文件类型的属性包括目录（d）、普通文件（-）、连接符等。修改权限的命令（chmod）在前面已经提过。在统信 UOS V20 的 ext2/ext3/ext4 文件系统下，除基本的 r、w、x 权限外，还可以设置扩展属性。设置扩展属性使用 chattr 命令，使用 lsattr 命令可以查看扩展属性。

另外，基于安全（Security）机制方面的考虑，设置文件不可修改的特性，即使文件所有者也

不能修改，这非常重要。

1. 理解文件默认权限：umask

读者可能会问：建立文件或目录时，默认权限是什么呢？默认权限与 umask 值有密切关系，umask 值指定的就是用户在建立文件或目录时的默认权限值。那么如何得知或设置 umask 值呢？请看下面的命令及运行结果。

```
[root@Server01 ~]# umask
0022          # 与一般权限有关的是后面 3 个数字
[root@Server01 ~]# umask  -S
u=rwx,g=rx,o=rx
```

查阅默认权限的方式有两种：一是直接输入 umask，可以看到数字表示法的权限设置；二是加入-S（Symbolism，符号）选项，以文字表示法显示权限。

但是，使用 umask 得到的权限为 4 个数字，而不是只有 3 个数字。第一个数字是特殊权限用的，请参考电子资料。现在先看后面的 3 个数字。

文件与目录的默认权限是不一样的。我们知道，x 权限对于目录来说是非常重要的，但是一般文件不应该有 x 权限。因为一般文件通常用于数据的记录，当然不需要 x 权限。因此，默认的情况如下。

* 若用户建立文件，则默认没有 x 权限，即只有 r、w 这两个权限，也就是最大为 666，默认权限为-rw-rw-rw-。
* 若用户建立目录，则由于 x 权限中与是否可以进入此目录有关，因此默认所有权限均开放，即 777，默认权限为 drwxrwxrwx。

umask 值指的是该默认权限中需要删除的权限（r、w、x 分别对应 4、2、1），具体如下。

* 删除 w 权限时，umask 值输入 2。
* 删除 r 权限时，umask 值输入 4。
* 删除 r 和 w 权限时，umask 值输入 6。
* 删除 x 和 w 权限时，umask 值输入 3。

思考 5 是什么意思？就是删除 r（4）与 x（1）权限。

在上面的例子中，因为 umask 值为 022，所以所有者（对应 umask 值的 0）并没有被删除任何权限，不过所属组（对应 umask 值中间的 2）与其他用户（对应 umask 值最后面的 2）的权限被删除了 2（也就是 w 权限），那么用户的权限如下。

* 建立文件时：(-rw-rw-rw-)–(-----w--w-)=-rw-r--r--。
* 建立目录时：(drwxrwxrwx)–(d----w--w-)=drwxr-xr-x。

是这样吗？请看测试结果。

```
[root@Server01 ~]# umask
0022
[root@Server01 ~]# touch test1
[root@Server01 ~]# mkdir test2
[root@Server01 ~]# ll
```

```
总用量 1146900
……
-rw-r--r-- 1 root root        0  8月 22 02:27 test1
drwxr-xr-x 2 root root        6  8月 22 02:28 test2
……
```

2. 利用 umask

假如你与同学在同一个项目组，你们的账号属于相同的组，并且/home/class/目录是你们的公共目录。想象一下，有没有可能你所制作的文件你的同学无法编辑？如果要让你的同学能够编辑你所制作的文件，该怎么办呢？

这种情况可能经常发生。以上面的案例来说，test1 文件的权限是 644。也就是说，如果 umask 值为 022，对于新建的数据只有用户自己具有 w 权限，同组的用户只有 r 权限，肯定无法编辑该文件。那么怎样才能共同编辑该文件呢？

当我们需要新建文件给同组的用户共同编辑时，umask 值就不能删除 2（w 权限）。这时 umask 值应该是 002，这样才能使新建文件的权限是-rw-rw-r--。那么如何设置 umask 值呢？直接在 umask 后面输入 002 就可以了。命令运行情况如下。

```
[root@Server01 ~]# umask 002 ;touch test3 ;mkdir test4
[root@Server01 ~]# 11
……
-rw-rw-r-- 1 root root        0  8月 22 02:40 test3
drwxrwxr-x 2 root root        6  8月 22 02:40 test4
……
```

Umask 值与新建文件及目录的默认权限有很大关系。这个属性可以用在服务器上，尤其是文件服务器（File Server）上。例如，在创建 Samba 服务器或者 FTP 服务器时，其显得尤为重要。

思考 假设 umask 值为 003，在此情况下建立的文件与目录的默认权限是怎样的呢？

Umask 值为 003，所以删除的权限为--------wx。因此相关权限如下。

- 文件：(-rw-rw-rw-)-(--------wx)=-rw-rw-r--。
- 目录：(drwxrwxrwx)-(d-------wx)=drwxrwxr--。

在关于 umask 值与权限的计算方式中，有的教材喜欢使用二进制的方式来进行 AND 与 NOT 的计算。不过，本书认为上面这种计算方式比较容易。

提示 有的图书或者论坛喜欢使用文件默认权限 666 及目录默认权限 777 与 umask 值相减来计算文件权限，这是不对的。以上面的思考来看，如果使用默认权限相减，则文件权限变成 666-003=663，即-rw-rw--wx，这是完全不对的。想想看，原本文件就已经删除了 x 默认权限，怎么可能突然又出现呢？所以，这个地方一定要特别小心。

Root 用户的 umask 值默认是 022，这是基于安全的考虑。对于一般用户来说，通常 umask 值为 002，即保留同组用户的权限。关于默认 umask 可以参考/etc/bashrc 文件的内容。

3. 设置文件扩展属性

（1）chattr 命令

功能说明：改变文件扩展属性。

命令格式：

```
chattr [-RV][-v<版本编号>][+/-/=<属性>][文件或目录...]
```

这项命令可改变存放在 ext4 文件系统中的文件或目录属性，这些属性共有以下 8 种。

- a：系统只允许在该文件之后追加数据，不允许任何进程覆盖或截断该文件。如果目录具有该属性，则系统将只允许在该目录下建立和修改文件，而不允许删除任何文件。
- b：不更新文件或目录的最后存取时间。
- c：将文件或目录压缩后存放。
- d：将文件或目录排除在操作之外。
- i：不得任意改动文件或目录。
- s：保密性地删除文件或目录，即硬盘空间被全部收回。
- S：即时更新文件或目录。
- u：预防意外删除。

其中，最重要的是 i 与 a 这两个属性。由于以上 8 种属性是隐藏的，所以需要使用 lsattr 命令。chattr 的相关选项如下。

- -R：递归处理，将指定目录下的所有文件及子目录一并处理。
- -V：显示命令执行过程。
- -v<版本编号>：设置文件或目录版本。
- +<属性>：开启文件或目录的该项属性。
- -<属性>：关闭文件或目录的该项属性。
- =<属性>：指定文件或目录的该项属性。

【例 4-4】请尝试在/tmp 目录下建立文件，开启 i 属性，并尝试删除该文件。

```
[root@Server01 ~]# cd  /tmp
[root@Server01 tmp]# touch attrtest          # 建立一个空文件
[root@Server01 tmp]# chattr +i attrtest      # 开启 i 属性
[root@Server01 tmp]# rm attrtest             # 尝试删除，查看结果
rm: 是否删除普通空文件 'attrtest'? y
rm: 无法删除'attrtest': 不允许的操作           # 操作不允许
# 看到了吗? 连 root 管理员也没有办法将这个文件删除! 赶紧关闭 i 属性吧
```

将该文件的 i 属性关闭：

```
[root@Server01 tmp]# chattr -i attrtest
```

这个命令很重要，尤其是在保证系统的数据安全方面。

此外，如果是日志文件，就需要开启 a 属性，开启后该文件可增加，但不能修改与删除旧有数据。

（2）lsattr 命令

功能说明：显示所有文件和目录的属性，包括扩展属性。

命令格式：

```
lsattr [-adR]文件或目录
```

该命令的选项如下。

　　-a：将隐藏文件的属性显示出来。

　　-d：如果是目录，则仅列出目录本身的属性而非目录内的文件名。

　　-R：连同子目录的数据一并列出来。

　　例如：

```
[root@Server01 tmp]# chattr +aiS attrtest
[root@Server01 tmp]# lsattr attrtest
--S-ia---------- attrtest
```

　　使用 chattr 命令后，可以使用 lsattr 命令来显示扩展属性。不过，这两个命令在使用上必须特别小心，否则会造成很严重的后果。例如，如果将/etc/shadow 密码文件设置为开启 i 属性，则在若干天后，会发现无法新增用户。

4-4　拓展阅读

设置文件特殊权限：SUID、SGID、SBIT

4. 设置文件特殊权限：SUID、SGID、SBIT

　　在复杂多变的生产环境中，单纯设置文件的 r、w、x 权限无法满足我们对安全和灵活性的需求，因此便有了 SUID、SGID 与 SBIT 特殊权限。这是一种对文件权限进行设置的特殊功能，可以与一般权限同时使用，以实现一般权限不能实现的功能。

任务 4-3　使用文件访问控制列表

　　不知道读者是否发现，前文讲解的一般权限、特殊权限、隐藏权限其实有一个共性——权限是针对某一类用户设置的。如果希望对某个指定的用户进行单独的权限控制，就需要用到文件的访问控制列表（Access Control List，ACL）了。通俗来讲，基于普通文件或目录设置 ACL 其实就是针对指定的用户或用户组设置文件或目录的操作权限。另外，如果针对某个目录设置了 ACL，则目录中的文件会继承其 ACL；如果针对文件设置了 ACL，则文件不再继承其所在目录的 ACL。

　　为了更直观地看到 ACL 对文件权限控制的强大效果，可以先将用户身份切换到普通用户，然后尝试进入 root 管理员的主目录。在没有针对普通用户对 root 管理员的主目录设置 ACL 之前，其执行结果如下所示。

```
[root@Server01 tmp]# su - yangyun
[yangyun@Server01 ~]$ cd /root
-bash: cd: /root: 权限不够
[yangyun@Server01 ~]$ exit
[root@Server01 tmp]# cd
```

　　下面使用文件的 ACL 来解决这个问题。

1. 使用 setfacl 命令

　　setfacl 命令用于管理文件的 ACL 规则，其格式为：

```
setfacl [选项] 文件名
```

　　文件的 ACL 提供的是在所有者、所属组、其他用户的读、写、执行权限之外的特殊权限控制，使用 setfacl 命令可以针对单一用户或用户组、单一文件或目录来进行读、写、执行权限的控制。其中，针对目录文件可以使用-R 选项；针对普通文件可以使用-m 选项；如果想要删除某个文件的 ACL，则可以使用-b 选项。下面设置普通用户在/root 目录上的权限。

```
[root@Server01 ~]# setfacl -Rm u:yangyun:rwx /root
```

```
[root@Server01 ~]# su - yangyun
[yangyun@Server01 ~]$ cd /root
[yangyun@Server01 root]$ ls
anaconda-ks.cfg   Downloads   file3                   Music      test2   tr
Desktop           file1       initial-setup-ks.cfg    Pictures   test3   Videos
Documents         file2       man_db.bak              test1      test4
[yangyun@Server01 root]$ cat anaconda-ks.cfg
[yangyun@Server01 root]$ exit
```

那么，怎样查看文件上有哪些 ACL 呢？常用的 ls 命令看不到 ACL 信息，却可以看到文件权限的最后一个 "." 变成了 "+"，这就意味着该文件已经设置了 ACL。

```
[root@Server01 ~]# ls -ld /root
drwxrwx---+ 20 root root 4096  8月 22 02:40 /root
```

2. 使用 getfacl 命令

getfacl 命令用于显示文件上设置的 ACL 信息，其格式为：

```
getfacl 文件名
```

想要设置 ACL，用 setfacl 命令；想要显示 ACL，则用 getfacl 命令。下面使用 getfacl 命令显示在 root 管理员主目录上设置的所有 ACL 信息。

```
[root@Server01 ~]# getfacl /root
getfacl: Removing leading '/' from absolute path names
# file: root
# owner: root
# group: root
user::rwx
user:yangyun:rwx
group::---
mask::rwx
other::---
```

4.4 企业实战与应用

1. 情境及需求

情境： 假设系统中有两个用户账号，分别是 alex 与 arod，这两个账号除了属于自己的组，还共同属于一个名为 project 的组。如果这两个账号需要共同拥有/srv/ahome/目录的使用权，且该目录不允许其他账号进入查阅，请问该目录的权限应如何设置？请先以传统权限说明，再以 SGID 的功能解析。

目标： 了解为何项目开发时，目录最好设置 SGID 的权限。

前提： 多个账号属于同一组，且共同拥有目录的使用权。

需求： 需要使用 root 管理员的身份运行 chmod、chgrp 等命令，帮用户设置好他们的开发环境。这也是管理员的重要任务之一。

2. 解决方案

（1）制作这两个用户账号的相关数据，如下所示。

```
[root@Server01 ~]# groupadd project              # 增加新的组
[root@Server01 ~]# useradd -G project alex        # 建立 alex 账号，且属于 project
[root@Server01 ~]# useradd -G project arod        # 建立 arod 账号，且属于 project
[root@Server01 ~]# id alex                        # 查阅 alex 账号的属性
```

```
用户id=1012(alex) 组id=1014(alex) 组=1014(alex),1013(project) # 确定project
[root@Server01 ~]# id arod
用户id=1013(arod) 组id=1015(arod) 组=1015(arod),1013(project)
```

（2）建立所需要开发的项目目录。

```
[root@Server01 ~]# mkdir    /srv/ahome
[root@Server01 ~]# ll -d   /srv/ahome
drwxrwxr-x 2 root root 6  8月 22 02:47 /srv/ahome
```

（3）从上面的输出结果可以发现，alex 与 arod 都不能在该目录内建立文件，因此需要修改权限与属性。由于其他用户均不可进入此目录，所以该目录的组应为 project，权限应为 770 才合理。

```
[root@Server01 ~]# chgrp project /srv/ahome
[root@Server01 ~]# chmod 770 /srv/ahome
[root@Server01 ~]# ll -d /srv/ahome
drwxrwx--- 2 root project 6  8月 22 02:47 /srv/ahome
# 从上面的权限来看，由于alex、arod均支持project，所以似乎没问题了
```

（4）分别以两个用户来测试，情况会如何呢？先用 alex 建立文件，再用 arod 处理文件。

```
[root@Server01 ~]# su - alex                 # 先切换身份成alex来处理
[alex@Server01~]$ cd /srv/ahome              # 切换到组的工作目录
[alex@Server01 ahome]$ touch abcd            # 建立一个空的文件
[alex@Server01 ahome]$ exit                  # 离开alex的身份
[root@Server01 ~]# su - arod
[arod@Server01 ~]$ cd /srv/ahome
[arod@Server01 ahome]$ ll
总用量 0
-rw-rw-r-- 1 alex alex 0  8月 22 02:49 abcd
# 仔细看上面的文件，组是alex，而组arod并不支持
# 因此对于abcd文件来说，arod应该只是其他用户，只有r权限
[arod@Server01 ahome]$ exit
```

由上面的结果可以知道，若单纯使用传统的 r、w、x 权限，则对于 alex 建立的 abcd 文件来说，arod 可以删除它，但不能编辑它。若要实现目标，就需要用到特殊权限。

（5）加入 SGID 的权限，并进行测试。

```
[root@Server01 ~]# chmod 2770 /srv/ahome
[root@Server01 ~]# ll -d /srv/ahome
drwxrwxs--- 2 root project 18  8月 22 02:49 /srv/ahome
```

（6）测试：使用 alex 建立一个文件，并查阅文件权限。

```
[root@Server01 ~]# su - alex
[alex@Server01~]$ cd /srv/ahome
[alex@Server01 ahome]$ touch 1234
[alex@Server01 ahome]$ ll 1234
-rw-rw-r-- 1 alex project 0  8月 22 02:52 1234
# 没错！这才是我们要的！现在alex、arod建立的新文件所属组都是project
# 由于两个账号均属于此组，并且umask值都是002，所以这两个账号才可以互相修改对方的文件
```

最终的结果显示，此目录的权限最好是 2770，所属文件所有者为 root 管理员即可，至于组，则必须为两个账号共同属于的 project 才可以。

4.5 拓展阅读　图灵奖

你知道图灵奖吗？你知道哪位华人科学家获得过此殊荣吗？

图灵奖（Turing Award）全称 A.M. 图灵奖（A.M. Turing Award），是美国计算机协会（Association for Computing Machinery，ACM）于 1966 年设立的计算机奖项，名称取自艾伦·马西森·图灵（Alan Mathison Turing），旨在奖励对计算机事业做出重要贡献的个人。图灵奖的获奖要求极高，评奖程序极严，一般每年仅授予一名计算机科学家。图灵奖是计算机界的国际最高奖项，被誉为"计算机界的诺贝尔奖"。

2000 年，华人科学家姚期智获图灵奖。

4.6 项目实训　管理文件权限

1. 项目实训目的
- 掌握利用 chmod 及 chgrp 等命令实现 Linux 文件权限管理的方法。
- 掌握磁盘限额的实现方法（项目 5 会详细讲解）。

2. 项目背景
某公司有 60 名员工，分别在 5 个部门工作，每名员工的工作内容不同。需要在服务器上为每名员工创建不同的用户账号，把相同部门的用户放在一个组中，每个用户都有自己的工作目录。另外，需要根据每名员工的工作性质对每个部门和每个用户在服务器上的可用空间进行限制。

假设有用户 user1，请设置 user1 对/dev/sdb1 分区的磁盘限额，将 user1 对 blocks 的 soft 设置为 5000，hard 设置为 10 000；将 inodes 的 soft 设置为 5000，hard 设置为 10 000。

3. 项目要求
练习 chmod、chgrp 等命令，练习在 Linux 下实现磁盘限额的方法。

4. 做一做
根据项目要求进行项目实训，检查学习效果。

4.7 练习题

一、填空题
1. 文件系统是磁盘上有特定格式的一片区域，操作系统利用文件系统_____和_____文件。
2. ext 文件系统在 1992 年 4 月完成，称为_____，是第一个专门针对 Linux 操作系统的文件系统。统信 UOS V20 操作系统使用_____文件系统。
3. ext 文件系统结构的核心组成部分是_____、_____和_____。
4. 统信 UOS V20 的文件系统是采用阶层式的_____结构，在该结构中的最上层是_____。
5. 默认的权限可用_____命令修改，方法非常简单，只需执行_____命令，便可屏蔽所有权限，之后建立的文件或目录，其权限都变成_____。

6. _____代表当前所在目录，也可以用./来表示；_____代表上一层目录，也可以用../来表示。

7. 若文件名前多一个"."，则代表该文件为_____。可以使用_____命令查看该文件。

8. 想要让用户拥有文件 filename 的执行权限，但又不知道该文件原来的权限是什么，应该执行_____命令。

二、选择题

1. 存放统信 UOS V20 基本命令的目录是（　　）。

A. /bin　　　　　　　B. /tmp　　　　　　C. /lib　　　　　　D. /root

2. 对于普通用户创建的新目录，（　　）是其默认的访问权限。

A. rwxr-xr-x　　　　B. rw-rwxrw-　　　C. rwxrwxr-x　　D. rwxrwxrw-

3. 如果当前目录是/home/sea/china，那么"china"的父目录是（　　）目录。

A. /home/sea　　　　B. /home/　　　　C. /　　　　　　D. /sea

4. 系统中有用户 user1 和 user2 同属于 users 组。在 user1 用户目录下有文件 file1，它拥有 644 的权限，如果 user2 想修改 user1 用户目录下的 file1 文件，则应拥有（　　）权限。

A. 744　　　　　　　B. 664　　　　　　C. 646　　　　　　D. 746

5. 用 ls -al 命令列出下面的文件属性，则（　　）是符号链接文件。

A. -rw------- 2 hel-s users 56 Sep 09 11:05 hello

B. -rw------- 2 hel-s users 56 Sep 09 11:05 goodbey

C. drwx------ 1 hel users 1024 Sep 10 08:10 zhang

D. lrwx------ 1 hel users 2024 Sep 12 08:12 cheng

6. 如果将 umask 值设置为 022，则新建文件的默认权限为（　　）。

A. ----w--w--　　　B. -rwxr-xr-x　　C. -r-xr-x---　　D. -rw-r--r--

项目5
配置与管理硬盘

05

项目导入

统信 UOS V20 操作系统的管理员应掌握配置与管理硬盘的技巧。如果统信 UOS V20 服务器有多个用户经常存取数据，为了保证所有用户对硬盘容量的公平使用，硬盘配额（Disk Quota）就是一项非常有用的工具。另外，独立硬盘冗余阵列（Redundant Arrays of Independent Disks，RAID）及逻辑卷管理器（Logical Volume Manager，LVM）这些工具都可以帮助配置与管理用户可用的硬盘容量。

职业能力目标

- 掌握统信 UOS V20 操作系统中的硬盘管理工具的使用方法。

- 掌握统信 UOS V20 操作系统中的软 RAID 和 LVM 的使用方法。
- 掌握设置硬盘限额的方法。

素养提示

- 了解国家科学技术奖中最高等级的奖项——国家最高科学技术奖，激发学生的科学精神和爱国情怀。

- "盛年不重来，一日难再晨。及时当勉励，岁月不待人。"盛世之下，青年学生要惜时如金，学好知识，报效国家。

5.1 项目知识准备

掌握硬盘和分区的基础知识是完成本项目学习任务的基础。

5-1 微课

配置与管理
硬盘

5.1.1 MBR 硬盘与 GPT 硬盘

硬盘按硬盘分区表（Partition Table）格式可以分为 MBR 硬盘与 GPT（GUID Partition Table，全局唯一标识分区表）硬盘这两种。

- MBR 硬盘：使用的是旧的传统硬盘分区表格式，其硬盘分区表存储在

MBR 内（见图 5-1 左侧）。MBR 位于硬盘最前端，计算机启动时，使用传统的 BIOS [固化在计算机主板 ROM（Read Only Memory，只读存储器）芯片上的程序]，BIOS 会先读取 MBR，并将控制权交给 MBR 内的程序代码，然后由此程序代码来继续完成后续的启动工作。MBR 硬盘支持的最大硬盘容量为 2.2 TB（1TB=1024GB）。

- GPT 硬盘：使用的是一种新的硬盘分区表格式，其硬盘分区表存储在 GPT 内（见图 5-1 右侧）。GPT 位于硬盘的前端，而且它有主分区表与备份分区表，可提供容错功能。使用新式 UEFI BIOS 的计算机，其 BIOS 会先读取 GPT，并将控制权交给 GPT 内的程序代码，然后由此程序代码来继续完成后续的启动工作。GPT 硬盘支持的硬盘容量可以超过 2.2 TB。

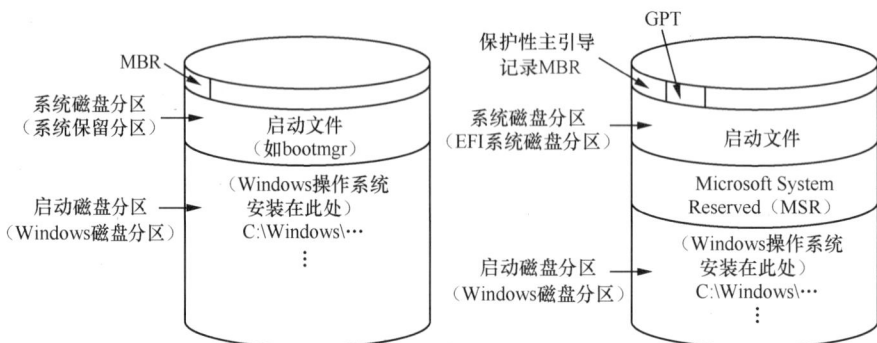

图 5-1　MBR 硬盘与 GPT 硬盘

5.1.2　硬件设备的命名规则

统信 UOS V20 操作系统中的一切都是文件，硬件设备也不例外。既然是文件，就必须有文件名。系统内核中的 udev 设备管理器会自动规范硬件设备的命名，目的是让用户通过设备文件名可以猜出设备大致的属性以及分区信息等。这对于用户了解陌生的设备来说特别方便。另外，udev 设备管理器的服务会一直以守护进程的形式运行并监听内核发出的信号来管理/dev 目录下的设备文件。统信 UOS V20 操作系统中常见的硬件设备及其文件名如表 5-1 所示。

表 5-1　常见的硬件设备及其文件名

硬件设备	文件名
IDE 设备	/dev/hd[a ~ d]
SCSI/SATA/U 盘	/dev/sd[a ~ p]
NVMe 硬盘	/dev/nvme0n[1 ~ m]，例如，/dev/nvme0n1 就是第一个 NVMe 硬盘
软驱	/dev/fd[0 ~ 1]
打印机	/dev/lp[0 ~ 15]
光驱	/dev/cdrom
鼠标	/dev/mouse

由于 IDE 设备现在比较少见，所以一般的硬件设备的设备文件名都是以"/dev/sd"开头的。一台主机上可以有多块硬盘，因此系统采用 a ~ p 来代表 16 块不同的硬盘（默认从 a 开始分配），

而且对硬盘的分区编号也有如下规定（以传统的 MBR 分区为例）。

- 主分区或扩展分区的编号从 1 开始，到 4 结束。
- 逻辑分区的编号从 5 开始。

注意 /dev 目录中的 sda 设备之所以是 a，并不是由插槽决定的，而是由系统内核的识别顺序决定的。读者以后在使用 iSCSI 网络存储设备时会发现，明明主板上第二个插槽是空的，但系统却能识别到/dev/sdb 设备。sda3 表示编号为 3 的分区，而不能判断 sda 设备上已经存在 3 个分区。

那么/dev/sda5 这个设备文件名包含哪些信息呢？答案如图 5-2 所示。

首先，/dev/表示/dev/目录中保存的应当是硬件设备文件；其次，sd 表示 SCSI 设备，a 表示系统中同类接口中第一个被识别的硬件设备；最后，5 表示该硬件设备的逻辑分区。一言以蔽之，/dev/sda5 表示的就是"这是系统中第一块被识别的硬件设备中分区编号为 5 的逻辑分区的硬件设备文件"。

图 5-2 设备文件名包含的信息

5.1.3 硬盘分区（MBR 分区）

在数据存储到硬盘之前，硬盘必须被分割成一个或数个硬盘分区（Partition）。在硬盘内有一个称为硬盘分区表的区域，用来存储硬盘分区的相关信息，如每一个硬盘分区的起始地址和结束地址、是否为活动（Active）的硬盘分区等信息。

硬盘设备是由大量的扇区组成的，每个扇区的容量为 512B，其中第一个扇区最重要。第一个扇区存储着 MBR 与硬盘分区表信息。就第一个扇区来讲，MBR 需要占用 446B，硬盘分区表占用 64B，结束符占用 2B。其中硬盘分区表中每记录一个分区信息就需要占用 16B，这样一来，最多只有 4 个分区信息可以被记录在第一个扇区中，这 4 个分区就是 4 个主分区。第一个扇区中的数据信息如图 5-3 所示。

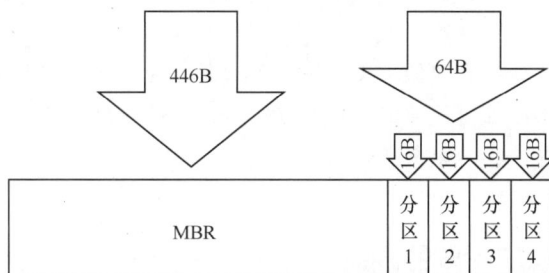

图 5-3 第一个扇区中的数据信息

第一个扇区最多只能创建出 4 个分区，为了解决分区数不够的问题，可以将第一个扇区的硬盘分区表中 16B（原本要写入主分区信息）的空间拿出来指向另一个分区（称之为扩展分区）。

也就是说，扩展分区其实并不是一个真正的分区，而更像是一个占用 16B 硬盘分区表空间的指针——一个指向另一个分区的指针。用户一般会选择使用 3 个主分区加 1 个扩展分区的方法来规划硬盘分区，在扩展分区中创建出数个逻辑分区，从而满足多分区（大于 4 个）的需求。硬盘分区的规划如图 5-4 所示。

> **注意** 扩展分区严格地讲并不是一个具有实际意义的分区，它仅仅是指向下一个分区的指针，这种指针结构将形成一个单向链表。

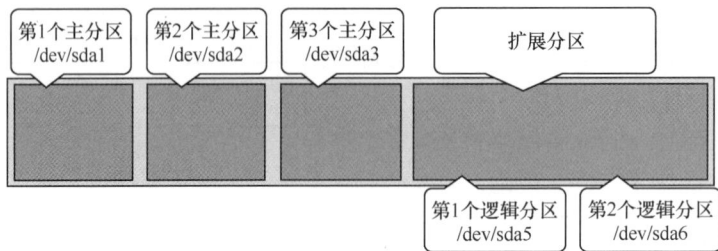

图 5-4   硬盘分区的规划

> **思考** /dev/sdb4 和/dev/sdb8 是什么意思？ /dev/nvme0n1p7 是什么意思？
> /dev/sdb4 是第 2 个 SCSI 硬盘的扩展分区，/dev/sdb8 是第 2 个 SCSI 硬盘的扩展分区的第 4 个逻辑分区。/dev/nvme0n1p7 是第 1 个 NVMe 硬盘的扩展分区的第 3 个逻辑分区。

5.2 项目设计与准备

一般情况下，虚拟机默认安装在 SCSI 硬盘上。但是如果宿主机使用的是固态盘作为系统引导盘，则在安装统信 UOS V20 时默认将系统安装在 NVMe 硬盘上，而不是 SCSI 硬盘上。所以，在使用硬盘工具进行硬盘管理时要特别注意。

> **小知识** 硬盘和磁盘是一样的吗？当然不是。硬盘是计算机最主要的存储设备之一。硬盘驱动器（Hard Disk Drive，HDD）是由一个或者多个铝制或者玻璃制的碟片组成的。这些碟片外覆盖有铁磁性材料。
> 磁盘是计算机的外部存储器中类似磁带的装置。为了防止磁盘表面划伤而导致数据丢失，磁盘的圆形磁性盘片通常会封装在一个方形的密封盒子里。磁盘分为软磁盘和硬磁盘，一般情况下，硬磁盘就是指硬盘。

5.2.1 为虚拟机添加需要的硬盘

server01 初始系统默认被安装到了 SCSI 硬盘上。为了完成后续的实训任务，需要额外添加 4 块 SCSI 硬盘和 2 块 NVMe 硬盘（**注意：NVMe 硬盘只有在关闭计算机的情况下才能添加**），每块硬盘容量都为 20GB。

注意　① 如果启动硬盘是 NVMe 硬盘，而后添加了 SCSI 硬盘，则一定要更改 BIOS 的启动顺序，否则系统将无法正常启动。
② 添加硬盘的步骤：在虚拟机主界面中选中 server01，单击"编辑虚拟机设置"命令，再单击"添加"按钮，选择磁盘类型后按向导完成硬盘的添加。

添加硬盘如图 5-5 所示，选择磁盘类型如图 5-6 所示，硬盘添加完成后的虚拟机情况如图 5-7 所示。

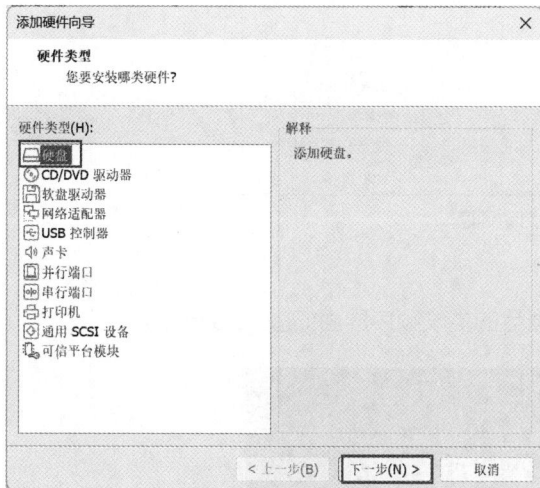

图 5-5　添加硬盘

图 5-6　选择磁盘类型

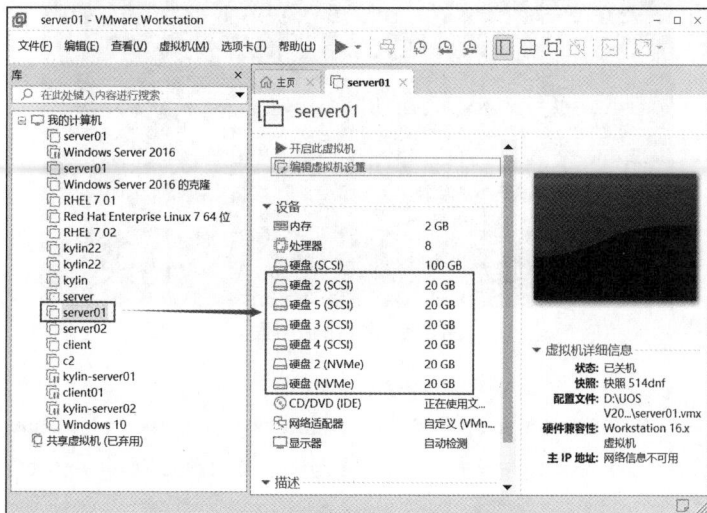

图 5-7　硬盘添加完成后的虚拟机情况

5.2.2　必要时更改启动顺序

必要时，可以更改启动顺序（一般不更改）。更改启动顺序的方法为：在关闭虚拟机的情况下，选择"虚拟机"→"电源"→"打开电源时进入固件"命令，如图 5-8 所示。

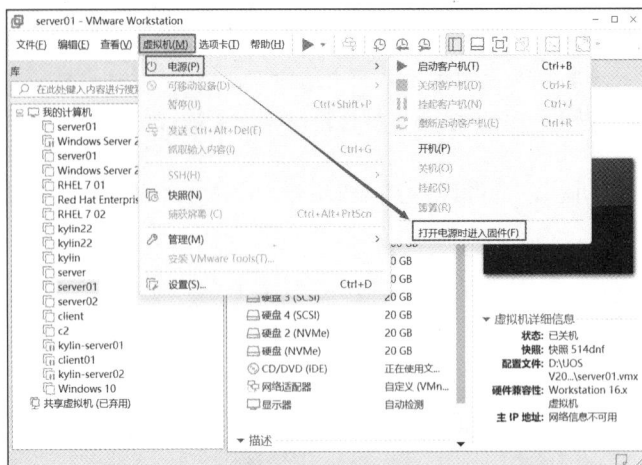

图 5-8　更改启动顺序

进入固件后的界面会因固件类型不同而不同。

当虚拟机的固件类型为 UEFI 时，固件中启动硬盘的更改顺序界面如图 5-9 所示。

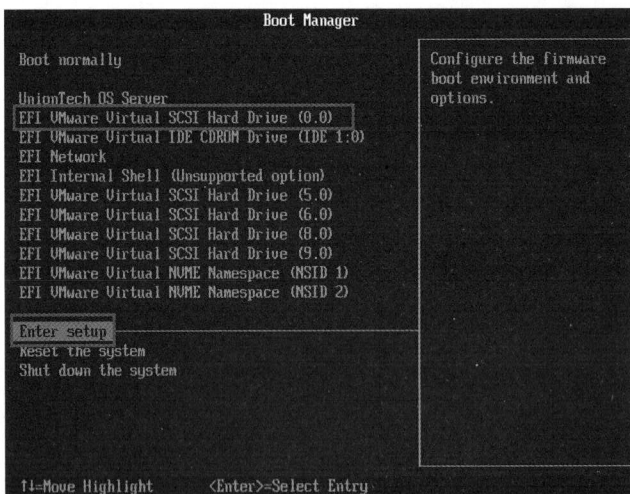

图 5-9　更改顺序界面

> **提示**　更改顺序的命令为"Enter setup"→"Configure boot options"→"Change boot order"，按"Enter"键选中条目，按"+""−"键更改条目的前后顺序，最后存盘并退出。

5.2.3　硬盘的使用规划

本项目的所有实例都在 server01 上实现，添加的所有硬盘也是为后续的实例服务。

本项目用到的硬盘和分区特别多，为了便于学习，对硬盘的使用进行规划，如表 5-2 所示。

表 5-2　硬盘的使用规划

任务（或命令）	使用硬盘	分区类型、分区、容量
fdisk、mkfs、mount	/dev/nvme0n1 /dev/sdb	主分区：/dev/sdb[1-3]，各 500MB。 扩展分区：/dev/sdb4，18.5GB。 逻辑分区：/dev/sdb5，500MB
软 RAID（分别使用硬盘和硬盘分区）	/dev/sd[c-d] /dev/nvme0n[2-3]	主分区：/dev/sdc1、/dev/sdd1、/dev/nvme0n1p1、 /dev/nvme0n2p1，各 500MB
软 RAID 企业案例	/dev/sde	扩展分区：/dev/sde1，10240MB。 逻辑分区：/dev/sde[5-9]，各 1024MB
lvm	/dev/sdc	主分区：/dev/sdc[1-4]，各 500MB

5.3 项目实施

安装统信 UOS V20 操作系统的其中一个步骤是进行硬盘分区，可以采用 Disk Druid、RAID 和 LVM 等方式进行分区。除此之外，在统信 UOS V20 中还有 fdisk、cfdisk、parted 等工具可使用。

任务 5-1　常用硬盘管理工具 fdisk

fdisk 硬盘管理工具在 DOS、Windows、Linux 和统信 UOS V20 中都有相应的应用程序。在统信 UOS V20 操作系统中，fdisk 是基于菜单的命令。对硬盘进行分区时，可以在 fdisk 命令后面直接加上要分区的硬盘作为参数。例如，查看统信 UOS V20 计算机上的硬盘及分区情况的操作如下所示（省略了部分内容）。

```
[root@Server01 ~]# fdisk -l
Disk /dev/sdc: 20 GiB, 21474836480 字节, 41943040 个扇区
……
Disk /dev/sdb: 20 GiB, 21474836480 字节, 41943040 个扇区
……
Disk /dev/sde: 20 GiB, 21474836480 字节, 41943040 个扇区
……
Disk /dev/sdd: 20 GiB, 21474836480 字节, 41943040 个扇区
……
Disk /dev/sda: 100 GiB, 107374182400 字节, 209715200 个扇区
……

设备           起点       末尾       扇区      大小 类型
/dev/sda1      2048    1026047   1024000    500M EFI    系统
/dev/sda2   1026048   2050047   1024000    500M Linux 文件系统
/dev/sda3   2050048  23021567  20971520    10G Linux 文件系统
/dev/sda4  23021568  39798783  16777216     8G Linux 文件系统
/dev/sda5  39798784  56575999  16777216     8G Linux 文件系统
/dev/sda6  56576000  73353215  16777216     8G Linux 文件系统
/dev/sda7  73353216  81741823   8388608     4G Linux swap
/dev/sda8  81741824  83838975   2097152     1G Linux 文件系统
Disk /dev/nvme0n1: 20 GiB, 21474836480 字节, 41943040 个扇区
```

5-2　课堂慕课

配置与管理硬盘

91

```
……
Disk /dev/nvme0n2: 20 GiB, 21474836480 字节, 41943040 个扇区
……
```

从上面的输出结果可以看出，2 块 NVMe 硬盘分别为/dev/nvme0n1、/dev/nvme0n2，5 块 SCSI 硬盘分别为/dev/sda、/dev/sdb、/dev/sdc、/dev/sdd、/dev/sde。

再如，对新增加的第 2 块 SCSI 硬盘进行分区的操作如下所示。

```
[root@Server01 ~]# fdisk /dev/sdb
命令(输入 m 获取帮助):
```

在"命令"提示符后面输入相应的选项来选择需要的操作，例如，输入 m 选项可列出所有可用的命令。fdisk 命令的选项及功能如表 5-3 所示。

表 5-3 fdisk 命令的选项及功能

选 项	功 能	选 项	功 能
a	调整硬盘启动分区	q	不保存修改，退出 fdisk 命令
d	删除硬盘分区	t	更改分区类型
l	列出所有支持的分区类型	u	切换所显示的分区大小的单位
m	列出所有命令	w	把修改内容写入硬盘分区表，然后退出
n	创建新分区	x	列出高级选项
p	列出硬盘分区表		

下面以在/dev/sdb 硬盘上创建大小为 500MB，分区类型为"Linux"的/dev/sdb[1-3]主分区及扩展分区为例，讲解 fdisk 命令的用法。

1. 创建主分区

（1）利用如下所示命令，打开 fdisk 操作菜单。

```
[root@Server01 ~]# fdisk /dev/sdb
```

（2）输入"p"，查看当前分区表。从命令执行结果可以看到，/dev/sdb 硬盘并无任何分区。

```
命令(输入 m 获取帮助): p
Disk /dev/sdb: 20 GiB, 21474836480 字节, 41943040 个扇区
磁盘型号: VMware Virtual S
单元: 扇区 / 1 * 512 = 512 字节
扇区大小(逻辑/物理): 512 字节 / 512 字节
I/O 大小(最小/最佳): 512 字节 / 512 字节
磁盘标签类型: dos
磁盘标识符: 0x887b9a1a
```

（3）输入"n"，创建一个新分区。输入"p"，创建主分区（创建扩展分区输入"e"，创建逻辑分区输入"l"）；输入数字"1"，创建第一个主分区（主分区和扩展分区可选的数字标识为 1~4，逻辑分区的数字标识从 5 开始）；输入此分区的起始、结束扇区，以确定当前分区大小。也可以使用+sizeM 或者+sizeK 的方式指定分区大小。操作如下。

```
命令(输入 m 获取帮助): n                    # 利用n命令创建新分区
分区类型
   p   主分区 (0 primary, 0 extended, 4 free)
   e   扩展分区 (逻辑分区容器)
选择 (默认 p): p                            # 输入"p"，以创建主分区
分区号 (1-4, 默认 1): 1
```

```
第一个扇区 (2048-41943039, 默认 2048):
最后一个扇区, +/-sectors 或 +size{K,M,G,T,P} (2048-41943039, 默认 41943039): +500M
创建了一个新分区 1, 类型为 "Linux", 大小为 500 MiB。
```

（4）输入 "l" 可以查看已知的分区类型及其 ID，其中列出 "Linux" 的 ID 为 83。输入 "t"，指定/dev/sdb1 的分区类型为 "Linux"。操作如下。

```
命令(输入 m 获取帮助): t
已选择分区 1
Hex code or alias (type L to list all): 83
已将分区 "Linux" 的类型更改为 "Linux"。
```

> **提示** 如果不知道分区类型的 ID 是多少，可以在 "命令" 提示符后面输入 "l"（字母 L 的小写形式）查找。建立分区的默认类型就是 "Linux"，可以不用修改。

（5）创建分区结束后，输入 w，把分区信息写入硬盘分区表并退出。

（6）用同样的方法创建硬盘主分区/dev/sdb2、/dev/sdb3。

2. 创建扩展分区

扩展分区只是一个概念，实际在硬盘中是看不到的，也无法直接使用。除了主分区占用的硬盘空间外，剩余的硬盘空间就是扩展分区了。下面创建一个 500MB 的扩展分区。

```
命令(输入 m 获取帮助): n
分区类型
   p   主分区 (3 primary, 0 extended, 1 free)
   e   扩展分区 (逻辑分区容器)
选择 (默认 e): e          # 创建扩展分区, 连续按两次 "Enter" 键, 剩余的硬盘空间全部为扩展分区
已选择分区 4

第一个扇区 (3074048-41943039, 默认 3074048):
最后一个扇区, +/-sectors 或 +size{K,M,G,T,P} (3074048-41943039, 默认 41943039):

创建了一个新分区 4, 类型为 "Extended", 大小为 18.5 GiB。

命令(输入 m 获取帮助): n
所有主分区都在使用中。
添加逻辑分区 5
第一个扇区 (3076096-41943039, 默认 3076096):
最后一个扇区, +/-sectors 或 +size{K,M,G,T,P} (3076096-41943039, 默认 41943039): +500M

创建了一个新分区 5, 类型为 "Linux", 大小为 500 MiB。

命令(输入 m 获取帮助): p
设备          启动    起点      末尾       扇区       大小   Id  类型
/dev/sdb1             2048     1026047   1024000    500M   83  Linux
/dev/sdb2            1026048   2050047   1024000    500M   83  Linux
/dev/sdb3            2050048   3074047   1024000    500M   83  Linux
/dev/sdb4            3074048  41943039  38868992   18.5G   5   扩展
/dev/sdb5            3076096   4100095   1024000    500M   83  Linux
命令(输入 m 获取帮助): w
```

3. 使用 mkfs 命令建立文件系统

完成硬盘分区后，下一步的工作就是建立文件系统。类似于 Windows 操作系统的格式化硬盘，

在硬盘分区上建立文件系统会删除分区上的数据，而且不可恢复，因此在建立文件系统之前要确认分区上的数据不再使用。建立文件系统的命令是 mkfs，其格式如下。

```
mkfs    [选项]   文件系统
```

mkfs 命令常用的选项如下。

- -t：指定要建立的文件系统类型。
- -c：建立文件系统前首先检查硬盘坏块。
- -l file：从文件 file 中读取硬盘坏块列表，file 文件一般是由硬盘坏块检查程序产生的。
- -V：输出建立文件系统详细信息。

例如，在/dev/sdb1 上建立 xfs 类型的文件系统，建立时检查硬盘坏块并显示详细信息，命令如下所示。

```
[root@Server01 ~]# mkfs.xfs /dev/sdb1
```

完成了硬盘的分区和文件系统的建立，接下来就要挂载并使用存储设备了。操作步骤也非常简单：首先创建一个用于挂载设备的挂载点目录；然后使用 mount 命令将存储设备与挂载点进行关联；最后使用 df -h 命令查看挂载状态和硬盘使用量信息。

```
[root@Server01 ~]# mkdir /newFS
[root@Server01 ~]# mount /dev/sdb1 /newFS/
[root@Server01 ~]# df -h
文件系统          容量      已用    可用     已用%    挂载点
……
/dev/sda3         10G      1.7G    8.4G     17%      /
/dev/sda5         8.0G     7.7G    399M     96%      /usr
/dev/sda8         1014M    67M     948M     7%       /tmp
/dev/sda6         8.0G     356M    7.7G     5%       /var
/dev/sda2         495M     181M    315M     37%      /boot
/dev/sda4         8.0G     91M     8.0G     2%       /home
/dev/sda1         500M     15M     486M     3%       /boot/efi
/dev/sdb1         495M     29M     466M     6%       /newFS
```

4. 使用 fsck 命令检查文件系统

fsck 命令主要用于检查文件系统的正确性，并对硬盘进行修复。fsck 命令的格式如下。

```
fsck    [选项]   文件系统
```

fsck 命令的常用选项如下。

- -t：给定文件系统类型，若文件系统类型在/etc/fstab 中已有定义或内核本身已支持，无须添加此项。
- -s：一个一个地执行 fsck 命令进行检查。
- -A：对/etc/fstab 中所有列出来的分区进行检查。
- -C：显示完整的检查进度。
- -d：列出 fsck 的 debug 结果。
- -P：在添加-A 选项时，多个 fsck 的检查一起执行。
- -a：如果检查中发现错误，则自动修复。
- -r：如果检查中发现错误，则询问是否修复。
- -d：用于输出调试信息，以帮助诊断文件系统的问题。

例如，检查分区/dev/sdb1 上是否有错误，如果有错误，则自动修复（**必须先把硬盘卸载才能检**

查分区）。

```
[root@Server01 ~]# umount /dev/sdb1
[root@Server01 ~]# fsck -a /dev/sdb1
fsck，来自 util-linux 2.35.2
/usr/sbin/fsck.xfs: XFS file system.
```

5. 删除分区

如果要删除硬盘分区，则在 fdisk 菜单下输入 "d"，并选择相应的硬盘分区即可。删除后输入 "w"，保存并退出。以删除/dev/sdb3 分区为例，操作如下。

```
命令(输入 m 获取帮助)：d
分区号 (1-5，默认 5)：3
分区 3 已删除。
命令(输入 m 获取帮助)： w
```

任务 5-2　使用其他硬盘管理工具

1. dd 命令

【例 5-1】使用 dd 命令建立和使用交换文件。

当系统的交换分区不能满足系统的要求而硬盘上又没有可用空间时，可以使用交换文件来提供虚拟内存。

① 下述命令的结果是在硬盘的根目录下建立一个块大小为 1024B，块数为 10240 且名为 swap 的交换文件。该文件的大小为 1024B×10240=10MB。

```
[root@Server01 ~]# dd if=/dev/zero of=/swap bs=1024 count=10240
```

② 建立/swap 交换文件后，使用 mkswap 命令说明该文件用于交换空间。

```
[root@Server01 ~]# mkswap /swap
```

③ 利用 swapon 命令可以激活交换空间，利用 swapoff 命令可以卸载被激活的交换空间。

```
[root@Server01 ~]# swapon /swap
[root@Server01 ~]# swapoff /swap
```

2. df 命令

df 命令用来查看文件系统的硬盘空间占用情况。可以利用 df 命令获取硬盘被占用了多少空间，以及目前还有多少空间等信息，还可以利用该命令获取文件系统的挂载位置。

df 命令的格式如下。

```
df [选项]
```

df 命令的常用选项如下。

- -a：显示所有文件系统硬盘空间使用情况，包括 0 块的文件系统，如/proc 文件系统。
- -k：以 KB（千字节）为单位显示磁盘使用情况。
- -i：显示 i 节点信息。
- -t：显示各指定类型的文件系统的硬盘空间使用情况。
- -x：列出不是某一指定类型文件系统的硬盘空间使用情况（与-t 选项相反）。
- -T：显示文件系统类型。

例如，列出各文件系统的硬盘空间占用情况。

```
[root@Server01 ~]# df
文件系统          1K-块      已用      可用      已用%   挂载点
```

```
......
/dev/sda3     10475520 1709952 8765568    17%  /
/dev/sda5      8378368 7969796  408572    96%  /usr
/dev/sda8      1038336   67884  970452     7%  /tmp
/dev/sda6      8378368  364104 8014264     5%  /var
/dev/sda2       506528  184472  322056    37%  /boot
/dev/sda4      8378368   93144 8285224     2%  /home
/dev/sda1       511720   14760  496960     3%  /boot/efi
tmpfs           148212      40  148172     1%  /run/user/0
/dev/sr0       8042038 8042038       0   100%  /media/root/UnionTechOS1
```
列出各文件系统的 i 节点的使用情况。

```
[root@Server01 ~]# df -ia
文件系统           Inodes    已用(I)   可用(I)  已用(I)% 挂载点
......
fusectl                0        0        0      - /sys/fs/fuse/connections
vmware-vmblock         0        0        0      - /run/vmblock-fuse
tmpfs             185268       27   185241     1% /run/user/0
gvfsd-fuse             0        0        0      - /run/user/0/gvfs
/dev/sr0               0        0        0      - /media/root/UnionTechOS1
```
列出文件系统类型。

```
[root@Server01 ~]# df -T
文件系统      类型      1K-块        已用      可用   已用% 挂载点
......
/dev/sda3    xfs    10475520 1709932 8765588   17% /
/dev/sda5    xfs     8378368 7969796  408572   96% /usr
/dev/sda8    xfs     1038336   67884  970452    7% /tmp
/dev/sda6    xfs     8378368  363864 8014504    5% /var
/dev/sda2    xfs      506528  184472  322056   37% /boot
/dev/sda4    xfs     8378368   93144 8285224    2% /home
/dev/sda1    vfat     511720   14760  496960    3% /boot/efi
tmpfs        tmpfs    148212      40  148172    1% /run/user/0
/dev/sr0     iso9660 8042038 8042038       0  100% /media/root/UnionTechOS1
```

3. du 命令

du 命令用于显示硬盘空间使用情况。该命令逐级显示指定目录的每一级子目录占用文件系统数据块的情况。du 命令的格式如下。

du [选项] [文件名或目录名]

du 命令的常用选项如下。

- -s：对每个文件名或目录名参数只给出占用的数据块总数。
- -a：递归显示指定目录中各文件及子目录中各文件占用的数据块数。
- -b：以字节为单位（Linux AS 4.0 中默认以 KB 为单位）列出硬盘空间使用情况。
- -k：以 1024B 为单位列出硬盘空间使用情况。
- -c：在统计后加上一个总计（系统默认设置）。
- -l：重复计算硬链接文件实际占用的磁盘空间大小。
- -x：跳过在不同文件系统上的目录，不予统计。

提示 硬链接是指通过索引节点来进行链接。

例如，以字节为单位列出所有文件和目录的硬盘空间使用情况的命令如下。

```
[root@Server01 ~]# du -ab
```

4. mount 与 umount 命令

（1）mount 命令

在硬盘新建好文件系统之后，还需要把新建的文件系统挂载到系统上才能使用。把新建的文件系统挂载到系统的过程称为挂载。文件系统挂载的目录称为挂载点（Mount Point）。统信 UOS V20 操作系统提供了/mnt 和/media 两个专门的挂载点。一般而言，挂载点应该是一个空目录，否则目录中原来的文件将被系统隐藏。通常把光盘和软盘挂载到/media/cdrom（或者/mnt/cdrom）和/media/floppy（或者/mnt/floppy）中，其对应的设备文件名分别为/dev/cdrom 和/dev/fd0。

文件系统可以在系统引导过程中自动挂载，也可以手动挂载，手动挂载文件系统的挂载命令是 mount。该命令的格式如下。

```
mount  选项  设备  挂载点
```

mount 命令的主要选项如下。

- -t：指定要挂载的文件系统的类型。
- -r：如果不想修改要挂载的文件系统，则可以使用该选项以只读方式挂载。
- -w：以可写方式挂载文件系统。
- -a：挂载/etc/fstab 文件中记录的文件系统。

挂载光盘可以使用下列命令（/media 目录必须存在）。

```
[root@Server01 ~]# mount -t iso9660 /dev/cdrom  /media
```

（2）umount 命令

文件系统可以挂载，也可以卸载。卸载文件系统的命令是 umount。umount 命令的格式为：

```
umount 设备:挂载点
```

例如，卸载光盘的命令如下。

```
[root@Server01 ~]# umount /media
[root@Server01 ~]# umount /dev/cdrom
```

注意 光盘在没有卸载之前，无法从驱动器中弹出。正在使用的文件系统不能卸载。

5. 文件系统的自动挂载

每次开机时自动挂载文件系统，可以通过编辑/etc/fstab 文件来实现。在/etc/fstab 中列出了引导系统时需要挂载的文件系统，以及文件系统的类型和挂载参数。系统在引导过程中会读取/etc/fstab 文件，并根据该文件的配置参数挂载相应的文件系统。以下是一个 fstab 文件的内容。

```
[root@Server01 ~]# cat /etc/fstab
UUID=cd998c23-fde3-4aae-800c-04b36e3bb629 /       xfs    defaults    0 0
UUID=afc97305-5e07-4868-96eb-2ca0ca5b9633 /boot   xfs    defaults    0 0
UUID=746E-FD8C              /boot/efi  vfat    umask=0077,shortname=winnt 0 2
UUID=1aaaa482-c7c8-4a83-b285-1563c63f87b4 /home   xfs    defaults    0 0
UUID=b662e361-28d9-4548-b32d-26d495e6d9ae /tmp    xfs    defaults    0 0
```

```
UUID=5cd1f613-3d17-4587-8807-eb1451b6c19e /usr    xfs     defaults      0 0
UUID=12de8ef2-8476-43c8-9277-46bc1263e54d /var    xfs     defaults      0 0
UUID=f46bec46-837e-4245-aa40-a7e6e36c1125 none    wap     defaults      0 0
......
```

可以看到系统默认分区是使用 UUID 挂载的，那么什么是 UUID？为什么使用 UUID 挂载呢？

UUID（Universally Unique Identifier，通用唯一识别码）为系统中的存储设备提供唯一的标识字符串，不管这个设备是什么类型的。如果在系统启动时使用盘符挂载，可能因找不到设备而挂载失败，使用 UUID 挂载则不会有这样的问题。

自动分配的设备名并非总是一致的，它们依赖于启动时内核加载模块的顺序。如果在插入 USB 时启动了系统，下次启动时又把它拔掉了，就有可能导致设备名分配不一致。所以，使用 UUID 对于挂载各种设备非常有用，它支持各种各样的卡，使用 UUID 通常可以使同一块卡挂载在同一个目录下。

使用 blkid 命令可以在 Linux 中查看设备的 UUID。

/etc/fstab 文件的每一行代表一个文件系统，每一行又包含 6 列，这 6 列的内容如下所示。

```
fs_spec   fs_file   fs_vfstype   fs_mntops   fs_freq   fs_passno
```

具体含义如下。

fs_spec：将要挂载的设备文件。

fs_file：文件系统的挂载点。

fs_vfstype：文件系统类型。

fs_mntops：挂载选项，传递给 mount 命令时决定如何挂载，各选项之间用","隔开。

fs_freq：由 dump 程序决定文件系统是否备份，0 表示不备份，1 表示备份。

fs_passno：由 fsck 程序决定引导时是否检查硬盘及确定检查次序，取值可以为 0、1、2。

例如，要实现每次开机自动将文件系统类型为 xfs 的分区/dev/sdb1 挂载到/sdb1 目录下，需要在/etc/fstab 文件中添加下面一行代码。重新启动计算机后，/dev/sdb1 就能自动挂载了（**提前创建/sdb1 目录**）。

```
/dev/sdb1    /sdb1    xfs    defaults    0 0
```

思考 如何使用 UUID 挂载/dev/sdb1？

```
[root@Server01 ~]# blkid /dev/sdb1
/dev/sdb1:  UUID="b7266aa1-e5f3-4c9f-880e-ef5cec608302"  BLOCK_SIZE="512"  TYPE="xfs"
PARTUUID="887b9a1a-01"
```

特别提示 为了不影响后续的实训，测试完文件系统自动挂载后，请将/etc/fstab 文件恢复到初始状态。另外，在操作 fstab 文件之前，请一定做好该文件的备份工作。

任务 5-3   在统信 UOS V20 中配置软 RAID

RAID 用于将多个小型硬盘驱动器合并成一个硬盘阵列，以加强存储性能和容错功能。RAID 可分为软 RAID 和硬 RAID，其中，软 RAID 是通过软件实现多块硬盘冗余的，而硬 RAID 通常是通过专用的 RAID 卡来实现数据冗余和磁盘阵列管理。软 RAID 配置简单，管理也比较灵活，对于中小企业来说不失为一种最佳选择。硬 RAID 在性能方面具有一定优势，但往往花费比较高。

作为高性能的存储系统，RAID 已经得到了越来越广泛的应用。从 RAID 概念的提出到现在，RAID 已经发展了 6 个级别，分别是 0、1、2、3、4、5。常用的是 0、1、3、5 这 4 个级别。

（1）RAID0：将多个硬盘合并成一个大的硬盘，不具有冗余，并行 I/O（Input/Output，输入输出），速度最快。RAID0 也称为带区集。在存放数据时，RAID0 将数据按硬盘的数量进行分段，然后同时将这些数据写进这些硬盘中，RAID0 技术如图 5-10 所示。

在所有级别中，RAID0 的速度是最快的。但是 RAID0 没有冗余功能，如果一个硬盘（物理）损坏，则所有的数据都无法使用。

（2）RAID1：把硬盘阵列中的硬盘分成相同的两组，互为镜像，当任意硬盘介质出现故障时，可以利用其镜像上的数据恢复原有数据，从而加强系统的容错功能。其对数据的操作仍采用分块后并行传输方式。RAID1 不仅提高了读写速度，还加强了系统的可靠性，其缺点是硬盘的利用率低，只有 50%，RAID1 技术如图 5-11 所示。

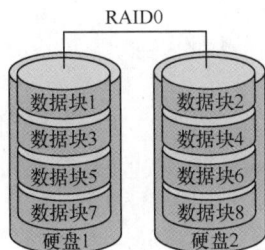

图 5-10　RAID0 技术　　图 5-11　RAID1 技术

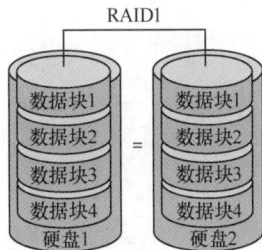

（3）RAID3：RAID3 存放数据的原理和 RAID0、RAID1 存放数据的原理不同，RAID3 用一个硬盘来存放数据的奇偶校验位，数据则分段存放于其余硬盘中。它像 RAID0 一样，以并行的方式来存放数据，但速度没有 RAID0 快。如果数据盘（物理）损坏，则只要将坏的硬盘换下，RAID 控制系统会根据校验盘的数据的奇偶校验位在新盘中重建坏盘上的数据。不过，如果校验盘（物理）损坏，则全部数据都无法使用。利用单独的校验盘来保护数据的安全性虽然没有利用镜像的安全性高，但是硬盘利用率得到了很大的提高，为 $(n-1)/n$。其中 n 为使用 RAID3 的硬盘总数量。

（4）RAID5：向阵列中的硬盘写数据，奇偶校验数据存放在阵列中的各个盘上，允许单个硬盘损坏。RAID5 也是以数据的奇偶校验位来保证数据安全的，但它不是以单独硬盘来存放数据的校验位，而是将数据的校验位交互存放于各个硬盘上。

图 5-12　RAID5 技术

这样任何一个硬盘损坏，都可以根据其他硬盘上的校验位来重建损坏的数据。硬盘的利用率为 $(n-1)/n$，RAID5 技术如图 5-12 所示。

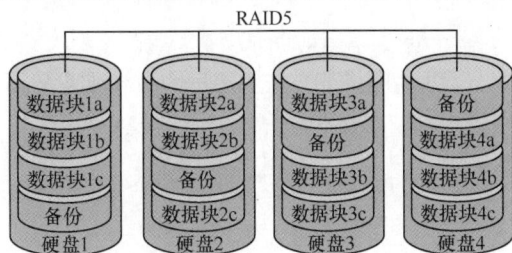

RHEL 提供了对软 RAID 技术的支持。在统信 UOS V20 操作系统中创建软 RAID 可以使用 mdadm 工具，以方便创建和管理 RAID 设备。

1. 实现软 RAID 的环境

下面以 4 块硬盘/dev/sdc、/dev/sdd、/dev/nvme0n1、/dev/nvme0n2 为例来讲解 RAID5 的创建方法。此处利用 VMware 虚拟机，事先安装 4 块硬盘。

2. 创建 4 个硬盘分区

使用 fdisk 命令重新创建 4 个硬盘分区/dev/sdc1、/dev/sdd1、/dev/nvme0n2p1、/dev/nvme0n1p1，容量大小一致，都为 500MB，并将分区类型设置为 Linux raid autodetect（类型 ID 为 fd）。

（1）以创建/dev/nvme0n2p1 硬盘分区为例（先删除原来的分区，若是新硬盘则直接创建分区）。

```
[root@Server01 ~]# fdisk /dev/nvme0n2
欢迎使用 fdisk (util-linux 2.35.2)。
更改将停留在内存中，直到您决定将更改写入磁盘。
使用写入命令前请三思。

设备不包含可识别的分区表。
创建了一个磁盘标识符为 0x2ff3c38d 的新 DOS 磁盘标签。

命令(输入 m 获取帮助)：n                        # 创建分区
分区类型
   p   主分区 (0 primary, 0 extended, 4 free)
   e   扩展分区 (逻辑分区容器)
选择 (默认 p)：p                                # 选择创建主分区
分区号 (1-4, 默认 1)：1                         # 指定分区号为1
第一个扇区 (2048-41943039, 默认 2048)：
最后一个扇区, +/-sectors 或 +size{K,M,G,T,P} (2048-41943039, 默认 41943039)：+500M
                                               # 分区容量为 500MB

创建了一个新分区 1，类型为"Linux"，大小为 500 MiB。

命令(输入 m 获取帮助)：t                        # 设置分区
已选择分区 1
Hex code or alias (type L to list all)：fd     # 设置分区类型 ID 为 fd
已将分区"Linux"的类型更改为"Linux raid autodetect"。

命令(输入 m 获取帮助)：w                        # 存盘并退出
```

（2）用同样的方法创建其他 3 个硬盘分区，最后的分区结果如下所示（已删除无用信息）。

```
[root@Server01 ~]# fdisk -l
设备                起点      末尾       扇区       大小    Id 类型
/dev/nvme0n1p1      2048    1026047   1024000    500M   fd Linux raid 自动检测
/dev/nvme0n2p1      2048    1026047   1024000    500M   fd Linux raid 自动检测
/dev/sdc1           2048    1026047   1024000    500M   fd Linux raid 自动检测
/dev/sdd1           2048    1026047   1024000    500M   fd Linux raid 自动检测
......
```

3. 使用 mdadm 命令创建 RAID5

RAID 设备名为/dev/md*X*，其中 *X* 为设备编号，该编号从 0 开始。

```
[root@Server01~]#mdadm --create /dev/md0 --level=5 --raid-devices=3 --spare-devices=1
/dev/sd[c-d]1 /dev/nvme0n1p1 /dev/nvme0n2p1
mdadm: Defaulting to version 1.2 metadata
```

```
mdadm: array /dev/md0 started.
```

上述命令中指定 RAID 设备名为/dev/md0，级别为 5，使用 3 个设备建立 RAID，空余一个作为备用。在上面的命令中，最后是装置文件名，这些装置文件名可以是整个硬盘，如/dev/sdc，也可以是硬盘上的分区，如/dev/sdc1。不过，这些装置文件名的总数必须等于--raid-devices 与 --spare-devices 的个数总和。在此例中，/dev/sd[c-d]1 是一种简写形式，表示/dev/sdc1、/dev/sdd1（**不使用简写形式时，各硬盘或分区间用空格隔开**），其中/dev/nvme0n2p1 为备用。

4. 为新创建的/dev/md0 建立类型为 xfs 的文件系统

命令如下。

```
[root@Server01 ~]mkfs.xfs /dev/md0
```

5. 查看创建的 RAID5 的具体情况（注意哪个是备用！）

命令如下。

```
[root@Server01 ~]mdadm --detail /dev/md0
/dev/md0:
           Version : 1.2
     Creation Time : Fri Aug 25 11:23:52 2023
        Raid Level : raid5
        Array Size : 1019904 (996.00 MiB 1044.38 MB)
     Used Dev Size : 509952 (498.00 MiB 522.19 MB)
      Raid Devices : 3
     Total Devices : 4
       Persistence : Superblock is persistent

       Update Time : Fri Aug 25 11:24:38 2023
             State : clean
    Active Devices : 3
   Working Devices : 4
    Failed Devices : 0
     Spare Devices : 1

            Layout : left-symmetric
        Chunk Size : 512K

Consistency Policy : resync

              Name : Server01:0  (local to host Server01)
              UUID : 7872e59e:c997ce1b:7033b900:b8c08f3d
            Events : 18

    Number   Major   Minor   RaidDevice State
       0       8       33        0      active sync   /dev/sdc1
       1       8       49        1      active sync   /dev/sdd1
       4     259        3        2      active sync   /dev/nvme0n1p1
       3     259        4        -      spare         /dev/nvme0n2p1
```

6. 将 RAID 设备挂载

（1）将 RAID 设备/dev/md0 挂载到指定的目录/media/md0 中，并显示该设备中的内容。

```
[root@Server01 ~]# umount /media
[root@Server01 ~]# mkdir /media/md0
[root@Server01 ~]# mount /dev/md0 /media/md0 ; ls /media/md0
```

```
[root@Server01 ~]# cd /media/md0
```
（2）写入一个 50MB 的文件 50_file 供数据恢复时测试用。

```
[root@Server01 md0]# dd if=/dev/zero of=50_file count=1 bs=50M; ll
记录了 1+0 的读入
记录了 1+0 的写出
52428800 字节（52 MB, 50 MiB）已复制，0.11532 s, 455 MB/s
总用量 50M
-rw-r--r-- 1 root root 50M  8月 25 11:27 50_file
[root@Server01 ~]# cd
```

7. RAID 设备的数据恢复

如果 RAID 设备中的某个硬盘损坏，则系统会自动停止这块硬盘的工作，让备用硬盘替换损坏的硬盘继续工作。例如，假设/dev/sdc1 损坏，则替换 RAID 设备中损坏的硬盘的方法如下。

（1）将损坏的硬盘标记为失效。

```
[root@Server01 ~]# mdadm  /dev/md0 --fail  /dev/sdc1
mdadm: set /dev/sdc1 faulty in /dev/md0
```
（2）移除失效的硬盘。

```
[root@Server01 ~]# mdadm  /dev/md0 --remove  /dev/sdc1
mdadm: hot removed /dev/sdc1 from /dev/md0
```
（3）替换硬盘设备，添加一个新的硬盘（注意查看 RAID5 的情况）。备份硬盘一般会自动替换，如果未自动替换，则手动设置。

```
[root@Server01 ~]# mdadm  /dev/md0 --add  /dev/nvme0n2p1
mdadm: Cannot open /dev/nvme0n3p1: Device or resource busy # 说明已自动替换
```
（4）查看 RAID5 下的文件是否损坏，同时再次查看 RAID5 的情况。命令如下。

```
[root@Server01 ~]#ll  /media/md0
总用量 50M
-rw-r--r-- 1 root root 50M  8月 25 11:27 50_file          # 文件未损坏
[root@Server01 ~]# mdadm --detail /dev/md0
/dev/md0:
      ......
    Number   Major   Minor   RaidDevice State
       3      259       4        0       active sync   /dev/nvme0n2p1
       1        8      49        1       active sync   /dev/sdd1
       4      259       3        2       active sync   /dev/nvme0n1p1
```
RAID5 中的失效硬盘已被成功替换。

> **说明** mdadm 命令中凡是以 "--" 引出的选项，均与 "-" 加选项首字母的方式等价。例如，"--remove" 等价于 "-r"，"--add" 等价于 "-a"。

8. 停止 RAID 设备

不再使用 RAID 设备时，可以使用命令 "mdadm -S /dev/md*X*" 的方式停止 RAID 设备。需要注意的是，应先卸载再停止。

```
[root@Server01 ~]# umount /dev/md0
[root@Server01 ~]# mdadm -S /dev/md0         # 停止 RAID 设备
mdadm: stopped /dev/md0
[root@Server01 ~]# mdadm --misc --zero-superblock /dev/sd[c-d]1 /dev/nvme0n[1-2]p1
# 删除 RAID 信息
```

任务 5-4　配置软 RAID 的企业实例

1. 环境需求

环境需求如下。

- 利用 5 个分区组成 RAID5，其中一个分区为备用分区。
- 每个分区容量约为 1GB，且最好相同。
- 其中 1 个分区设定为 spare disk（备用磁盘），spare disk 的容量与其他 RAID 所需分区的容量一样。
- 将此 RAID5 装置挂载到/mnt/raid 目录下。

我们使用硬盘/dev/sde 的扩展分区中的逻辑分区/dev/sde[5-9]来完成该项任务。

2. 解决方案

本任务的解决方案与任务 5-3 的解决方案极为相似，不赘述。若需要详细解决方案，请扫描二维码学习。

5-3　拓展阅读

配置软 RAID 的
企业实例

任务 5-5　使用逻辑卷管理器

　　任务 5-4 中介绍的硬盘设备管理技术虽然能够有效地提高硬盘设备的读写速度，确保数据的安全性，但是在硬盘分好区或者部署为 RAID 之后，再想修改硬盘分区容量就不容易了。换句话说，当用户想要随着实际需求的变化调整硬盘分区的容量时，会受到硬盘"灵活性"的限制。这时就需要用到另一项非常普及的硬盘设备管理技术——逻辑卷管理器（Logical Volume Manager，LVM）。LVM 允许用户对硬盘资源进行动态调整。

5-4　拓展阅读

使用逻辑卷
管理器

任务 5-6　硬盘配额配置企业实例（xfs 文件系统）

　　统信 UOS V20 是一个多用户的操作系统，为了防止某个用户或组占用过多的硬盘空间，可以通过硬盘配额功能限制用户或组对硬盘空间的使用。在统信 UOS V20 操作系统中，可以通过索引结点数和硬盘块区数来限制用户或组对硬盘空间的使用。

　　① 限制用户或组的索引结点数是指限制用户或组可以创建的文件的数量。

　　② 限制用户或组的硬盘块区数是指限制用户或组可以使用的硬盘的容量。

5-5　拓展阅读

硬盘配额配置企业实例（xfs 文件系统）

5.4　拓展阅读　国家最高科学技术奖

　　国家最高科学技术奖于 2000 年由国务院设立，由国家科学技术奖励工作办公室负责，是中国

5 个国家科学技术奖中最高等级的奖项，授予在当代科学技术前沿取得重大突破、在科学技术发展中卓有建树，或者在科学技术创新、科学技术成果转化和高技术产业化中创造巨大社会效益或经济效益的科学技术工作者。

根据国家科学技术奖励工作办公室官网显示，国家最高科学技术奖每年评选一次，授予人每次不超过两名，由国家主席亲自签署、颁发荣誉证书、奖章和奖金。截至 2020 年 1 月，共有 33 位杰出科学工作者获得该奖。其中，计算机科学家王选院士获此殊荣。

5.5 项目实训

5.5.1 项目实训 1 管理文件系统

1. 项目实训目的

- 掌握统信 UOS V20 下文件系统创建、挂载与卸载的方法。
- 掌握文件系统自动挂载的方法。

2. 项目背景

某企业的统信 UOS V20 服务器中新增了一块硬盘/dev/sdb，请使用 fdisk 命令新建/dev/sdb1 主分区和/dev/sdb2 扩展分区，并在扩展分区中新建逻辑分区/dev/sdb5，使用 mkfs 命令分别创建 vfat 和 ext3 文件系统。然后使用 fsck 命令检查这两个文件系统。最后把这两个文件系统挂载到系统上。

3. 项目实训内容

练习统信 UOS V20 操作系统下文件系统的创建、手动挂载、卸载及自动挂载。

4. 做一做

完成项目实训，检查学习效果。

5.5.2 项目实训 2 管理 LVM

1. 项目实训目的

- 掌握创建 LVM 类型分区的方法。
- 掌握使用 LVM 的基本方法。

2. 项目背景

某企业在统信 UOS V20 服务器中新增了一块硬盘/dev/sdb，要求统信 UOS V20 操作系统的分区能自动调整硬盘容量。请使用 fdisk 命令新建/dev/sdb1、/dev/sdb2、/dev/sdb3 和/dev/sdb4 这 4 个 LVM 类型的分区，并在这 4 个分区上创建物理卷、卷组和逻辑卷，最后将逻辑卷挂载。

3. 项目实训内容

物理卷、卷组、逻辑卷的创建及管理。

4. 做一做

完成项目实训，检查学习效果。

5.5.3 项目实训 3 管理动态磁盘

1. 项目实训目的

掌握在 Linux 操作系统中利用 RAID 技术实现磁盘阵列的方法。

2. 项目背景

某企业为了保护重要数据，购买了 4 块同一厂家的 SCSI 磁盘。要求在这 4 块磁盘上创建 RAID5，以实现磁盘容错。

3. 项目实训内容

利用 mdadm 命令创建并管理 RAID。

4. 做一做

完成项目实训，检查学习效果。

5.6 练习题

一、填空题

1. _____是光盘使用的标准文件系统。

2. RAID 的中文全称是_____，用于将多个小型硬盘驱动器合并成一个_____，以加强存储性能和_____功能。RAID 可分为_____和_____，其中一种 RAID 通过软件实现多块硬盘_____。

3. LVM 的中文全称是_____，最早应用在 IBM AIX 系统上。它的主要作用是_____及调整硬盘分区大小，并且可以让多个分区或者物理硬盘作为_____来使用。

4. 可以通过_____和_____来限制用户和组对硬盘空间的使用。

二、选择题

1. 假定内核支持 vfat 分区，则（ ）可将/dev/hda1 这个 Windows 分区加载到/win 目录。

A. mount －t windows /win /dev/hda1   B. mount －fs=msdos /dev/hda1 /win

C. mount －s win /dev/hda1 /win   D. mount －t vfat /dev/hda1 /win

2. 下列关于/etc/fstab 的描述正确的是（ ）。

A. 启动系统后，由系统自动产生

B. 用于管理文件系统信息

C. 用于设置命名规则，即设置是否可以使用 "Tab" 键来命名一个文件

D. 保存硬件信息

3. 若想在一个新分区上建立文件系统，则应该使用命令（ ）。

A. fdisk   B. makefs   C. mkfs   D. format

4. 统信 UOS V20 文件系统的目录结构是一棵倒置的树，文件都按其作用分门别类地放在相关的目录中。现有一个外部设备文件，我们应该将其放在（ ）目录中。

A. /bin   B. /etc   C. /dev   D. lib

三、简答题

1. RAID 技术主要是为了解决什么问题？

2. RAID0 和 RAID5 哪个更安全？

3. 位于 LVM 最底层的是物理卷还是卷组？

4. LVM 对逻辑卷的扩容和缩容操作有何异同？

5. LVM 的删除顺序是怎样的？

项目6
配置网络和防火墙（含 NAT）

06

项目导入

作为统信 UOS V20 操作系统的管理员，学习统信 UOS V20 服务器的网络配置是至关重要的，同时管理远程主机也是管理员必须熟练掌握的技能。这些是后续配置网络服务的基础，因此必须学好。

本项目讲解如何使用 nmtui 命令配置网络参数，以及如何通过 nmcli 命令查看网络信息并管理网络会话服务，从而让读者能够在不同工作场景中快速切换网络运行参数。本项目还深入讲解防火墙（firewall）的使用方法，以及 SNAT 和 DNAT 的配置方法。

职业能力目标

- 掌握常见的网络配置方法。

- 掌握 SNAT 和 DNAT 的配置方法。

素养提示

- 了解为什么会推出 IPv6。我国推出的"雪人计划"是一项利国利民的工程，这一计划必将助力中华民族的伟大复兴，激发学生的爱国情怀和学习动力。

- "路漫漫其修远兮，吾将上下而求索。"国产化替代之路"道阻且长，行则将至，行而不辍，未来可期"。青年学生更应坚信中华民族的伟大复兴终会有时！

6.1 项目知识准备

统信 UOS V20 主机要与网络中的其他主机通信，首先要正确配置网络。网络配置通常包括对主机名、IP 地址、子网掩码、默认网关、DNS（Domain Name Server，域名服务器）等的配置。配置主机名是首要任务。

6.1.1 修改主机名

1. 主机名的形式

6-1 微课

配置网络和使用
ssh 服务

统信 UOS V20 有以下 3 种形式的主机名。

（1）静态（static）主机名：静态主机名也称为内核主机名，是系统在启动时从/etc/hostname 自动初始化的主机名。

（2）瞬态（transient）主机名：瞬态主机名是在系统运行时临时分配的主机名，由内核管理。例如，通过 DHCP（Dynamic Host Configuration Protocol，动态主机配置协议）或 DNS 分配的 localhost 就是瞬态主机名。

（3）灵活（pretty）主机名：灵活主机名是 UTF 8（Unicode Transformation Format-8，统一码转换格式-8）格式的自由主机名，以展示给终端用户。

与之前的版本不同，统信 UOS V20 中的主机名配置文件为/etc/hostname，可以在该主机名配置文件中直接修改主机名。请读者使用 vim /etc/hostname 命令试一试。

2. 修改主机名的方式

（1）使用 nmtui 修改主机名

```
[root@Server01 ~]# nmtui
```
在图 6-1、图 6-2 所示的界面中进行配置。

图 6-1 设置系统主机名

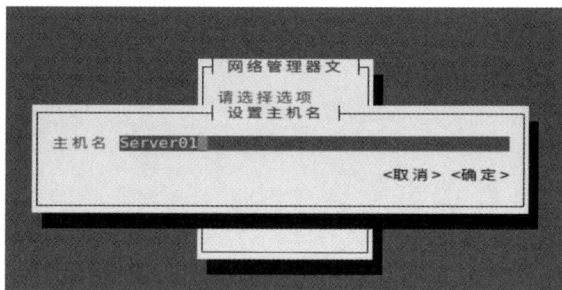

图 6-2 修改主机名为 Server01

使用 NetworkManager 的 nmtui 接口修改静态主机名（修改/etc/hostname 文件）后，不会通知 hostnamectl。要想强制让 hostnamectl 知道静态主机名已经被修改，需要重启 hostnamed 服务。

```
[root@Server01 ~]# systemctl restart systemd-hostnamed
```
（2）使用 hostnamectl 修改主机名

① 查看主机名。

```
[root@Server01 ~]# hostnamectl status
   Static hostname: Server01
      ......
```
② 设置新的主机名。

```
[root@Server01 ~]# hostnamectl set-hostname my.smile60.cn
```
③ 再次查看主机名。

```
[root@Server01 ~]# hostnamectl status
```

```
    Static hostname: my.smile60.cn
    ......
```

（3）使用 NetworkManager 的命令行接口 nmcli 修改主机名

① nmcli 可以修改/etc/hostname 中的静态主机名。

```
# 查看主机名
[root@Server01 ~]# nmcli general hostname
my.smile60.cn
# 设置新的主机名
[root@Server01 ~]# nmcli general hostname Server01
[root@Server01 ~]# nmcli general hostname
Server01
```

② 重启 hostnamed 服务，让 hostnamectl 知道静态主机名已经被修改。

```
[root@Server01 ~]# systemctl restart systemd-hostnamed
```

6.1.2 防火墙概述

防火墙的本义是指一种防护建筑物，古代建造木制结构房屋时，为防止火灾蔓延，人们在房屋周围将石块堆砌成石墙，这种防护建筑物就称为"防火墙"。

通常所说的网络防火墙套用了古代防火墙的含义，它指的是隔离在本地网络与外界网络之间的一道防御系统。防火墙可以使内部网络与互联网之间或者与其他外部网络之间互相隔离、限制网络互访，以此来保护内部网络。

防火墙的分类方法多种多样，不过从传统意义上讲，防火墙大致可以分为三大类，分别是"包过滤""应用代理""状态检测"。无论防火墙的功能多么强大、性能多么完善，归根结底都是在这三大类的基础之上扩展功能的。

6.2 项目设计与准备

本项目要用到 Server01 和 Client1，完成的任务如下。

（1）配置 Server01 和 Client1 的网络参数。

（2）创建会话。

（3）配置远程服务。

其中 Server01 的 IP 地址为 192.168.10.1/24，Client1 的 IP 地址为 192.168.10.20/24，两台计算机的网络连接模式都是**桥接模式**。

6-2 课堂慕课

配置网络和
firewall 防火墙

6.3 项目实施

任务 6-1 使用系统菜单配置网络

后续我们将学习如何在统信 UOS V20 操作系统上配置服务。在此之前，必须保证主机之间能够顺畅地通信。如果网络不通，即便服务配置正确，用户也无法顺利访问，所以，配置网络并确保网络连通是学习配置统信 UOS V20 服务之前的最后一个重要知识点。

（1）以 Server01 为例。在任务栏中打开"启动器"，单击"控制中心"→"网络"→"有线网络"→"有线网卡"，在有线网卡 ens32 一栏右侧单击"＞"，打开网络配置界面，一步步完成网络配置。具体过程如图 6-3～图 6-5 所示。

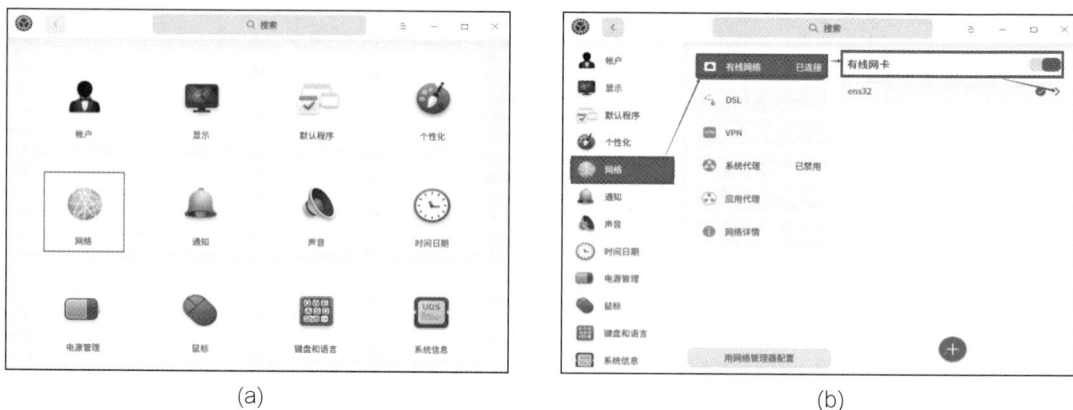

(a)　　　　　　　　　　　　　(b)

图 6-3　打开控制中心

（2）按图 6-4 所示进行配置，单击"保存"按钮应用配置。注意网络会自动重新连接。

（3）回到"网络"界面，单击"网络详情"，可以看到最新的网络配置情况，如图 6-5 所示。

图 6-4　配置 ens32 有线连接　　　　图 6-5　最新的网络配置情况

（4）按同样方法配置 Client1 的网络参数：IP 地址为 192.168.10.20/24，默认网关为 192.168.10.254。

（5）在 Server01 上测试其与 Client1 的连通性，测试成功。

```
[root@Server01 Desktop]# ping 192.168.10.20 -c 4
PING 192.168.10.20 (192.168.10.20) 56(84) bytes of data.
64 bytes from 192.168.10.20: icmp_seq=1 ttl=64 time=0.452 ms
64 bytes from 192.168.10.20: icmp_seq=2 ttl=64 time=0.241 ms
64 bytes from 192.168.10.20: icmp_seq=3 ttl=64 time=0.341 ms
64 bytes from 192.168.10.20: icmp_seq=4 ttl=64 time=0.263 ms
```

```
--- 192.168.10.20 ping statistics ---
4 packets transmitted, 4 received, 0% packet loss, time 3156ms
rtt min/avg/max/mdev = 0.241/0.324/0.452/0.082 ms
```

任务 6-2　使用图形界面配置网络

（1）任务 6-1 中我们使用系统菜单配置网络，接下来使用图形界面配置网络，输入 nmtui 命令。

```
[root@Server01 ~]# nmtui
```

（2）显示图 6-6 所示的图形界面，在该界面中选中"编辑连接"选项。配置过程如图 6-7、图 6-8 所示。

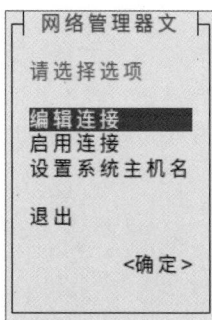

图 6-6　选中 "编辑连接" 选项

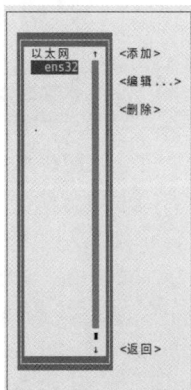

图 6-7　选中要编辑的网卡名称

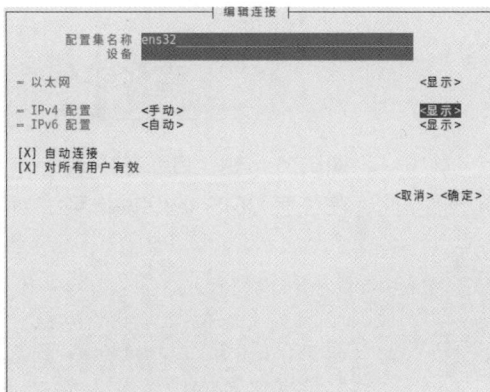

图 6-8　把网络 IPv4 的配置方式改成手动（Manual）

> **注意**　本书中所有服务器主机的 IP 地址均为 192.168.10.1，客户端主机的 IP 地址一般设为 192.168.10.20 及 192.168.10.30。这样做是为了方便后续配置服务器。

（3）在图 6-8 所示界面中单击"IPv4 配置"的"显示"按钮，显示信息配置界面，如图 6-9 所示。在服务器主机的网络配置信息中填写 IP 地址为 192.168.10.1/24 等信息，单击"确定"按钮保存配置，如图 6-10 所示。

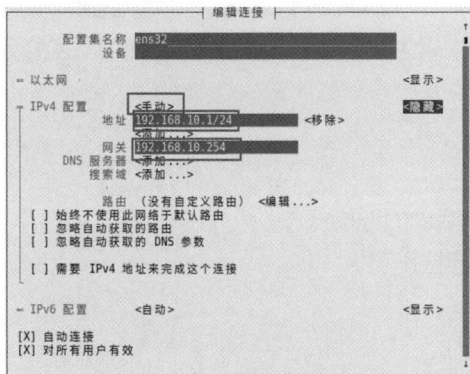

图 6-9　填写 IP 地址等信息

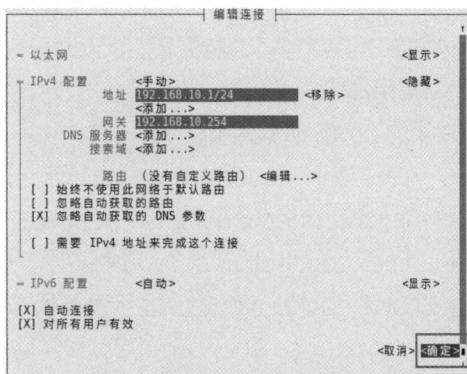

图 6-10　单击"确定"按钮保存配置

（4）回到图 6-7 所示界面，单击"返回"按钮，回到图 6-6 所示的图形界面，选中"启用连接"选项，激活 ens32 网卡。网卡前面有"*"表示激活，如图 6-11、图 6-12 所示。

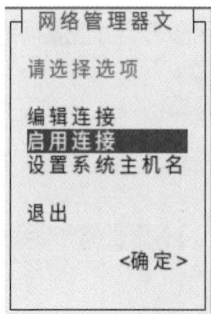

图 6-11 选中"启用连接"选项　　　图 6-12 激活网卡

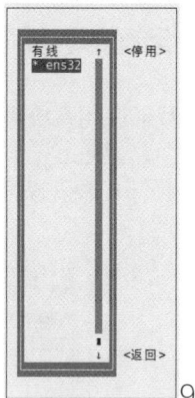

（5）至此，在统信 UOS V20 操作系统中配置网络的步骤就结束了，使用 ifconfig 命令测试配置情况。

```
[root@Server01 ~]# ifconfig
ens32: flags=4163<UP,BROADCAST,RUNNING,MULTICAST>  mtu 1500
        inet 192.168.10.1  netmask 255.255.255.0  broadcast 192.168.10.255
        inet6 fe80::58fc:be5e:bb2b:d086  prefixlen 64  scopeid 0x20<link>
        ether 00:0c:29:c6:00:0a  txqueuelen 1000  (Ethernet)
        RX packets 577  bytes 109198 (106.6 KiB)
        RX errors 0  dropped 0  overruns 0  frame 0
        TX packets 276  bytes 37643 (36.7 KiB)
        TX errors 0  dropped 0 overruns 0  carrier 0  collisions 0

lo: flags=73<UP,LOOPBACK,RUNNING>  mtu 65536
        inet 127.0.0.1  netmask 255.0.0.0
        ......
```

任务 6-3　使用 nmcli 命令配置网络

NetworkManager 是管理和监控网络设置的守护进程，设备即网络接口，连接是对网络接口的配置。一个网络接口可以有多个连接配置，但同时只有一个连接配置生效。以下实例仍在 Server01 上实现。

1. 常用命令

常用的 nmcli 命令如下。

- nmcli connection show：显示所有连接。
- nmcli connection show --active：显示所有活动的连接状态。
- nmcli connection show "ens32"：显示网络连接配置。
- nmcli device status：显示设备状态。
- nmcli device show ens32：显示网络接口属性。
- nmcli connection add help：查看帮助。

- nmcli connection reload：重新加载配置。
- nmcli connection down test2：禁用 test2 的配置，注意，一个网卡可以有多个配置（test2 连接要提前创建）。
- nmcli connection up test2：启用 test2 的配置。
- nmcli device disconnect ens32：禁用 ens32 网卡。
- nmcli device connect ens32：启用 ens32 网卡。

2. 创建新连接

（1）创建新连接 default，IP 地址通过 DHCP 自动获取。

```
[root@Server01 ~]# nmcli connection show
NAME    UUID                                    TYPE      DEVICE
ens32   7f7ebeee-6baa-3528-b092-f4fc37273528    ethernet  ens32
[root@Server01 ~]# nmcli connection add con-name default type Ethernet ifname ens32
连接 "default" (58ce5b3d-1624-44f4-9d59-7fc1d83983e5) 已成功添加。
```

（2）删除连接。

```
[root@Server01 ~]# nmcli connection delete default
成功删除连接 "default" (58ce5b3d-1624-44f4-9d59-7fc1d83983e5)。
```

（3）创建新连接 test2，指定静态 IP 地址，不自动连接。

```
[root@Server01 ~]# nmcli connection add con-name test2 ipv4.method manual ifname ens32
autoconnect no type Ethernet ipv4.addresses 192.168.10.100/24 gw4 192.168.10.254
连接 "test2" (e6404347-f914-4505-8cf8-ef4ab198d90e) 已成功添加。
```

（4）参数说明如下。

- con-name：指定连接名字，没有特殊要求。
- ipv4.method：指定获取 IP 地址的方式。
- ifname：指定网卡设备名，也就是这次配置所生效的网卡设备名。
- autoconnect：指定是否自动启动。
- ipv4.addresses：指定 IPv4 地址。
- gw4：指定网关。

3. 查看/etc/sysconfig/network-scripts/目录

```
[root@Server01 ~]# ls /etc/sysconfig/network-scripts/ifcfg-*
/etc/sysconfig/network-scripts/ifcfg-ens32
/etc/sysconfig/network-scripts/ifcfg-test2
/etc/sysconfig/network-scripts/ifcfg-lo
```

多出一个文件/etc/sysconfig/network-scripts/ifcfg-test2，说明添加确实生效了。

4. 启用 test2 连接配置

```
[root@Server01 ~]# nmcli connection up test2
连接已成功激活（D-Bus 活动路径：/org/freedesktop/NetworkManager/ActiveConnection/3）
[root@Server01 ~]# nmcli  connection show
NAME    UUID                                    TYPE      DEVICE
test2   e6404347-f914-4505-8cf8-ef4ab198d90e    ethernet  ens32
ens32   7f7ebeee-6baa-3528-b092-f4fc37273528    ethernet  --
```

5. 查看是否生效

```
[root@Server01 ~]# nmcli device show ens32
GENERAL.DEVICE:                         ens32
```

......

基本的 IP 地址配置成功。

6. 修改连接配置

（1）修改 test2 为自动启动。

```
[root@Server01 ~]# nmcli connection modify test2 connection.autoconnect yes
```

（2）修改 DNS 为 192.168.10.1。

```
[root@Server01 ~]# nmcli connection modify test2 ipv4.dns 192.168.10.1
```

（3）添加 DNS：114.114.114.114。

```
[root@Server01 ~]# nmcli connection modify test2 +ipv4.dns 114.114.114.114
```

（4）查看配置是否成功。

```
[root@Server01 ~]# cat /etc/sysconfig/network-scripts/ifcfg-test2
TYPE=Ethernet
PROXY_METHOD=none
BROWSER_ONLY=no
BOOTPROTO=none
IPADDR=192.168.10.100
PREFIX=24
GATEWAY=192.168.10.254
DEFROUTE=yes
IPV4_FAILURE_FATAL=no
IPV6INIT=yes
IPV6_AUTOCONF=yes
IPV6_DEFROUTE=yes
IPV6_FAILURE_FATAL=no
IPV6_ADDR_GEN_MODE=stable-privacy
NAME=test2
UUID=e6404347-f914-4505-8cf8-ef4ab198d90e
DEVICE=ens32
ONBOOT=yes
DNS1=192.168.10.1
DNS2=114.114.114.114
```

可以看到配置均已生效。

（5）删除 DNS。

```
[root@Server01 ~]# nmcli connection modify test2 -ipv4.dns 114.114.114.114
```

（6）修改 IP 地址和默认网关。

```
[root@Server01 ~]# nmcli connection modify test2 ipv4.addresses 192.168.10.200/24 gw4 192.168.10.254
```

（7）可以添加多个 IP 地址。

```
[root@Server01 ~]# nmcli connection modify test2 +ipv4.addresses 192.168.10.250/24
[root@Server01 ~]# nmcli connection show "test2"
```

（8）为了不影响后面的实训，将 test2 连接删除。

```
[root@Server01 ~]# nmcli connection delete test2
成功删除连接 "test2" (e6404347-f914-4505-8cf8-ef4ab198d90e)。
[root@Server01 ~]# nmcli connection show
NAME   UUID                                  TYPE      DEVICE
ens32  7f7ebeee-6baa-3528-b092-f4fc37273528  ethernet  ens32
```

7. nmcli 命令和/etc/sysconfig/network-scripts/ifcfg-*文件的对应关系

nmcli 命令和/etc/sysconfig/network-scripts/ifcfg-*文件的对应关系如表 6-1 所示。

表 6-1　nmcli 命令和/etc/sysconfig/network-scripts/ifcfg-*文件的对应关系

nmcli 命令	/etc/sysconfig/network-scripts/ifcfg-*文件
ipv4.method manual	BOOTPROTO=none
ipv4.method auto	BOOTPROTO=dhcp
ipv4.addresses 192.0.2.1/24	IPADDR=192.0.2.1 PREFIX=24
gw4 192.0.2.254	GATEWAY=192.0.2.254
ipv4.dns 8.8.8.8	DNS0=8.8.8.8
ipv4.dns-search example.com	DOMAIN=example.com
ipv4.ignore-auto-dns true	PEERDNS=no
connection.autoconnect yes	ONBOOT=yes
connection.id ens32	NAME=ens32
connection.interface-name ens32	DEVICE=ens32
802-3-ethernet.mac-address . . .	HWADDR= . . .

任务 6-4　使用 firewalld 服务

统信 UOS V20 集成了多款防火墙管理工具，其中 firewalld 提供了支持在网络/防火墙区域（zone）定义网络连接，以及接口安全等级的动态防火墙管理工具——统信 UOS V20 操作系统的动态防火墙管理器（Dynamic Firewall Manager of Linux Systems）。统信 UOS V20 操作系统的动态防火墙管理器拥有基于命令行界面（Command Line Interface，CLI）和基于图形用户界面（Graphical User Interface，GUI）的两种管理方式。

相较于传统的防火墙管理工具，firewalld 支持动态更新技术，并加入了区域的概念。简单来说，区域就是 firewalld 预先准备的几套防火墙策略集合（策略模板），用户可以根据生产场景的不同选择合适的策略集合，从而实现防火墙策略之间的快速切换。例如，我们有一台笔记本电脑，每天都要在办公室、咖啡厅和家里使用。按常理来讲，这三者按照安全性由高到低的顺序排列，应该是家、办公室、咖啡厅。当前，我们希望为这台笔记本电脑指定如下防火墙策略：在家里允许访问所有服务；在办公室里仅允许访问文件共享服务；在咖啡厅里仅允许上网浏览。以往，我们需要频繁地手动设置防火墙策略，而现在只需要预设好策略集合，然后轻点鼠标就可以自动切换了，这极大地提升了防火墙策略的应用效率。firewalld 中常见的区域名称（默认为 public）及默认策略如表 6-2 所示。

表 6-2　firewalld 中常见的区域名称及默认策略

区域名称	默认策略
trusted	允许所有的数据包
home	拒绝流入的流量，除非其与流出的流量相关；如果流量与 SSH、mdns、ipp-client、amba-client 和 dhcpv6-client 服务相关，则允许流量流入
internal	等同于 home 区域

续表

区域名称	默认策略
work	拒绝流入的流量，除非其与流出的流量相关；如果流量与 SSH、ipp-client 和 dhcpv6-client 服务相关，则允许流量流入
public	拒绝流入的流量，除非其与流出的流量相关；如果流量与 SSH、dhcpv6-client 服务相关，则允许流量流入
external	拒绝流入的流量，除非其与流出的流量相关；如果流量与 SSH 服务相关，则允许流量流入
dmz	拒绝流入的流量，除非其与流出的流量相关；如果流量与 SSH 服务相关，则允许流量流入
block	拒绝流入的流量，除非其与流出的流量相关
drop	拒绝流入的流量，除非其与流出的流量相关

1. 使用终端管理工具

使用命令行终端是一种极富效率的工作方式，firewall-cmd 命令是 firewalld 防火墙配置管理工具的 CLI 版本。它的参数一般都是以"长格式"来提供的，但统信 UOS V20 系统支持部分命令的参数补齐。现在除了能用"Tab"键自动补齐命令或文件名等内容之外，还可以用"Tab"键来补齐表 6-3 中的长格式参数。

表 6-3 firewall-cmd 命令中使用的参数以及作用

参　　　数	作　　　用
--get-default-zone	查询默认的区域名称
--set-default-zone=<区域名称>	设置默认的区域，使其永久生效
--get-zones	显示可用的区域
--get-services	显示预先定义的服务
--get-active-zones	显示当前正在使用的区域与网卡名称
--add-source=	将源自此 IP 地址或子网的流量导向某个指定区域
--remove-source=	不再将源自此 IP 地址或子网的流量导向某个指定区域
--add-interface=<网卡名称>	将源自该网卡的所有流量都导向某个指定区域
--change-interface=<网卡名称>	将某个网卡与区域关联
--list-all	显示当前区域的网卡配置参数、资源、端口以及服务等信息
--list-all-zones	显示所有区域的网卡配置参数、资源、端口以及服务等信息
--add-service=<服务名>	设置默认区域允许该服务的流量
--add-port=<端口号/协议>	设置默认区域允许该端口的流量
--remove-service=<服务名>	设置默认区域不再允许该服务的流量
--remove-port=<端口号/协议>	设置默认区域不再允许该端口的流量
--reload	让"永久生效"的配置规则立即生效，并覆盖当前的配置规则
--panic-on	开启应急状况模式
--panic-off	关闭应急状况模式

与统信 UOS V20 操作系统中其他防火墙策略配置工具一样，使用 firewalld 配置的防火墙策略默认为运行时（Runtime）模式，又称为当前生效模式，该模式下的策略在系统重启后会失效。如果想让配置策略永久生效，就需要使用永久（Permanent）模式，方法是在用 firewall-cmd 命令

正常配置防火墙策略时添加--permanent 参数，这样配置的防火墙策略就可以永久生效了。但是，永久模式有一个"不近人情"的特点，就是使用它配置的策略只有在系统重启之后才能自动生效。如果想让配置的策略立即生效，则需要手动执行 firewall-cmd --reload 命令。

接下来的实例都很简单，但是一定要仔细查看当前使用的是运行时模式还是永久模式。如果不关注这个细节，即使正确配置了防火墙策略，也可能无法达到预期的效果。

下面是使用终端管理工具的实例。

（1）查看 firewalld 服务当前状态和使用的区域。

```
[root@Server01 ~]# firewall-cmd --state                    # 查看防火墙状态
[root@Server01 ~]# systemctl restart firewalld
[root@Server01 ~]# firewall-cmd --get-default-zone         # 查看默认区域
public
```

（2）查看防火墙生效 ens32 网卡在 firewalld 服务中的区域。

```
[root@Server01 ~]# firewall-cmd --get-active-zones          # 查看当前防火墙中生效的区域
public
  interfaces: ens32
[root@Server01 ~]# firewall-cmd --set-default-zone=trusted  # 设定默认区域
success
```

（3）把 firewalld 服务中 ens32 网卡的默认区域修改为 external，并在系统重启后生效。分别查看运行时模式与永久模式下的区域名称。

```
[root@Server01 ~]# firewall-cmd --list-all --zone=work       # 查看指定区域的防火墙策略
work
  target: default
  icmp-block-inversion: no
  interfaces:
  sources:
  services: dhcpv6-client mdns ssh
  ports:
  protocols:
  masquerade: no
  forward-ports:
  source-ports:
  icmp-blocks:
  rich rules:
[root@Server01 ~]# firewall-cmd  --permanent  --zone=external  --change-interfac
e=ens32
  The interface is under control of NetworkManager, setting zone to 'external'.
  success
[root@Server01 ~]# firewall-cmd --get-zone-of-interface=ens32
external
[root@Server01 ~]# firewall-cmd --permanent --get-zone-of-interface=ens32
external
```

（4）把 firewalld 服务的当前默认区域设置为 public。

```
[root@Server01 ~]# firewall-cmd --set-default-zone=public
[root@Server01 ~]# firewall-cmd --get-default-zone
public
```

（5）开启/关闭 firewalld 服务的应急状况模式，阻断一切网络连接（当远程控制服务器时请慎用）。

```
[root@Server01 ~]# firewall-cmd --panic-on
success
[root@Server01 ~]# firewall-cmd --panic-off
success
```

（6）查询 public 区域是否允许请求 SSH 和 HTTPS（Hypertext Transfer Protocol Secure，超文本传输安全协议）的服务。

```
[root@Server01 ~]# firewall-cmd --zone=public --query-service=ssh
yes
[root@Server01 ~]# firewall-cmd --zone=public --query-service=https
no
```

（7）把 firewalld 服务中请求 HTTPS 的流量设置为永久允许，并立即生效。

```
[root@Server01 ~]# firewall-cmd --get-services          # 查看所有可以设置的服务
[root@Server01 ~]# firewall-cmd --zone=public --add-service=https
[root@Server01 ~]# firewall-cmd --permanent --zone=public --add-service=https
[root@Server01 ~]# firewall-cmd --reload
[root@Server01 ~]# firewall-cmd --list-all              # 查看生效的防火墙策略
success
```

（8）把 firewalld 服务中请求 HTTPS 的流量设置为永久拒绝，并立即生效。

```
[root@Server01 ~]# firewall-cmd --permanent --zone=public --remove-service=https
success
[root@Server01 ~]# firewall-cmd --reload
[root@Server01 ~]# firewall-cmd --list-all              # 查看生效的防火墙策略
```

（9）把在 firewalld 服务中访问 8088 和 8089 端口的流量设置为允许，但仅限当前生效。

```
[root@Server01 ~]# firewall-cmd --zone=public --add-port=8088-8089/tcp
success
[root@Server01 ~]# firewall-cmd --zone=public --list-ports
8088-8089/tcp
```

firewalld 中的"富规则"表示更细致、更详细的防火墙策略配置，它可以针对系统服务、端口号、源地址和目的地址等诸多信息进行更有针对性的策略配置。富规则的优先级在所有防火墙策略中也是最高的。

2. 使用图形管理工具

firewall-config 命令是 firewalld 防火墙配置管理工具的 GUI 版本，几乎可以实现所有以命令行来执行的操作。毫不夸张地说，即使读者没有扎实的 Linux 命令基础，也完全可以通过它来妥善配置统信 UOS V20 中的防火墙策略。firewall-config 默认已经安装。

启动图形界面的防火墙。在终端输入命令 firewall-config，打开图 6-13 所示的界面，其功能具体如下。

① 选择运行时模式或永久模式。
② 可选的策略集合区域列表。
③ 常用的系统服务列表。
④ 当前正在使用的区域。
⑤ 管理当前被选中区域中的服务。
⑥ 管理当前被选中区域中的端口。

图 6-13　firewall-config 的界面

⑦ 开启或关闭源地址转换（Source Network Address Translation，SNAT）技术。

⑧ 设置端口转发策略。

⑨ 控制请求互联网控制报文协议（Internet Control Message Protocol，ICMP）服务的流量。

⑩ 管理防火墙的富规则。

⑪ 管理网卡设备。

⑫ 被选中区域的服务，若勾选了相应服务前面的复选框，则表示允许与之相关的流量。

⑬ firewall-config 工具的运行状态。

> **特别注意**　在使用 firewall-config 工具配置防火墙策略之后，无须进行二次确认，因为只要有修改的内容，它就会自动保存。下面进入动手实践环节。

【例 6-1】将当前区域中请求 http 服务的流量配置为允许，但仅限当前生效。具体配置如图 6-14 所示。

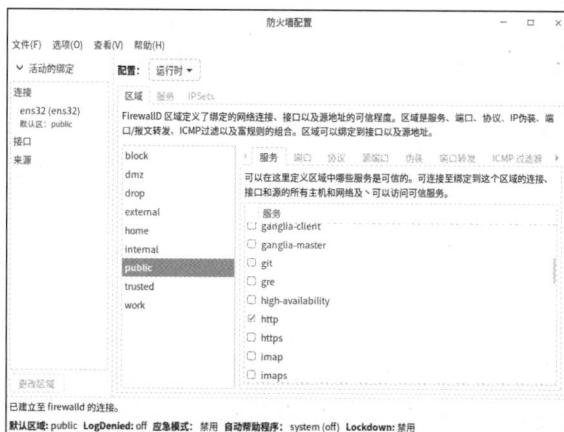

图 6-14　配置请求 http 服务的流量

【例 6-2】尝试添加一条防火墙策略，使其放行访问 8088～8089 端口（TCP）的流量，并将其配置为永久生效，以达到系统重启后防火墙策略依然生效的目的。

① 选择"端口"→"添加"命令，打开图 6-15 所示的界面。

② 按图 6-15 所示的端口范围进行配置，配置完毕单击"确定"按钮。

③ 在"选项"菜单中单击"重载防火墙"命令，让配置的防火墙策略立即生效，如图 6-16 所示。这与在命令行中执行 firewall-cmd-reload 命令效果一样。

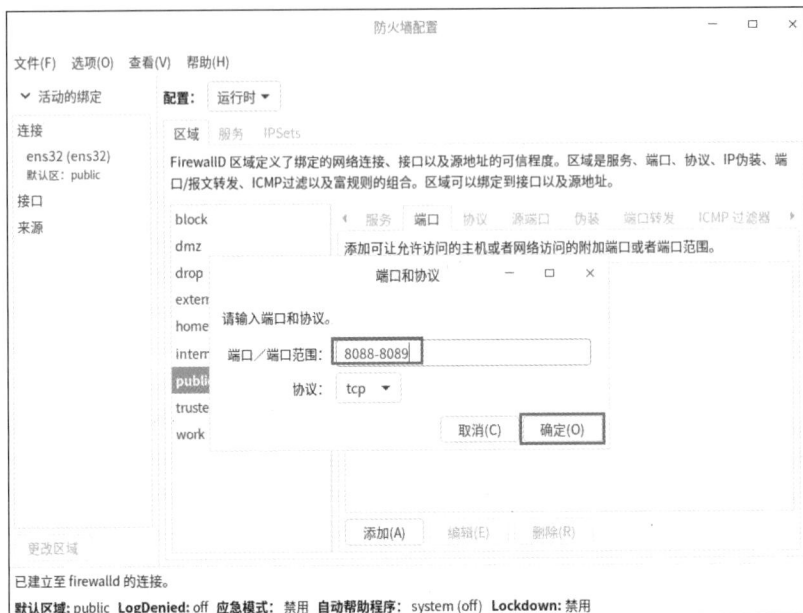

图 6-15　配置访问 8088～8089 端口的流量

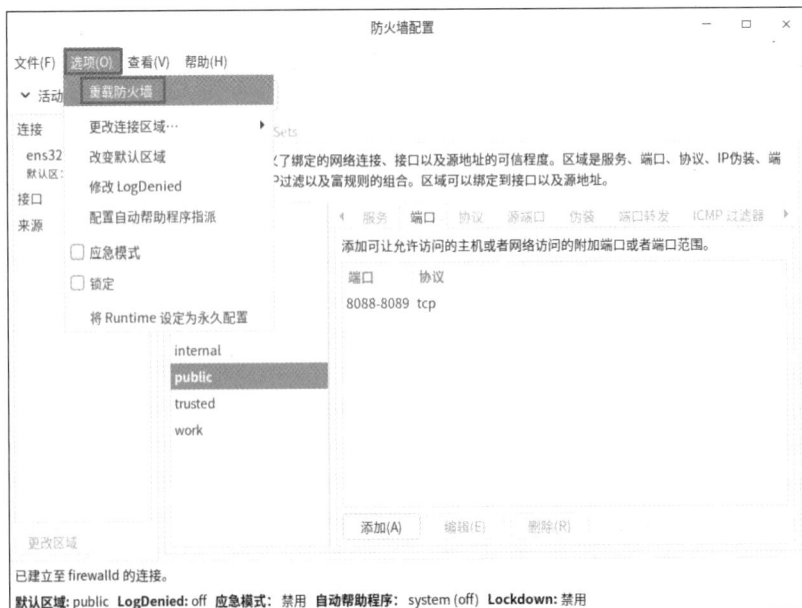

图 6-16　让配置的防火墙策略立即生效

任务 6-5 配置 NAT

统信 UOS V20 的防火墙利用 nat 表能够实现 NAT 功能，即将内网地址与外网地址进行转换，完成内、外网的通信。nat 表支持以下 3 种操作。

- SNAT：改变数据包的源地址。防火墙会使用外部地址替换数据包的本地网络地址。这样使网络内部主机能够与网络外部通信。
- DNAT（Destination Network Address Translation，目的网络地址转换）：改变数据包的目的地址。防火墙接收到数据包后，会替换该包的目的地址，将其重新转发到网络内部主机。当应用服务器处于网络内部时，防火墙接收到外部请求，会按照规则设定，将访问重定向到指定的主机上，使外部主机能够正常访问网络内部主机。
- MASQUERADE：MASQUERADE 的作用与 SNAT 的作用完全一样，即改变数据包的源地址。因为对每个匹配的数据包，MASQUERADE 都要自动查找可用的 IP 地址，而不像 SNAT 用的 IP 地址是配置好的，所以其会加重防火墙的负担。当然，如果接入外网的地址不是固定地址，而是 ISP（the Internet Service Provider，因特网服务提供方）随机分配的，则使用 MASQUERADE 将会非常方便。

下面以一个具体的综合案例来说明如何在统信 UOS V20 上配置 NAT 服务，使得内、外网主机互访。

1. 企业环境

企业网络拓扑如图 6-17 所示。内部主机使用 192.168.10.0/24 网段的 IP 地址，并且使用统信 UOS V20 主机作为服务器连接互联网，外网地址为固定地址 202.112.113.112。现需要满足如下要求。

（1）配置 SNAT 保证内网用户能够正常访问互联网。

（2）配置 DNAT 保证外网用户能够正常访问内网的 Web 服务器。

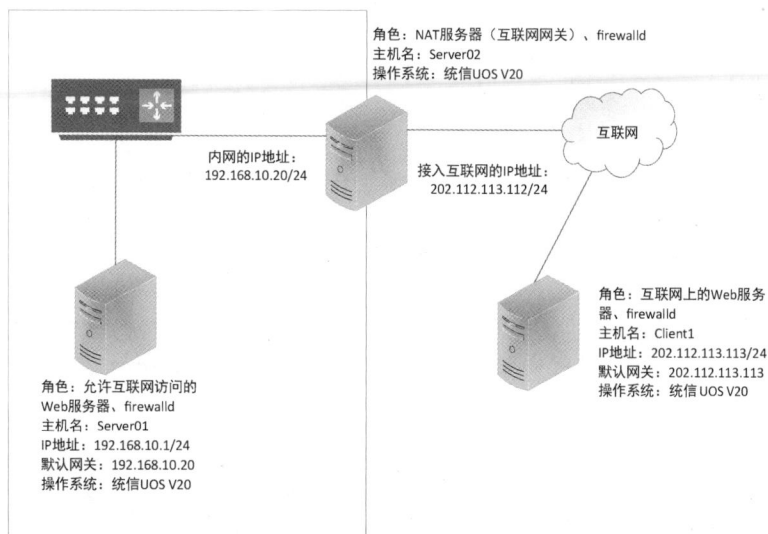

角色：NAT服务器（互联网网关）、firewalld
主机名：Server02
操作系统：统信UOS V20

内网的IP地址：
192.168.10.20/24

接入互联网的IP地址：
202.112.113.112/24

互联网

角色：互联网上的Web服务器、firewalld
主机名：Client1
IP地址：202.112.113.113/24
默认网关：202.112.113.113
操作系统：统信 UOS V20

角色：允许互联网访问的
Web服务器、firewalld
主机名：Server01
IP地址：192.168.10.1/24
默认网关：192.168.10.20
操作系统：统信UOS V20

图 6-17 企业网络拓扑

统信 UOS V20 服务器和客户端的信息如表 6-4 所示（可以使用虚拟机的"克隆"技术快速安

装需要的统信 UOS V20 客户端）。

表 6-4　统信 UOS V20 服务器和客户端的信息

主 机 名	操作系统	IP 地址	角 色
内网 NAT 客户端：Server01	统信 UOS V20	IP 地址：192.168.10.1（VMnet1）。默认网关：192.168.10.20	允许互联网访问的 Web 服务器、firewalld
防火墙：Server02	统信 UOS V20	IP 地址 1：192.168.10.20（VMnet1）。IP 地址 2：202.112.113.112（VMnet8）	firewalld、SNAT、DNAT
外网 NAT 客户端：Client1	统信 UOS V20	202.112.113.113（VMnet8）	互联网上的 Web 服务器、firewalld

2. 配置 SNAT 并测试

（1）在 Server02 上安装双网卡。

① 在 Server02 关机状态下，在虚拟机中添加两块网卡：第 1 块网卡连接到 VMnet1，第 2 块网卡连接到 VMnet8。

② 启动 Server02，以 root 用户身份登录。

③ 在任务栏中打开"启动器"，单击"控制中心"→"网络"→"有线网络 1"或"有线网络 2"，配置过程如图 6-18、图 6-19 所示。（计算机原来的网卡是 ens32，第 2 块网卡系统自动命名为 ens34。）

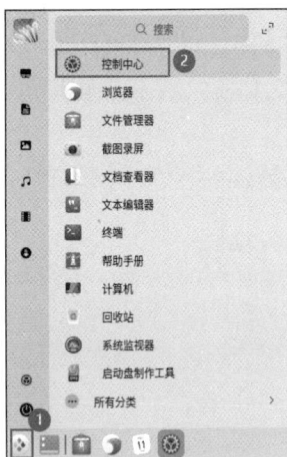

图 6-18　打开控制中心

图 6-19　网络配置

④ 单击图 6-19 所示的">"可以配置网络接口 ens34 的 IP 地址为 202.112.113.112/24。

⑤ 按照前述方法，配置 ens32 网络接口的 IP 地址为 192.168.10.20/24。

在 Server02 上测试双网卡的 IP 地址配置是否成功。

```
[root@Server02 ~]# ifconfig
ens32: flags=4163<UP,BROADCAST,RUNNING,MULTICAST>  mtu 1500
        inet 192.168.10.20  netmask 255.255.255.0  broadcast 192.168.10.255
        inet6 fe80::e600:28f7:ab59:c56b  prefixlen 64  scopeid 0x20<link>
        ……
```

```
ens34: flags=4163<UP,BROADCAST,RUNNING,MULTICAST> mtu 1500
        inet 202.112.113.112 netmask 255.255.255.0 broadcast 202.112.113.255
        inet6 fe80::cb85:fed6:63ed:58a prefixlen 64 scopeid 0x20<link>
        ether 00:0c:29:e6:f6:c0 txqueuelen 1000 (Ethernet))
        ……
```

（2）测试环境。

① 根据图 6-17 和表 6-4 配置 Server01 和 Client1 的 IP 地址、子网掩码、默认网关等。Server02 要安装双网卡，同时一定要注意计算机的网络连接方式！

> **注意** Client1 的网关不要配置，或者将其配置为自身的 IP 地址（202.112.113.113）。

② 在 Server01 上测试其与 Server02 和 Client1 的连通性。

```
[root@Server01 ~]# ping 192.168.10.20   -c  4        # 通
[root@Server01 ~]# ping 202.112.113.112 -c  4        # 通
[root@Server01 ~]# ping 202.112.113.113 -c  4        # 不通
```

③ 在 Server02 上测试其与 Server01 和 Client1 的连通性。结果都是通的。

```
[root@Server02 ~]# ping -c 4 192.168.10.1
[root@Server02 ~]# ping -c 4 202.112.113.113
```

④ 在 Client1 上测试其与 Server01 和 Server02 的连通性。结果 Client1 与 Server01 是不通的。

```
[root@Client1 ~]# ping -c 4 202.112.113.112        # 通
[root@Client1 ~]# ping -c 4 192.168.10.1           # 不通
connect: 网络不可达
```

（3）在 Server02 上开启路由存储转发功能。

```
[root@Client1 ~]# cat /proc/sys/net/ipv4/ip_forward
1                      # 确认开启路由存储转发功能，其值为 1。若没有开启，则需要进行下面的操作

[root@Server02 ~]# echo 1 > /proc/sys/net/ipv4/ip_forward
```

（4）在 Server02 上将接口 ens34 加入外网区域（external）。

由于内网计算机无法在外网上路由，所以内网计算机 Server01 是无法上网的。因此需要通过 NAT 将内网计算机的 IP 地址转换成统信 UOS V20 主机接口 ens34 的 IP 地址。为了实现这个功能，首先需要将接口 ens34 加入外网区域。在防火墙中，外网区域定义为一个直接与外网相连接的区域，来自此区域的主机连接将不被信任。

```
[root@Server02 ~]# firewall-cmd --get-zone-of-interface=ens34
public
[root@Server02 ~]# firewall-cmd --permanent --zone=external --change-interface=ens34
The interface is under control of NetworkManager, setting zone to 'external'.
success
[root@Server02 ~]# firewall-cmd --zone=external --list-all
external (active)
  target: default
  icmp-block-inversion: no
  interfaces: ens34
  sources:
```

```
    services: ssh
    ports:
    protocols:
    masquerade: yes
    forward-ports:
    source-ports:
    icmp-blocks:
    rich rules:
    ......
```

（5）由于需要 NAT 上网，所以将外网区域的伪装打开（在 Server02 上）。

```
[root@Server02 ~]# firewall-cmd --permanent --zone=external --add-masquerade
Warning: ALREADY_ENABLED: masquerade
success
[root@Server02 ~]# firewall-cmd --reload
success
[root@Server02 ~]# firewall-cmd --permanent --zone=external --query-masquerade
yes                        #查询伪装是否打开也可以使用下面的命令
[root@Server02 ~]# firewall-cmd --zone=external --list-all
external (active)
  target: default
  icmp-block-inversion: no
  interfaces: ens34
  sources:
  services: ssh
  ports:
  protocols:
  masquerade: yes
  forward-ports:
  source-ports:
  icmp-blocks:
  rich rules:
```

（6）在 Server02 上配置内部接口 ens32。

具体做法是将内部接口加入内网区域（internal）。

```
[root@Server02 ~]# firewall-cmd --get-zone-of-interface=ens32
public
[root@Server02 ~]# firewall-cmd --permanent --zone=internal --change-interface=ens32
The interface is under control of NetworkManager, setting zone to 'internal'.
success
[root@Server02 ~]# firewall-cmd --reload
[root@Server02 ~]# firewall-cmd --zone=internal --list-all
internal (active)
  target: default
  icmp-block-inversion: no
  interfaces: ens32
  sources:
  services: dhcpv6-client mdns samba-client ssh
  ports:
  protocols:
  masquerade: no
```

```
   forward-ports:
   source-ports:
   icmp-blocks:
   rich rules:
```

（7）在外网 Client1 上配置供测试的 Web 服务器。

```
[root@Client1 ~]# dnf clean all
[root@Client1 ~]# dnf install httpd -y
[root@Client1 ~]# firewall-cmd --permanent --add-service=http
[root@Client1 ~]# firewall-cmd --reload
[root@Client1 ~]# firewall-cmd --list-all
[root@Client1 ~]# systemctl restart httpd
[root@Client1 ~]# netstat -an |grep :80          # 查看 80 端口是否开放
[root@Client1 ~]# dnf install firefox -y
[root@Client1 ~]# firefox 127.0.0.1
```

（8）在内网 Server01 上测试 SNAT 配置是否成功。

```
[root@Server01 ~]# ping 202.112.113.113 -c 4
[root@Server01 ~]# dnf install firefox -y          # 默认没有安装 Firefox
[root@Server01 ~]# firefox  202.112.113.113
```

网络应该是通的，且能访问到外网的默认网站。

> **思考** 请读者在 Client1 上查看/var/log/httpd/access_log 中是否包含源地址 192.168.10.1，并说明
> 为什么？再查看是否包含 202.112.113.112？

```
[root@Client1 ~]# cat /var/log/httpd/access_log |grep 192.168.10.1
[root@Client1 ~]# cat /var/log/httpd/access_log |grep 202.112.113.112
```

3. 配置 DNAT 并测试

（1）在 Server01 上配置内网 Web 服务器及防火墙。

```
[root@Server01 ~]# dnf clean all
[root@Server01 ~]# dnf install httpd -y
[root@Server01 ~]# systemctl restart httpd
[root@Server01 ~]# firewall-cmd --permanent --add-service=http
[root@Server01 ~]# firewall-cmd --reload
[root@Server01 ~]# netstat -an |grep :80          # 查看 80 端口是否开放
[root@Server01 ~]# firefox 127.0.0.1
```

（2）在 Server02 上配置 DNAT。

要想让外网能访问到内网的 Web 服务器，需要进行端口映射，即将外网的 Web 服务器访问映射到内部的 Server01 的 80 端口。

```
#外网区域的 80 端口的请求都转发到 192.168.10.1。加--permanent 需要重启防火墙才能生效
[root@Server02 ~]# firewall-cmd --permanent --zone=external --add-forward-port=port=
80:proto=tcp:toaddr=192.168.10.1
success
[root@Server02 ~]# firewall-cmd --reload
# 查询端口映射结果
[root@Server02 ~]# firewall-cmd --zone=external --query-forward-port=port=80:proto=
tcp:toaddr=192.168.10.1
yes
[root@Server02 ~]# firewall-cmd --zone=external --list-all #查询端口映射结果
```

```
external (active)
  target: default
  icmp-block-inversion: no
  interfaces: ens34
  sources:
  services: ssh
  ports:
  protocols:
  masquerade: yes
  forward-ports: port=80:proto=tcp:toport=:toaddr=192.168.10.1
  source-ports:
  icmp-blocks:
  rich rules:
```

（3）在外网 Client1 上测试。

在外网上访问的 IP 地址是 202.112.113.112，NAT 服务器 Server02 会将该 IP 地址的 80 端口的请求转发到内网 Server01 的 80 端口，如图 6-20 所示。**注意，不是直接访问内网地址 192. 168.10.1，直接访问内网地址是无法访问的。另外，如果转发访问不成功，需要在 Server01 服务器防火墙上放行 http 协议。**

```
[root@Client1 ~]# ping 192.168.10.1
connect: 网络不可达
[root@Client1 ~]# firefox 202.112.113.112
```

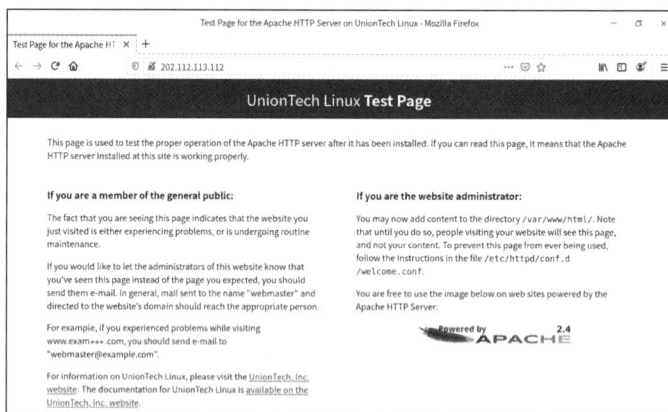

图 6-20　测试成功

4. 结束后删除 Server02 上的 NAT 端口映射信息

```
[root@Server02 ~]# firewall-cmd --permanent --zone=external --remove-forward-port=
port=80:proto=tcp:toaddr=192.168.10.1
[root@Server02 ~]# firewall-cmd --permanent --zone=public --change-interface=ens32
[root@Server02 ~]# firewall-cmd --permanent --zone=public --change-interface=ens34
[root@Server02 ~]# firewall-cmd --reload
```

6.4　拓展阅读　IPv4 和 IPv6

2019 年 11 月 26 日是全球互联网发展历程中值得铭记的一天，一封来自欧洲 IP 网络资源协调中心（Réseaux IP Européens Network Coordination Centre，RIPE NCC）的邮件宣布全球约 43 亿个 IPv4 地址正式耗尽，人类互联网跨入了 IPv6 时代。

全球 IPv4 地址耗尽到底是怎么回事？全球 IPv4 地址耗尽对我国有什么影响？该如何应对？

IPv4 又称第 4 版互联网协议，是互联网协议开发过程中的第四个修订版本，也是此协议第一个被广泛部署的版本。IPv4 是互联网的核心，也是使用非常广泛的互联网协议版本。IPv4 使用 32 位（4B）地址，地址空间中只有 4 294 967 296 个地址。全球 IPv4 地址耗尽意思就是全球联网的设备越来越多，"这一串数字"不够用了。IP 地址是分配给每个联网设备的一系列号码，每个 IP 地址都是独一无二的。由于 IPv4 中规定 IP 地址长度为 32 位，现在互联网的快速发展使目前 IPv4 地址已经耗尽。IPv4 地址耗尽意味着不能将任何新的 IPv4 设备添加到互联网，目前各国已经开始积极布局 IPv6。

对于我国而言，在接下来的 IPv6 时代，我国存在着巨大机遇，其中我国推出的"雪人计划"（详见本书 13.4 节）就是一件益国益民的事，这一计划将助力中华民族的伟大复兴，助力我国在互联网方面取得更多话语权和发展权。

6.5 项目实训

6.5.1 项目实训 1 配置 TCP/IP 网络接口

1. 项目实训目的
- 掌握 TCP/IP 网络接口的配置方法。
- 学会使用命令检测网络配置。
- 学会启用和禁用系统服务。

2. 项目背景
（1）某企业新增了统信 UOS V20 服务器，但还没有配置 TCP/IP 网络接口参数，请配置好各项 TCP/IP 网络接口参数，并连通网络（使用不同的方法）。

（2）要求用户在多个配置文件中快速切换。在企业中使用笔记本电脑时，需要手动指定网络的 IP 地址，回到家中则使用 DHCP 自动分配 IP 地址。

3. 项目实训内容
在统信 UOS V20 操作系统中练习 TCP/IP 网络接口配置、网络配置检测、创建实用的网络会话。

4. 做一做
完成项目实训，检查学习效果。

6.5.2 项目实训 2 配置与管理防火墙

1. 项目实训目的
- 掌握 firewall-cmd 常用命令。
- 掌握使用防火墙架设企业 NAT 服务器的方法。

2．项目背景

（1）需要使用终端管理工具 firewall-cmd 对企业网络进行配置。

（2）也可以使用防火墙的图形管理工具对网络进行安全配置。

（3）实现 NAT。

3．项目实训内容

（1）熟练使用 firewall-cmd 常用命令。

- 查看防火墙。
- 熟练使用区域相关的命令。
- 熟练使用接口相关的命令。
- 熟练使用端口映射的命令。
- 熟练使用服务的命令。

（2）熟练使用图形管理工具。

（3）实现 NAT（SNAT 和 DNAT）。

4．做一做

完成项目实训，检查学习效果。

6.6 练习题

一、填空题

1. _____文件主要用于设置基本的网络配置，包括主机名、网关等。

2. 一块网卡对应一个配置文件，配置文件位于目录_____中，文件名以_____开头。

3. 客户端的 DNS 的 IP 地址由_____文件指定。

4. 查看系统的守护进程可以使用_____命令。

5. _____可以使企业内部网络与互联网之间或者与其他外部网络之间互相隔离、限制网络互访，以此来保护_____。

6. 防火墙大致可以分为三大类，分别是_____、_____和_____。

二、选择题

1. （　　）命令能用来显示服务器当前正在监听的端口。

A．ifconfig　　　　　　B．netlst　　　　　C．iptables　　　　　　D．netstat

2. 文件（　　）存放机器名到 IP 地址的映射。

A．/etc/hosts　　　　B．/etc/host　　　C．/etc/host.equiv　　D．/etc/hdinit

3. 小明计划在他的局域网中建立防火墙，防止外来设备直接进入局域网，也防止自己直接接入互联网。在防火墙上，他不能用包过滤或 SOCKS 程序，而且他想要提供给局域网用户仅有的几个互联网服务和协议。小明使用下面哪种类型的防火墙是最好的？（　　）

A．使用 squid 代理服务器　　　　　　B．NAT

C．IP 转发　　　　　　　　　　　　D．IP 伪装

4. 在统信 UOS V20 的内核中，提供 TCP/IP 包过滤功能的服务叫什么？（　　）

A．firewall　　　　　B．iptables　　　C．firewalld　　　　　D．filter

三、补充表格

请将 nmcli 命令的含义在表 6-5 中补充完整。

表 6-5　nmcli 命令的含义

nmcli 命令	命令的含义
	显示所有连接
	显示所有活动的连接状态
nmcli connection show "ens32"	
nmcli device status	
nmcli device show ens32	
	查看帮助
	重新加载配置
nmcli connection down test2	
nmcli connection up test2	
	禁用 ens32 网卡
nmcli device connect ens32	

四、简答题

1. 在统信 UOS V20 操作系统中有多种方法可以配置网络参数，请列举几种。
2. 简述防火墙的概念、分类及作用。
3. 简述 firewalld 中区域的作用。
4. 如何在 firewalld 中把默认的区域设置为 dmz？
5. 如何让 firewalld 中以永久模式配置的防火墙策略立即生效？
6. 使用 SNAT 技术的目的是什么？

学习情境三

shell 编程与调试

工欲善其事，必先利其器。

——《论语·卫灵公》

项目7
shell基础

07

项目导入

系统管理员的一项重要工作是利用 shell 编程来降低网络管理的难度和强度。shell 的文本处理工具、重定向和管道命令、正则表达式等是 shell 编程的基础，也是系统管理员必须掌握的内容。

职业能力目标

- 了解 shell 的强大功能和 shell 的命令解释过程。
- 掌握 grep 的高级用法。

- 掌握正则表达式。
- 学会使用重定向和管道命令。

素养提示

- "高山仰止，景行行止"。为计算机事业做出过巨大贡献的王选院士，应是青年学生崇拜的对象，也是师生学习和前行的动力。

- 坚定文化自信。"大江歌罢掉头东，邃密群科济世穷。面壁十年图破壁，难酬蹈海亦英雄。"为中华之崛起而读书，从来都不仅限于纸上。

/////// 7.1 项目知识准备

shell 支持具有字符串值的变量。shell 变量不需要专门的说明语句，可通过赋值语句完成变量说明并予以赋值。在命令行或 shell 脚本文件中使用$name 形式引用变量 name 的值。

7-1 微课

shell 程序的变量
和特殊字符

7.1.1 变量的定义和引用

在 shell 中，为变量赋值的格式如下。

```
name=string
```

其中，name 是变量名，是 string 值，"="是赋值符号。变量名由以字母或下画线开头的字母、数字和下画线字符序列组成。

通过在变量名（name）前加"$"字符（如$name）引用变量的值，引用的结果是用字符串 string 代替 $name，此过程也称为变量替换。

在定义变量时，若 string 中包含空格、制表符和换行符，则 string 必须用 'string' 或 "string" 的形式，即用单引号或双引号将其包括在内。双引号内允许变量替换，单引号内则不允许。

下面给出一个定义和使用 shell 变量的例子。

```
# 显示字符常量
[root@Server01 ~]# echo who are you
who are you
[root@Server01 ~]# echo 'who are you'
who are you
[root@Server01 ~]# echo "who are you"
who are you
[root@Server01 ~]#
# 由于要输出的字符串中没有特殊字符，所以' '和" "的效果是一样的，不用" "但相当于使用了" "
[root@Server01 ~]# echo Je t'aime
>
# 由于要使用特殊字符"'"
# "'" 不匹配，shell 认为命令行没有结束，按"Enter"键后会出现命令行的二级提示符
# 让用户继续输入命令行，按"Ctrl+C"组合键结束
[root@Server01 ~]#
# 为了解决这个问题，可以使用下面的两种形式
[root@Server01 ~]# echo "Je t'aime"
Je t'aime
[root@Server01 ~]# echo Je t\'aime
```

7.1.2 shell 变量的作用域

与程序设计语言中的变量一样，shell 变量也有其规定的作用域。shell 变量分为局部变量和全局变量。

- 局部变量的作用域仅限制在其命令行所在的 shell 或 shell 脚本文件中。
- 全局变量的作用域则包括当前 shell 进程及其所有子进程。
- 可以使用 export 内置命令将局部变量设置为全局变量。

下面给出一个有关 shell 变量作用域的例子。

```
# 在当前 shell 中定义变量 var1
[root@Server01 ~]# var1=Linux
# 在当前 shell 中定义变量 var2 并将其输出
[root@Server01 ~]# var2=unix
[root@Server01 ~]# export var2
# 引用变量的值
[root@Server01 ~]# echo $var1
Linux
[root@Server01 ~]# echo $var2
unix
```

```
# 显示当前 shell 的 PID
[root@Server01 ~]# echo $$
43992
[root@Server01 ~]#
# 调用子 shell
[root@Server01 ~]# bash

# 显示当前 shell 的 PID
[root@Server01 ~]# echo $$
44074
# 由于 var1 没有被输出，所以在子 shell 中已无值
[root@Server01 ~]# echo $var1
# 由于 var2 被输出，所以在子 shell 中仍有值
[root@Server01 ~]# echo $var2
unix
# 返回主 shell，并显示变量的值
[root@Server01 ~]# exit
[root@Server01 ~]# echo $$
43992
[root@Server01 ~]# echo $var1
Linux
[root@Server01 ~]# echo $var2
unix
[root@Server01 ~]#
```

7.1.3 环境变量

环境变量是指由 shell 定义和赋初值的 shell 变量。shell 用环境变量来确定搜索路径、注册目录、终端类型、终端名称、用户名等。所有环境变量都是全局变量，并可以由用户重新设置。表 7-1 所示为 shell 中常用的环境变量。

表 7-1 shell 中常用的环境变量

环境变量	说　明	环境变量	说　明
EDITOR、FCEDIT	bash 和 fc 命令的默认编辑器	PATH	bash 寻找可执行文件的搜索路径
HISTFILE	用于存储历史命令的文件	PS1	命令行的一级提示符
HISTSIZE	历史命令列表的大小	PS2	命令行的二级提示符
HOME	当前用户的主目录	PWD	当前工作目录
OLDPWD	前一个工作目录	SECONDS	当前 shell 开始后所经过的秒数

不同类型 shell 命令的环境变量有不同的设置方法。在 bash 中，设置环境变量用 set 命令，该命令的格式为：

```
set 环境变量=变量的值
```

例如，设置用户的主目录为/home/john，可以使用以下命令。

```
[root@Server01 ~]# set HOME=/home/john
```

不加任何参数直接使用 set 命令可以显示用户当前所有环境变量的设置，如下所示。

```
[root@Server01 ~]# set
BASH=/bin/bash
BASHOPTS=checkwinsize:cmdhist:complete_fullquote:expand_aliases:extglob:extquote:
force_fignore:globasciiranges:histappend:interactive_comments:progcomp:promptvars:so
urcepath
......
quote_readline ()
{
    local quoted;
    _quote_readline_by_ref "$1" ret;
    printf %s "$ret"
}
```

可以看到其中路径环境变量 PATH 的设置为（使用 set |grep   PATH=命令过滤需要的内容）：

```
PATH=/usr/local/sbin:/usr/sbin:/usr/local/bin:/usr/bin:/bin:/root/bin
```

PATH 中总共有 6 个目录，bash 会在这些目录中依次搜索用户输入命令的可执行文件。

在环境变量前面加上"$"，表示引用环境变量的值，例如：

```
[root@Server01 ~]# cd $HOME
```

上述命令将把目录切换到用户的主目录。

修改 PATH 变量时，若将一个路径/tmp 加到 PATH 变量前，则应设置为：

```
[root@Server01 ~]# PATH=/tmp:$PATH
```

此时，在保存原有 PATH 路径的基础上进行添加。在执行命令前，shell 会先查找这个目录。

要将环境变量重新设置为系统默认值，可以使用 unset 命令。例如，下面的命令用于将当前的语言环境重新设置为默认的英文环境。

```
[root@Server01 ~]# unset  LANG
```

7.1.4 工作环境设置文件

shell 环境依赖于多个文件的设置。用户并不需要每次登录后都对各种环境变量进行手动设置，通过工作环境设置文件，对用户工作环境的设置可以在登录时由系统自动完成。工作环境设置文件有两种，一种是系统中的用户环境设置文件，另一种是用户设置的环境设置文件。

（1）系统中的用户环境设置文件。

登录环境设置文件：/etc/profile。

（2）用户设置的环境设置文件。

- 登录环境设置文件：$HOME/.bash_profile。
- 非登录环境设置文件：$HOME/.bashrc。

> **注意** 只有在特定的情况下才读取 profile 文件，确切地说是在用户登录的时候读取该文件。运行 shell 脚本以后，就无须再读取 profile 文件了。

系统中的用户环境设置文件对所有用户均生效，而用户设置的环境设置文件仅对用户自身生效。用户可以修改自己的环境设置文件来覆盖系统中用户环境设置文件中的全局设置。例如，用户可以将自定义的环境变量存放在$HOME/.bash_profile 中，将自定义的别名存放在$HOME/.bashrc

中，以便在每次登录和调用子 shell 时生效。

7.2 项目设计与准备

本项目要用到 Server01，完成的任务如下。

（1）理解命令运行的判断依据。

（2）掌握 grep 的高级用法。

（3）掌握正则表达式。

（4）学会使用重定向和管道命令。

7.3 项目实施

7-2 课堂慕课

shell 基础

Server01 的 IP 地址为 192.168.10.1/24，计算机的网络连接模式为**仅主机模式**（VMnet1）。

任务 7-1 命令运行的判断依据：；、&&、||

在某些情况下，若想使多个命令一次输入而顺序运行，该如何实现呢？有两种方法，一是通过**项目 8** 要介绍的 shell script 撰写脚本去运行，二是通过下面的介绍来一次性输入多个命令。

1. cmd ; cmd（不考虑命令相关性的连续命令运行）

在某些时候，我们希望可以一次运行多个命令，例如，我们希望可以先一次运行两个 sync 命令进行同步化写入磁盘后才关机，那么应该如何操作呢？

```
[root@Server01 ~]# sync; sync; shutdown -h now
```

在命令与命令之间利用"；"分隔，这样一来，"；"前的命令运行完后会立刻运行后面的命令。

我们看下面的例子：要求在某个目录下面创建一个文件。如果该目录已经存在，则直接创建这个文件；如果该目录不存在，则不进行创建操作。也就是说，这两个命令有相关性，前一个命令是否成功运行与后一个命令是否要运行相关。这就要用到"&&"或"||"。

2. "$?"（命令回传值）与"&&"或"||"

两个命令之间是否有相关性的主要判断源于前一个命令运行的结果是否正确。在 Linux 中，若前一个命令运行的结果正确，则在 Linux 中会回传一个$?=0。那么我们怎么通过这个命令回传值来判断后续的命令是否要运行呢？这就要用到"&&"或"||"，其命令执行情况与说明如表 7-2 所示。

表 7-2 "&&"或"||"的命令执行情况与说明

命令执行情况	说　　明
cmd1 && cmd2	若 cmd1 运行完毕且正确运行（$?=0），则开始运行 cmd2；若 cmd1 运行完毕且错误运行（$?≠0），则 cmd2 不运行
cmd1 || cmd2	若 cmd1 运行完毕且正确运行（$?=0），则 cmd2 不运行；若 cmd1 运行完毕且错误运行（$?≠0），则开始运行 cmd2

> **注意** 两个"&"之间是没有空格的，"|"是按"Shift+\"组合键的结果。

上述的 cmd1 及 cmd2 都是命令。现在回到我们刚刚假设的例子。

- 判断一个目录是否存在。
- 若存在，则在该目录下面创建一个文件。

由于我们尚未介绍"条件判断式（test）"的使用方法，所以这里使用 ls 以及命令回传值来判断目录是否存在。

【例 7-1】 使用 ls 查询目录/tmp/abc 是否存在，若存在，则用 touch 创建/tmp/abc/hehe。

```
[root@Server01 ~]# ls /tmp/abc && touch /tmp/abc/hehe
ls: 无法访问'/tmp/abc': 没有那个文件或目录
# 说明找不到该目录，但并没有 touch 的错误，表示 touch 并没有运行
[root@Server01 ~]# mkdir /tmp/abc
[root@Server01 ~]# ls /tmp/abc && touch /tmp/abc/hehe
[root@Server01 ~]# ll /tmp/abc
total 0
-rw-r--r-- 1 root root 0  8月 24 19:53 hehe
```

若/tmp/abc 不存在，那么 touch 就不会运行；若/tmp/abc 存在，那么 touch 会开始运行。在上面的例子中，我们还必须手动创建目录，这样很麻烦。能不能自动判断该目录是否存在，若不存在就创建呢？我们看下面的例子。

【例 7-2】 测试/tmp/abc 是否存在，若不存在，则予以创建；若存在，则不做任何事情。

```
[root@Server01 ~]# rm -r /tmp/abc              # 先删除此目录以方便测试
[root@Server01 ~]# ls /tmp/abc || mkdir /tmp/abc
ls: 无法访问'/tmp/abc': 没有那个文件或目录
[root@Server01 ~]# ll /tmp/abc
总用量 0                        # 结果出现了，能访问到该目录且不报错，说明运行了 mkdir 命令
```

如果你重复执行"ls /tmp/abc || mkdir /tmp/abc"，也不会出现重复运行 mkdir 的错误，这是因为/tmp/abc 已经存在，所以后续的 mkdir 不会运行。

【例 7-3】 如果不管/tmp/abc 存在与否，都要创建/tmp/abc/hehe 文件，怎么办呢？

```
[root@Server01 ~]#ls /tmp/abc || mkdir /tmp/abc && touch /tmp/abc/hehe
```

例 7-3 总是会创建/tmp/abc/hehe，无论/tmp/abc 是否存在。那么例 7-3 应该如何解释呢？由于 Linux 中的命令都是从左往右执行的，所以例 7-3 有下面两种结果。

- 若/tmp/abc 不存在。回传$?≠0$；因为"||"遇到$?≠0$，故开始运行 mkdir /tmp/abc，由于 mkdir /tmp/abc 会成功运行，故回传$?=0$；因为"&&"遇到$?=0$，故会运行 touch/tmp/abc/hehe，最终 hehe 就被创建了。
- 若/tmp/abc 存在。回传$?=0$；因为"||"遇到$?=0$不会运行，此时$?=0$继续向后传；因为"&&"遇到$?=0$就开始创建/tmp/abc/hehe，所以最终 hehe 被创建。

命令运行的流程如图 7-1 所示。

在图 7-1 所示的流程中，上方的箭头表示不存在/tmp/abc 时所进行的命令行为，下方的箭头表示存在/tmp/abc 时所进行的命令行为。如上所述，在下方的流程中，由于存在 /tmp/abc，所以回传$?=0$，中间的 mkdir 就不运行了，并将 $?=0$ 继续往后传给后续的 touch 使用。

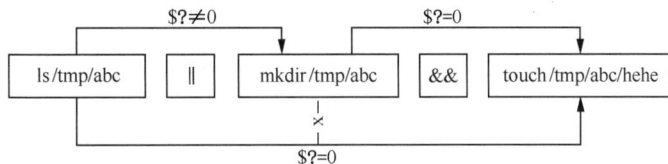

图 7-1 命令运行的流程

我们再来看看下面这个例子。

【例 7-4】以 ls 测试/tmp/bobbying 是否存在：若存在，则显示"exist"；若不存在，则显示"not exist"。

这又涉及逻辑判断的问题，如果存在就显示某个数据，如果不存在就显示其他数据，那么我们可以这样做：

```
ls /tmp/bobbying && echo "exist" || echo "not exist"
```

以上命令的意思是，在 ls /tmp/bobbying 运行后，若正确，就运行 echo "exist"；若错误，就运行 echo "not exist"。那么如果写成如下的方式又会如何呢？

```
ls /tmp/bobbying || echo "not exist" && echo "exist"
```

这其实是有问题的，为什么呢？由图 7-1 所示的流程可知，命令一个一个往后执行，因此在上面的命令中，如果/tmp/bobbying 不存在，则进行如下行为。

① 若/tmp/bobbying 不存在，则回传一个非 0 的数值。

② 经过"||"的判断，发现前一个命令回传非 0 的数值，程序开始运行 echo "not exist"，由于 echo "not exist"肯定可以运行成功，因此会回传一个 0 值给后面的命令。

③ 经过"&&"的判断，开始运行 echo "exist"。

这样，在例 7-4 中会同时显示"not exist"与"exist"，是不是很有意思啊！请读者仔细思考。

> **特别提示**　经过例 7-4 的练习，你应该了解，由于命令是一个接着一个运行的，因此如果要使用判断式，那么"&&"与"||"的顺序就不能出错。假设有 3 个判断式的情况，如"command1 && command2 || command3"，且顺序通常不会变，因为一般来说，command2 与 command3 会放置肯定可以运行成功的命令，因此，依据例 7-4 的逻辑分析可知，必须按此顺序放置各命令，请读者一定注意。

任务 7-2　掌握 grep 的高级用法

简单地说，正则表达式就是处理字符串的方法，它以"行"为单位来处理字符串。正则表达式通过一些特殊符号的辅助，可以让用户轻易地查找、删除、替换某些或某个特定的字符串。

例如，如果只想查找 MYweb（前面两个字母为大写）或 Myweb（仅有一个大写字母）字符串（MYWEB、myweb 等都不符合要求），该如何处理？如果在没有正则表达式的环境（如 MS Word）中，你或许要使用忽略大小写的办法，或者分别以 MYweb 及 Myweb 查找两遍。但是，忽略大小写可能会查找到 MYWEB、myweb 或 MyWeB 等不符合要求的字符串而造成困扰。

7-3　拓展阅读

了解正则表达式

grep 是 shell 中可以很方便地处理字符的命令，其命令格式如下。

7-4 拓展阅读

```
grep [-A] [-B] [--color=auto] '查找字符串' filename
```
选项与参数的含义如下。

-A：之后的意思，后面可加数字，除了列出该行外，之后的 n 行也可列出来。

-B：之前的意思，后面可加数字，除了列出该行外，之前的 n 行也可列出来。

--color=auto：可将查找出的正确数据用特殊颜色标记。

了解语系对正则
表达式的影响

【例 7-5】用 dmesg 列出核心信息，再以 grep 查找出内含 IPv6 的行。

```
[root@Server01 ~]# dmesg | grep 'IPv6'
[    2.880849] Segment Routing with IPv6
[    9.325392] IPv6: ADDRCONF(NETDEV_UP): ens32: link is not ready
[    9.337606] IPv6: ADDRCONF(NETDEV_UP): ens32: link is not ready
[    9.360577] IPv6: ADDRCONF(NETDEV_CHANGE): ens32: link becomes ready
[  267.378851] IPv6: ADDRCONF(NETDEV_UP): ens32: link is not ready
[  267.387007] IPv6: ADDRCONF(NETDEV_UP): ens32: link is not ready
[  267.389890] IPv6: ADDRCONF(NETDEV_UP): ens32: link is not ready
[  267.403684] IPv6: ADDRCONF(NETDEV_CHANGE): ens32: link becomes ready
[70294.998728] IPv6: ADDRCONF(NETDEV_UP): ens32: link is not ready
[70295.005299] IPv6: ADDRCONF(NETDEV_UP): ens32: link is not ready
[70295.006953] IPv6: ADDRCONF(NETDEV_UP): ens32: link is not ready
[70295.025890] IPv6: ADDRCONF(NETDEV_UP): ens32: link is not ready
[70295.032186] IPv6: ADDRCONF(NETDEV_CHANGE): ens32: link becomes ready
[81461.681627] IPv6: ADDRCONF(NETDEV_UP): ens32: link is not ready
[81461.685627] IPv6: ADDRCONF(NETDEV_UP): ens32: link is not ready
[81461.686927] IPv6: ADDRCONF(NETDEV_UP): ens32: link is not ready
[81461.696246] IPv6: ADDRCONF(NETDEV_UP): ens32: link is not ready
[81461.699759] IPv6: ADDRCONF(NETDEV_CHANGE): ens32: link becomes ready
# dmesg 可列出核心信息，通过 grep 获取 IPv6 的相关信息
```

【例 7-6】承例 7-5，将查找到的关键字用特殊颜色标记，且加上行号（-n）来表示。

```
[root@Server01 ~]# dmesg | grep -n --color=auto 'IPv6'
1385:[    2.880849] Segment Routing with IPv6
1578:[    9.325392] IPv6: ADDRCONF(NETDEV_UP): ens32: link is not ready
1579:[    9.337606] IPv6: ADDRCONF(NETDEV_UP): ens32: link is not ready
1581:[    9.360577] IPv6: ADDRCONF(NETDEV_CHANGE): ens32: link becomes ready
1592:[  267.378851] IPv6: ADDRCONF(NETDEV_UP): ens32: link is not ready
1593:[  267.387007] IPv6: ADDRCONF(NETDEV_UP): ens32: link is not ready
1594:[  267.389890] IPv6: ADDRCONF(NETDEV_UP): ens32: link is not ready
1596:[  267.403684] IPv6: ADDRCONF(NETDEV_CHANGE): ens32: link becomes ready
1598:[70294.998728] IPv6: ADDRCONF(NETDEV_UP): ens32: link is not ready
1599:[70295.005299] IPv6: ADDRCONF(NETDEV_UP): ens32: link is not ready
1600:[70295.006953] IPv6: ADDRCONF(NETDEV_UP): ens32: link is not ready
1601:[70295.025890] IPv6: ADDRCONF(NETDEV_UP): ens32: link is not ready
1603:[70295.032186] IPv6: ADDRCONF(NETDEV_CHANGE): ens32: link becomes ready
1605:[81461.681627] IPv6: ADDRCONF(NETDEV_UP): ens32: link is not ready
1606:[81461.685627] IPv6: ADDRCONF(NETDEV_UP): ens32: link is not ready
1607:[81461.686927] IPv6: ADDRCONF(NETDEV_UP): ens32: link is not ready
1608:[81461.696246] IPv6: ADDRCONF(NETDEV_UP): ens32: link is not ready
1610:[81461.699759] IPv6: ADDRCONF(NETDEV_CHANGE): ens32: link becomes ready
# 除了有特殊颜色外，最前面还有行号
```

【例 7-7】承例 7-6，将关键字所在行的前一行与后一行也一起查找出来并显示。

```
[root@Server01 ~]# dmesg | grep -n -A1 -B1 --color=auto 'IPv6'
1384-[    2.879700] NET: Registered protocol family 10
1385:[    2.880849] Segment Routing with IPv6
1386-[    2.880863] NET: Registered protocol family 17
--
1577-[    8.725727] NET: Registered protocol family 40
1578:[    9.325392] IPv6: ADDRCONF(NETDEV_UP): ens32: link is not ready
1579:[    9.337606] IPv6: ADDRCONF(NETDEV_UP): ens32: link is not ready
1580-[    9.348782] e1000: ens32 NIC Link is Up 1000 Mbps Full Duplex, Flow Contr
ol: None
1581:[    9.360577] IPv6: ADDRCONF(NETDEV_CHANGE): ens32: link becomes ready
1582-[    9.742700] bridge: filtering via arp/ip/ip6tables is no longer available
 by default. Update your scripts to load br_netfilter if you need this.
--
1591-[   25.074485] ISO 9660 Extensions: RRIP_1991A
1592:[  267.378851] IPv6: ADDRCONF(NETDEV_UP): ens32: link is not ready
1593:[  267.387007] IPv6: ADDRCONF(NETDEV_UP): ens32: link is not ready
1594:[  267.389890] IPv6: ADDRCONF(NETDEV_UP): ens32: link is not ready
1595-[  267.402387] e1000: ens32 NIC Link is Up 1000 Mbps Full Duplex, Flow Contr
ol: None
1596:[  267.403684] IPv6: ADDRCONF(NETDEV_CHANGE): ens32: link becomes ready
1597-[56946.608537] perf: interrupt took too long (2528 > 2500), lowering kernel.
perf_event_max_sample_rate to 79100
1598:[70294.998728] IPv6: ADDRCONF(NETDEV_UP): ens32: link is not ready
1599:[70295.005299] IPv6: ADDRCONF(NETDEV_UP): ens32: link is not ready
1600:[70295.006953] IPv6: ADDRCONF(NETDEV_UP): ens32: link is not ready
1601:[70295.025890] IPv6: ADDRCONF(NETDEV_UP): ens32: link is not ready
1602-[70295.028723] e1000: ens32 NIC Link is Up 1000 Mbps Full Duplex, Flow
Control: None
1603:[70295.032186] IPv6: ADDRCONF(NETDEV_CHANGE): ens32: link becomes ready
1604-[74654.840296] perf: interrupt took too long (3215 > 3160), lowering kernel.
perf_event_max_sample_rate to 62200
1605:[81461.681627] IPv6: ADDRCONF(NETDEV_UP): ens32: link is not ready
1606:[81461.685627] IPv6: ADDRCONF(NETDEV_UP): ens32: link is not ready
1607:[81461.686927] IPv6: ADDRCONF(NETDEV_UP): ens32: link is not ready
1608:[81461.696246] IPv6: ADDRCONF(NETDEV_UP): ens32: link is not ready
1609-[81461.698136] e1000: ens32 NIC Link is Up 1000 Mbps Full Duplex, Flow
Control: None
1610:[81461.699759] IPv6: ADDRCONF(NETDEV_CHANGE): ens32: link becomes ready
1611-[89767.422983] perf: interrupt took too long (4038 > 4018), lowering kernel.
perf_event_max_sample_rate to 49500
# 如上所示，你会发现关键字 IPv6 所在行的前后各一行都被显示出来
# 这样可以让你将关键字前后数据找出来进行分析
```

任务 7-3　练习基础正则表达式

练习文件 sample.txt 的内容如下。该文件共有 22 行，最后一行为空白行。该文件已上传到人民邮电出版社人邮教育社区供下载，读者也可加编者 QQ 号（号码为 3883864976）获取。现将该

文件复制到 root 的主目录/root 下。

```
[root@Server01 ~]# pwd
/root
[root@Server01 ~]# cat /root/sample.txt
"Open Source" is a good mechanism to develop programs.
apple is my favorite food.
Football game does not use feet only.
this dress doesn't fit me.
However, this dress is about $ 3183 dollars.^M
GNU is free air not free beer.^M
Her hair is very beautiful.^M
I can't finish the test.^M
Oh! The soup taste good.^M
motorcycle is cheaper than car.
This window is clear.
the symbol '*' is represented as star.
Oh!    My god!
The gd software is a library for drafting programs.^M
You are the best means you are the NO. 1.
The word <Happy> is the same with "glad".
I like dogs.
google is a good tool for search keyword.
goooooogle yes!
go! go! Let's go.
# I am Bobby
```

1. 查找特定字符串

假设我们要从文件 sample.txt 中查找"the"这个特定字符串，最简单的方式是：

```
[root@Server01 ~]# grep -n 'the' /root/sample.txt
8:I can't finish the test.
12:the symbol '*' is represented as star.
15:You are the best means you are the NO. 1.
16:The word <Happy> is the same with "glad".
```

如果想要反向查找呢？也就是说，只有该行没有"the"字符串时，才将该行显示在屏幕上。

```
[root@Server01 ~]# grep -vn 'the' /root/sample.txt
```

你会发现，屏幕上出现的行为除了第 8、12、15、16 这 4 行之外的其他行。接下来，如果想要查找不区分大小写的"the"字符串，则执行：

```
[root@Server01 ~]# grep -in 'the' /root/sample.txt
8:I can't finish the test.
9:Oh! The soup taste good.
12:the symbol '*' is represented as star.
14:The gd software is a library for drafting programs.
15:You are the best means you are the NO. 1.
16:The word <Happy> is the same with "glad".
```

结果中除了显示第 8、12、15、16 行之外，还显示了第 9、14 行，并且第 16 行的"The"关键字也标出了颜色。

2. 利用"[ ]"来搜寻集合字符

对比"test"或"taste"这两个单词可以发现，它们包含相同内容"t?st"。这个时候，可以这样搜寻：

```
[root@Server01 ~]# grep -n 't[ae]st' /root/sample.txt
8:I can't finish the test.
9:Oh! The soup taste good.
```

其实"[ ]"中无论有几个字符，都只代表某一个字符，所以上面的例子说明需要的字符串是 tast 或 test。而想要搜寻到有"oo"字符串的行时，使用：

```
[root@Server01 ~]# grep -n 'oo' /root/sample.txt
1:"Open Source" is a good mechanism to develop programs.
2:apple is my favorite food.
3:Football game does not use feet only.
9:Oh! The soup taste good.
18:google is a good tool for search keyword.
19:goooooogle yes!
```

但是，如果不想将"oo"前面有"g"的字符串的行显示出来，可以利用集合字符的反向选择"[^]"来完成。

```
[root@Server01 ~]# grep -n '[^g]oo' /root/sample.txt
2:apple is my favorite food.
3:Football game does not use feet only.
18:google is a good tool for search keyword.
19:goooooogle yes!
```

第 1、9 行未显示，因为这两行的"oo"前面出现了"g"。第 2、3 行的显示没有疑问，因为"foo"与"Foo"均可被接受。第 18 行虽然有"google"的"goo"，但因为该行后面出现了"tool"的"too"，所以该行也被显示出来。也就是说，虽然第 18 行中出现了我们不需要的项目（goo），但是由于有我们需要的项目（too），因此它是符合字符串搜寻要求的。

至于第 19 行，同样因为"goooooogle"里面的"oo"前面可能是"o"，如"go(ooo)oogle"，所以这一行也是符合要求的。

再者，假设不想"oo"前面有小写字母，可以这样写：[^abcd....z]oo。但是这样似乎不怎么方便，由于小写字母的 ASCII（American Standard Code for Information Interchange，美国信息交换标准代码）编码顺序是连续的，因此，我们可以将之简化：

```
[root@Server01 ~]# grep -n '[^a-z]oo' sample.txt
3:Football game does not use feet only.
```

也就是说，如果一组集合字符是连续的，如大写英文、小写英文、数字等，就可以使用[a-z]、[A-Z]、[0-9]等方式来书写。如果要求字符串是数字与英文呢？那么就将其全部写在一起，即[a-zA-Z0-9]。例如，要搜寻有数字的那一行：

```
[root@Server01 ~]# grep -n '[0-9]' /root/sample.txt
5:However, this dress is about $ 3183 dollars.
15:You are the best means you are the NO. 1.
```

但考虑到语系对编码顺序的影响，所以除了连续编码使用"-"之外，也可以使用如下方法搜寻前面两个测试的结果。

```
[root@Server01 ~]# grep -n '[^[:lower:]]oo' /root/sample.txt
# [:lower:]代表 a~z
[root@Server01 ~]# grep -n '[[:digit:]]' /root/sample.txt
```

至此，对于"[]"和"[^]"，以及"[]"中的"-"，读者是不是已经很熟悉了？

3. 行首与行尾字符^、$

在前面，我们可以列出字符串中有"the"的行，那么如何列出"the"只在行首的行呢？

```
[root@Server01 ~]# grep  -n  '^the'  /root/sample.txt
12:the symbol '*' is represented as star.
```

此时，就只剩下第 12 行，因为只有第 12 行的行首是"the"。此外，如果想让开头是小写字母的行列出来，该怎么办？可以这样写：

```
[root@Server01 ~]# grep  -n  '^[a-z]'  /root/sample.txt
2:apple is my favorite food.
4:this dress doesn't fit me.
10:motorcycle is cheaper than car.
12:the symbol '*' is represented as star.
18:google is a good tool for search keyword.
19:goooooogle yes!
20:go! go! Let's go.
```

如果不想列出开头是英文字母的行，则可以这样写：

```
[root@Server01 ~]# grep  -n  '^[^a-zA-Z]'  /root/sample.txt
1:"Open Source" is a good mechanism to develop programs.
21:# I am Bobby
```

> **特别提示**　"^"在字符集合符号"[ ]"之内与之外代表的意义是不同的。在"[ ]"之内代表"反向选择"，在"[ ]"之外代表定位在行首。反过来思考，想要搜寻行尾以"."结束的行，该如何处理？

```
[root@Server01 ~]# grep  -n  '\.$'  /root/sample.txt
1:"Open Source" is a good mechanism to develop programs.
2:apple is my favorite food.
3:Football game does not use feet only.
4:this dress doesn't fit me.
10:motorcycle is cheaper than car.
11:This window is clear.
12:the symbol '*' is represented as star.
15:You are the best means you are the NO. 1.
16:The word <Happy> is the same with "glad".
17:I like dogs.
18:google is a good tool for search keyword.
20:go! go! Let's go.
```

> **特别注意**　因为"."具有特殊意义（后文会介绍），所以必须使用转义字符"\"来解除其特殊意义。不过，你或许会觉得奇怪，第 5~9 行最后面也是"."，怎么无法显示？这就涉及 Windows 平台的软件对于断行字符的判断了。我们使用 cat -A 将第 5 行显示出来，你会有如下发现。（命令 cat 中的-A 参数含义：显示不可输出的字符，行尾显示"$"。）

```
[root@Server01 ~]# cat -An /root/sample.txt | head -n 10 | tail -n 6
    5  However, this dress is about $ 3183 dollars.^M$
    6  GNU is free air not free beer.^M$
    7  Her hair is very beautiful.^M$
```

```
   8  I can't finish the test.^M$
   9  Oh! The soup taste good.^M$
  10  motorcycle is cheaper than car.$
```

由此，我们可以发现第 5~9 行有 Windows 的断行字节 "^M$"，而正常的 Linux 应该仅有第 10 行显示的 "$"，所以无法显示第 5~9 行。

思考 如果想要搜寻哪一行是空白行，即该行没有输入任何数据，该如何搜寻？

```
[root@Server01 ~]# grep  -n  '^$'  /root/sample.txt
 22:
```

因为只有行首和行尾有 "^$"，所以这样就可以搜寻空白行了。

技巧 假设我们已经知道在一个程序脚本或者配置文件中，空白行与开头为 "#" 的行是注释行，因此如果要将数据输出作为参考，可以将这些行省略以节省纸张，那么应该怎么操作呢？我们以/etc/rsyslog.conf 这个文件为范例，可以自行参考以下输出结果（-v 选项表示输出除要求之外的所有行）。

```
[root@Server01 ~]# cat  -n  /etc/rsyslog.conf
#从结果中可以发现有 91 行的输出，其中包含很多空白行与以 "#" 开头的注释行

[root@Server01 ~]# grep  -v  '^$'  /etc/rsyslog.conf | grep  -v  '^#'
# 结果仅有 10 行，其中第一个 "-v '^$'" 代表不要空白行
# 第二个 "-v '^#'" 代表不要开头是 "#" 的行
```

4. 任意一个字符 "." 与重复字符 "*"

我们知道通用字符 "*" 可以用来代表任意个（0 或多个）字符，但是正则表达式并不是通用字符，两者是不相同的。正则表达式中的 "." 代表 "绝对有一个任意字符"。"."、"*" 这两个符号在正则表达式中的含义如下。

- .: 代表一定有一个任意字符。
- *: 代表重复前一个字符 0 次到无穷多次，为组合形态。

下面我们直接做练习。假设需要列出 "g??d" 的字符串，即字符串共有 4 个字符，开头是 g，结尾是 d，可以这样做：

```
[root@Server01 ~]# grep  -n  'g..d'  /root/sample.txt
1:"Open Source" is a good mechanism to develop programs.
9:Oh! The soup taste good.
16:The word <Happy> is the same with "glad".
```

因为强调 g 与 d 之间一定要存在两个字符，所以有 god 的第 13 行与有 gd 的第 14 行不会列出来。如果想要列出有 oo、ooo、oooo 等的行，也就是说，列出的行至少要有两个及两个以上的 o，该如何操作呢？正则表达式是 o*、oo* 还是 ooo* 呢？

因为 "*" 代表的是 "重复 0 次到无穷多次前一个字符"，因此，o*代表的是 "拥有空字符或一个以上的 o 字符"。

特别注意 因为允许空字符（有没有字符都可以），所以"**grep -n 'o*' sample.txt**"将会把所有行都列出来。

那么如果是 oo*呢？第一个 o 肯定必须存在，第二个 o 则是可有可无的，所以，凡是含有 o、oo、ooo、oooo 等的行，都可以列出来。

同理，当需要列出含有"至少两个 o 及以上的字符串"的行时，就需要使用 ooo*，即：

```
[root@Server01 ~]# grep -n 'ooo*' /root/sample.txt
1:"Open Source" is a good mechanism to develop programs.
2:apple is my favorite food.
3:Football game does not use feet only.
9:Oh! The soup taste good.
18:google is a good tool for search keyword.
19:goooooogle yes!
```

我们继续做练习，如果想要列出字符串开头与结尾都是 g，但是两个 g 之间仅能存在至少一个 o，即 gog、goog、gooog 等的行，该如何操作呢？

```
[root@Server01 ~]# grep -n 'goo*g' sample.txt
18:google is a good tool for search keyword.
19:goooooogle yes!
```

想要列出以 g 开头且以 g 结尾的字符串，且当中的字符可有可无的行，该如何操作呢？使用的正则表达式是 g*g 吗？

```
[root@Server01 ~]# grep -n 'g*g' /root/sample.txt
1:"Open Source" is a good mechanism to develop programs.
3:Football game does not use feet only.
9:Oh! The soup taste good.
13:Oh!  My god!
14:The gd software is a library for drafting programs.
16:The word <Happy> is the same with "glad".
17:I like dogs.
18:google is a good tool for search keyword.
19:goooooogle yes!
20:go! go! Let's go.
```

但测试的结果竟然出现这么多行？因为 g*g 中的 g* 代表"空字符或一个以上的 g 字符"再加上后面的 g，因此，整个正则表达式代表的是 g、gg、ggg、gggg 等，所以，只要该行拥有一个以上的 g 就满足需求了。

那么该如何满足 g...g 的需求呢？利用代表一个任意字符的"."，即 g.*g。因为"*"代表重复 0 次到无穷多次前一个字符，而"."代表一个任意字符，所以".*"就代表 0 个或多个任意字符。

```
[root@Server01 ~]# grep -n 'g.*g' /root/sample.txt
1:"Open Source" is a good mechanism to develop programs.
14:The gd software is a library for drafting programs.
18:google is a good tool for search keyword.
19:goooooogle yes!
20:go! go! Let's go.
```

因为 g.*g 代表以 g 开头并且以 g 结尾，中间任意字符均可接受，所以，第 1、14、20 行是可接受的。

注意 代表任意字符的正则表达式 ".*" 很常见，希望读者能够理解并且熟悉它。

我们再来完成一个练习，如果想要找出"任意数字"的行，应该如何操作呢？因为仅有数字，所以这样操作：

```
[root@Server01 ~]# grep -n '[0-9][0-9]*' /root/sample.txt
5:However, this dress is about $ 3183 dollars.
15:You are the best means you are the NO. 1.
```

虽然使用 grep -n '[0-9]' sample.txt 也可以得到相同的结果，但希望读者能够理解上面命令中正则表达式的含义。

5. 限定连续正则表达式字符范围

在上面的练习中，可以利用 "."、正则表达式字符及 "*" 来设置 0 个到无限多个重复字符，如果想要限制一个范围内的重复字符数，该怎么办呢？例如，想要搜寻包含 2~5 个 o 的连续字符串，该如何操作？这时候就要使用限定范围的字符 "{}" 了。但因为 "{" 与 "}" 在 shell 中是有特殊含义的，所以必须使用转义字符 "\" 来解除其特殊含义。

我们先来做一个练习，假设要搜寻含两个 o 的字符串的行，可以这样做：

```
[root@Server01 ~]# grep -n 'o\{2\}' /root/sample.txt
1:"Open Source" is a good mechanism to develop programs.
2:apple is my favorite food.
3:Football game does not use feet only.
9:Oh! The soup taste good.
18:google is a good tool for search keyword.
19:goooooogle yes!
```

以上结果似乎与使用 ooo* 的结果没有差异，有多个 o 的第 19 行依旧出现了！那么换个搜寻的字符串试试。假设要搜寻 g 后面接 2~5 个 o，然后接一个 g 的字符串的行，应该这样操作：

```
[root@Server01 ~]# grep -n 'go\{2,5\}g' /root/sample.txt
18:google is the best tools for search keyword.
```

第 19 行没有被选中（因为第 19 行有 6 个 o）。那么，如果想要搜寻的是含 2 个 o 以上的 goooo...g 的行呢？除了可以使用 gooo*g 外，也可以这样：

```
[root@Server01 ~]# grep -n 'go\{2,\}g' /root/sample.txt
18:google is a good tool for search keyword.
19:goooooogle yes!
```

任务 7-4　基础正则表达式的特殊字符汇总

经过了上面简单的练习，我们可以将基础正则表达式的特殊字符汇总成表 7-3。

表 7-3　基础正则表达式的特殊字符

特殊字符	含义与范例
^word	含义：待搜寻的字符串 "word" 在行首。 范例：搜寻行首以 "#" 开始的行，并列出行号 grep -n '^#' sample.txt

特殊字符	含义与范例
word$	含义：待搜寻的字符串"word"在行尾。 范例：将行尾为"!"的行列出来，并列出行号 grep -n '!$' sample.txt
.	含义：代表一定有一个任意字符。 范例：搜寻的字符串可以是"eve""eae""eee""e e"，但不能仅有"ee"，即 e 与 e 之间"一定"有且仅有一个字符，且空字符也是字符 grep -n 'e.e' sample.txt
\	含义：转义字符，将特殊符号的特殊含义解除。 范例：搜寻含有单引号"'"的行 grep -n \' sample.txt
*	含义：重复 0 次到无穷多次的前一个正则表达式字符。 范例：搜寻含有"es""ess""esss"等的字符串，注意，因为"*"可以代表 0 个正则表达字符，所以 es 也是符合要求的搜寻字符串。另外，因为"*"为重复"前一个正则表达式字符"的符号，所以，在"*"之前必须为一个正则表达式字符！例如，任意字符串为".*" grep -n 'ess*' sample.txt
[list]	含义：字符集合的正则表达式字符，[ ]中列出想要搜寻的字符。 范例：搜寻含有 gl 或 gd 的行，需要特别留意的是，在"[ ]"中"仅代表一个待搜寻的字符"，例如，"a[afl]y"代表搜寻的字符串可以是"aay""afy""aly"，即 [afl] 代表 a 或 f 或 l grep -n 'g[ld]' sample.txt
[n1-n2]	含义：字符集合的正则表达式字符，[ ]中列出想要搜寻的字符范围。 范例：搜寻含有任意数字的行！需特别留意的是，字符集合"[]"中的"-"是有特殊含义的，它代表两个字符之间的所有连续字符！但这个连续与否与 ASCII 编码有关，因此，编码需要设置正确（在 bash 中，需要确定 LANG 与 LANGUAGE 的变量是否正确！），例如，所有大写字符为[A-Z] grep -n '[A-Z]' sample.txt
[^list]	含义：字符集合的正则表达式字符，[ ]中列出不需要搜寻的字符串或范围。 范例：搜寻的字符串可以是"oog""ood"，但不能是"oot"，"^"在"[]"内时，表示"反向选择"。例如，不选择大写字符，则为[^A-Z]。但是，需要特别注意的是，如果以 grep -n [^A-Z] sample.txt 来搜寻，则会发现该文件内的所有行都被列出，这是为什么呢？因为 [^A-Z] 代表"非大写字符"，而每一行均有非大写字符 grep -n 'oo[^t]' sample.txt
\{n,m\}	含义：连续 $n \sim m$ 个的"前一个正则表达式字符"。 含义：若为\{n\}，则代表连续 n 个的前一个正则表达式字符。 含义：若为\{n,\}，则代表连续 n 个以上的前一个正则表达式字符。 范例：搜寻 g 与 g 之间有 2~3 个 o 的字符串的行，即"goog""gooog" grep -n 'go\{2,3\}g' sample.txt

任务 7-5　使用重定向

重定向是指不使用系统的标准输入端口、标准输出端口或标准错误端口，而重新进行指定，所以重定向分为输入重定向、输出重定向和错误重定向。通常情况下，是重定向到一个文件。在 shell 中，实现重定向主要依靠重定向符，即 shell 通过检查命令行中有无重定向符来决定是否需要实施重定向。表 7-4 所示为常用的重定向符。

表 7-4　常用的重定向符

重定向符	说　　明
<	实现输入重定向。输入重定向不经常使用，因为大多数命令都以参数的形式在命令行上指定输入文件的文件名。尽管如此，当使用一个不接收文件名为输入参数的命令，且需要的输入又在一个已存在的文件中时，就能用输入重定向解决问题
>或>>	实现输出重定向。输出重定向比输入重定向更常用。输出重定向使用户能把一个命令的输出重定向到一个文件中，而不是显示在屏幕上。在很多情况下都可以使用这种功能。例如，如果某个命令的输出内容很多，在屏幕上不能完全显示，则可把它重定向到一个文件中，稍后再用文本编辑器来打开这个文件
2>或 2>>	实现错误重定向
&>	同时实现输出重定向和错误重定向

　　要注意的是，在实际执行命令之前，命令解释程序会自动打开（如果文件不存在，则自动创建）且清空该文件（文件中已存在的内容将被删除）。当命令完成时，命令解释程序会正确关闭该文件，而命令在执行时并不知道它的输出流已被重定向。

　　下面是使用重定向的例子。

　　（1）将 ls 命令生成的/tmp 目录的一个清单存到当前目录下的 dir 文件中。

```
[root@Server01 ~]# ls -l /tmp >dir
```

　　（2）将 ls 命令生成的/etc 目录的一个清单以追加的方式存到当前目录下的 dir 文件中。

```
[root@Server01 ~]# ls -l /etc >>dir
```

　　（3）passwd 文件的内容作为 wc 命令的输入。（wc 命令用来计算数字，可以计算文件的字节数、字数或是列数。若不指定文件名，或指定的文件名为 "-"，则 wc 命令会从标准输入设备读取数据。）

```
[root@Server01 ~]# wc</etc/passwd
```

　　（4）将 myprogram 命令的错误信息保存在当前目录下的 err_file 文件中。

```
[root@Server01 ~]# myprogram 2>err_file
```

　　（5）将 myprogram 命令的输出信息和错误信息保存在当前目录下的 output_file 文件中。

```
[root@Server01 ~]# myprogram &>output_file
```

　　（6）将 ls 命令的错误信息保存在当前目录下的 err_file 文件中。

```
[root@Server01 ~]# ls -l 2>err_file
```

注意　该命令并没有产生错误信息，但 err_file 文件中的原内容会被清空。

　　当我们输入重定向符时，命令解释程序会检查目标文件是否存在。如果不存在，则命令解释程序会根据指定的文件名创建一个空文件；如果重定向到一个已经存在的文件，则使用上述重定向命令时，会先将已经存在的文件的内容清空，然后将重定向的内容写入该文件，这可能造成已存在的文件的内容损毁。这种操作方式表明：当重定向到一个已存在的文件时需要十分小心，否则内容很容易在用户还没有意识到之前就被清空了。

　　bash 输入、输出重定向可以使用下面的选项设置为不清空已存在文件的内容。

```
[root@Server01 ~]# set -o noclobber
```

-o 选项仅用于对当前命令解释程序输入、输出进行重定向，其他程序仍可能清空已存在文件的内容。

（7）/dev/null。

空设备的一个典型用法是丢弃 find 或 grep 等命令产生的错误信息。

```
[root@Server01 ~]# su - yangyun
[yangyun@Server01 ~]$ grep IPv6 /etc/* 2>/dev/null
[yangyun@Server01 ~]$ grep IPv6 /etc/*     # 会显示包含许多错误的信息
[yangyun@Server01 ~]$ exit
注销
[root@Server01 ~]#
```

上面的 grep 命令的含义是从/etc 目录下的所有文件中搜寻包含字符串"IPv6"的所有行。由于我们在普通用户的权限下执行该命令，所以 grep 命令是无法打开某些文件的，系统会显示许多"未得到允许"的错误信息。通过将错误信息重定向到空设备，我们可以在屏幕上只得到有用的输出。

任务 7-6　使用管道命令

统信 UOS V20 的许多命令具有过滤特性，即一条命令通过标准输入端口接收一个文件中的数据，命令执行后，产生的结果数据又通过标准输出端口送给后一条命令，作为该命令的输入数据。后一条命令也通过标准输入端口接收输入数据。

shell 提供管道命令"|"将这些命令前后衔接在一起，形成一根管道线，其格式为：

```
命令 1|命令 2|...|命令 n
```

管道线中的每一条命令都作为一个单独的进程运行，前一条命令的输出作为后一条命令的输入。由于管道线中的命令总是从左到右顺序执行的，所以管道线是单向的。

管道的实现创建了统信 UOS V20 操作系统的管道文件并进行重定向，但是管道不同于输入、输出重定向。输入重定向导致一个程序的标准输入来自某个文件，输出重定向将一个程序的标准输出写到一个文件中，而管道直接将一个程序的标准输出与另一个程序的标准输入相连接，不需要经过任何中间文件。

例如：

```
[root@Server01 ~]# who >tmpfile
```

我们运行命令 who 来找出哪些用户已经登录了系统。该命令的输出结果是每个用户对应一行数据，其中包含一些有用的信息，我们将这些信息保存在临时文件中。

现在运行下面的命令。

```
[root@Server01 ~]# wc -l <tmpfile
```

该命令会统计临时文件的行数，最后的结果是登录系统的用户数。

可以将以上两个命令组合起来。

```
[root@Server01 ~]# who|wc -l
```

管道符号告诉命令解释程序将左边的命令（在本例中为 who）的标准输出流连接到右边的命令（在本例中为 wc -l）的标准输入流。现在命令 who 的输出不经过临时文件就可以直接送到命令 wc 中了。

下面再举几个使用管道的例子。

（1）以长格式递归的方式分屏显示/etc 目录下的文件和目录列表。

```
[root@Server01 ~]# ls -Rl /etc | more
```

（2）分屏显示文本文件/etc/passwd 的内容。

```
[root@Server01 ~]# cat /etc/passwd | more
```

（3）统计文本文件/etc/passwd 的行数、字数和字符数。

```
[root@Server01 ~]# cat /etc/passwd | wc
```

（4）查看是否存在 john 和 yangyun 用户账号。

```
[root@Server01 ~]# cat /etc/passwd | grep john
[root@Server01 ~]# cat /etc/passwd | grep yangyun
yangyun:x:1000:1000:yangyun:/home/yangyun:/bin/bash
```

（5）查看系统是否安装了 ssh 软件包。

```
[root@Server01 ~]# rpm -qa | grep ssh
```

（6）显示文本文件中的若干行。

```
[root@Server01 ~]# tail -15 /etc/passwd | head -3
```

管道仅能控制命令的标准输出流。如果标准错误输出未重定向，那么任何写入其中的信息都会在终端显示屏幕上显示。管道可用来连接两个以上的命令。由于使用了一种被称为过滤器的服务程序，所以多级管道在统信 UOS V20 中是很普遍的。过滤器只是一段程序，它从自己的标准输入流读取数据，然后将其写入自己的标准输出流中，这样就能沿着管道过滤数据。在下例中：

```
[root@Server01 ~]# who|grep root| wc -l
```

who 命令的输出结果由 grep 命令处理，而 grep 命令则过滤（丢弃）所有不包含字符串"root"的行。这个输出结果经过管道送到命令 wc 中，该命令的功能是统计剩余的行数，这些行数与网络用户数相对应。

统信 UOS V20 操作系统的最大优势之一就是可以按照这种方式将一些简单的命令连接起来，形成更复杂的、功能更强的命令。标准的服务程序仅仅是一些管道应用的单元模块，在管道中它们的作用更加明显。

7.4 拓展阅读　为计算机事业做出过巨大贡献的王选院士

王选院士曾经为中国的计算机事业做出过巨大贡献，并因此获得国家最高科学技术奖，你知道他吗？

王选院士（1937—2006）是享誉国内外的著名科学家，中国科学院院士、中国工程院院士、发展中国家科学院院士，汉字激光照排技术创始人，北京大学王选计算机研究所主要创建者，历任副所长、所长，博士生导师。他曾任第十届全国政协副主席、九三学社副主席、中国科学技术协会副主席。

王选院士发明的汉字激光照排系统两次获国家科技进步一等奖（1987、1995），两次被评为全国十大科技成就（1985、1995），并获国家重大技术装备成果奖特等奖。王选院士一生荣获了国家最高科学技术奖、联合国教科文组织科学奖、陈嘉庚科学奖、美洲中国工程师学会个人成就奖、何梁何利基金科学与技术进步奖等二十多项重大成果和荣誉。

自 1975 年开始，以王选院士为首的科研团队决定跨越当时日本流行的光机式二代机和欧美流行的阴极射线管式三代机阶段，开创性地研制当时国外尚无商品的第四代激光照排系统。针对汉字印刷的特点和难点，他们发明了高分辨率字形的高倍率信息压缩技术和高速复原方法，率先设计出相应的专用芯片，在世界上首次使用控制信息（参数）描述笔画特性。第四代激光照排系统获 1 项欧洲专利和 8 项中国专利，并获第 14 届日内瓦国际发明展金奖、中国专利发明创造金奖，2007

年入选"首届全国杰出发明专利创新展"。

7.5 练习题

一、填空题

1. 由于内核在内存中是受保护的区块，所以必须通过_____将我们输入的命令与内核沟通，以便让内核可以控制硬件正确无误地工作。

2. 系统合法的 shell 均写在_____文件中。

3. 用户默认登录取得的 shell 记录于_____的最后一个字段。

4. shell 变量有其规定的作用域，可以将 shell 变量分为_____与_____。

5. _____命令显示目前 bash 环境下的所有变量。

6. 通配符主要有_____、_____、_____等。

7. 正则表达式就是处理字符串的方法，是以_____为单位来处理字符串的。

8. 正则表达式通过一些特殊符号的辅助，可以让用户轻易地_____、_____、_____某个或某些特定的字符串。

9. 正则表达式与通配符是完全不一样的。_____代表的是 bash 操作接口的一个功能，_____则是一种字符串处理的表示方式。

二、简述题

1. 什么是重定向？什么是管道？

2. shell 变量有哪两种？分别如何定义？

3. 如何设置用户自己的工作环境？

4. 关于正则表达式的练习，首先要设置好环境，输入以下命令。

```
[root@Server01 ~]# cd
[root@Server01 ~]# cd /etc
[root@Server01 ~]# ls -a >~/data
[root@Server01 ~]# cd
```

这样，/etc 目录下所有文件的列表会保存在你的主目录下的 data 文件中。

写出可以在 data 文件中搜寻满足以下条件的字符串的所有行的正则表达式。

（1）以"P"开头。

（2）以"y"结尾。

（3）以"m"开头，以"d"结尾。

（4）以"e"、"g"或"l"开头。

（5）包含"o"，后面紧接着"u"。

（6）包含"o"，隔一个字母之后是"u"。

（7）以小写字母开头。

（8）包含一个数字。

（9）以"s"开头，包含一个"n"。

（10）只含有 4 个字母。

（11）只含有 4 个字母，但不包含"f"。

项目8
学习shell script

08

项目导入

系统管理员如果想要管理好主机，就一定要好好学习 shell script。shell script 有点像早期的批处理（.bat），即将一些命令汇总起来一次运行。但是 shell script 相比批处理拥有更强大的功能，它可以进行类似程序的撰写，并且撰写的程序不需要经过编译（compile）就能够运行，非常方便。同时，系统管理员还可以通过 shell script 来简化日常的管理工作。在整个统信 UOS V20 的环境中，一些服务的启动都是通过 shell script 来运行的，如果系统管理员对 shell script 不了解，一旦遇到问题，就可能求助无门。

职业能力目标

- 理解 shell script。
- 掌握判断式的用法。

- 掌握条件判断式的用法。
- 掌握循环的用法。

素养提示

- 明确职业技术岗位所需的职业规范和精神，树立社会主义核心价值观。

- 坚定文化自信。"求木之长者，必固其根本；欲流之远者，必浚其泉源。"发展是安全的基础，安全是发展的条件。青年学生要努力为信息安全贡献自己的力量！

8.1 项目知识准备

什么是 shell script（程序化脚本）呢？我们首先要了解 shell script。另外，本项目的所有实例均在 Server01 服务器上编写、调试和运行，工作目录为/root/scripts。

8.1.1 了解 shell script

根据字面意思，我们将 shell script 分为两部分。"shell"在项目 7 中已经介绍了，它是在命令行界面下让我们与系统沟通的一个工具接口。那么"script"是什么呢？其字面意思是"脚本、剧本"。shell script 就是针对 shell 所写的"脚本"。

其实，shell script 是利用 shell 的功能所写的一个"程序"。这个程序使用纯文本文件，将一些 shell 的语法与命令（含外部命令）写在里面，搭配正则表达式、管道命令与重定向等功能，以达到我们想要的处理目的。

所以，简单地说，shell script 就像早期"DOS 年代"的批处理，它最简单的功能之一是将许多命令写在一起，让用户能够很轻易地处理复杂的操作（运行一个文件"shell script"，就能够一次运行多个命令）。shell script 能提供数组、循环、条件与逻辑判断等重要功能，让用户可以直接以 shell 来编写程序，而不必使用类似 C 语言等传统程序语言的语法。

shell script 可以简单地看成批处理文件，也可以看成程序语言，并且这个程序语言是由 shell 与相关工具命令组成的，所以不需要编译即可运行。另外，shell script 还具有良好的排错（debug）工具，所以它可以帮助系统管理员快速管理好主机。

8.1.2 编写与运行一个 shell script

编写任何计算机程序都要养成好习惯，编写 shell script 也不例外。

1. 编写 shell script 的注意事项

注意事项如下。

- 命令是从上到下、从左到右执行的。
- 命令、选项与参数间的多个空格都会被忽略。
- 空白行也将被忽略，并且按"Tab"键生成的空格同样被视为空白行。
- 如果读取到一个 Enter 符号（CR），就尝试开始运行该行（或该串）命令。
- 如果一行的内容太多，则可以使用"\[Enter]"将内容延伸至下一行。
- "#"可作为注释。任何加在"#"后面的内容都将被视为注释文字。

2. 运行 shell script

现在假设程序文件名是 /home/dmtsai/shell.sh，那么如何运行这个文件呢？很简单，可以使用下面两种方式。

（1）直接运行：shell.sh 文件必须具备可读与可执行（rx）的权限。

- 绝对路径：使用/home/dmtsai/shell.sh 来运行。
- 相对路径：假设工作目录在/home/dmtsai/，则使用./shell.sh 来运行。
- 变量"PATH"功能：将 shell.sh 放在 PATH 指定的目录内运行，如~/bin/。

（2）以 bash 程序来运行：通过 bash shell.sh 或 sh shell.sh 来运行。

由于统信 UOS V20 默认主目录下的~/bin 目录（~/bin 目录需要自行设置）会被设置到$PATH内，所以也可以将 shell.sh 创建在/home/dmtsai/bin/下面。此时，若 shell.sh 在 ~/bin 内且具有 rx 的权限，则直接输入 shell.sh 即可运行。

为何 sh shell.sh 也可以运行呢？这是因为/bin/sh 其实就是/bin/bash（连接档），使用 sh shell.sh 即告诉系统，我想要直接以 bash 的功能来运行 shell.sh 文件内的相关命令，所以此时 shell.sh 只要有 r 的权限即可运行。也可以利用 sh 的选项,如利用-n 及-x 来检查与追踪 shell.sh

的语法是否正确。

3. 编写第一个 shell script

```
[root@Server01 ~]# cd; mkdir  /root/scripts;  cd /root/scripts
[root@Server01 scripts]# vim sh01.sh
#!/bin/bash
# Program:
# This program shows "Hello World!" in your screen
# History:
# 2023/08/24 Bobby    First release
PATH=/bin:/sbin:/usr/bin:/usr/sbin:/usr/local/bin:/usr/local/sbin:~/bin
export PATH
echo -e "Hello World! \a \n"
exit 0
```

在本项目中，请将撰写的所有 shell script 放置到主目录的~/scripts 目录内，以便于管理。下面分析上面的程序。

（1）第一行#!/bin/bash 在宣告这个 shell script 使用的 shell 名称。

因为我们使用的是 bash，所以必须以"#!/bin/bash"来宣告这个文件内的语法使用的是 bash 的语法。当这个程序被运行时，就能够加载 bash 的相关环境配置文件（一般来说是 non-login shell 的 ~/.bashrc），并且运行 bash 使下面的命令能够运行，这很重要。在很多情况下，如果没有设置好这一行，那么该程序很可能会无法运行，因为系统可能无法判断该程序需要使用什么 shell 来运行。

（2）程序基本内容的说明。

整个 shell script 中，除了第一行的"#!"是用来宣告 shell 之外，其他行的"#"都是"注释"。所以在上面的程序中，第二行及以下含"#"的行用来说明整个程序的基本内容。

> **建议** 读者一定要养成说明 shell script 的内容与功能、版本信息、作者与联络方式、版权声明方式、建立日期、历史记录、较特殊的命令、环境变量等的习惯。这将有助于未来程序的改写与调试。

（3）主要环境变量的设置。

务必将一些主要的环境变量设置好，其中对环境变量 PATH 与 LANG（如果使用与输出相关的信息）的设置是最重要的。如此一来，可让程序在运行时直接执行一些外部命令，而不必写绝对路径。

（4）主要程序部分。

在这个例子中，主要程序部分就是含"echo"的行。

（5）运行结果告知（定义回传值）。

一个命令的运行成功与否，可以使用"$?"查看。也可以使用 exit 命令来让程序中断，并且给系统回传一个数值。在这个例子中，使用 exit 0 代表中断 shell script 并且回传一个 0 给系统，所以当运行完这个 shell script 后，若接着执行 echo $?，则可得到 0 值。读者应该也知道了，利用 exit n（n 是数字）的功能，还可以自定义错误信息，让这个程序变得更加智能。

该程序的运行结果如下。

```
[root@Server01 scripts]# sh  sh01.sh
Hello World !
```

同时，运行上述程序时读者应该还会听到"咚"的声音，为什么呢？这是因为 echo 加上了 -e 选项。当你完成这个小 shell script 之后，是不是感觉写脚本很简单？

另外，你也可以利用"chmod a+x sh01.sh; ./sh01.sh"来运行这个 shell script。

8.1.3 养成撰写 shell script 的良好习惯

养成撰写 shell script 的良好习惯是很重要的，但多数人在刚开始撰写程序的时候，最容易忽略这部分，认为程序写出来就好了，其他的不重要。其实，说明程序的基本内容更重要，这对自己有很大的帮助。

建议读者养成良好的 shell script 撰写习惯，在每个 shell script 的文件开头处记录如下内容。

- shell script 的内容与功能。
- shell script 的版本信息。
- shell script 的作者与联络方式。
- shell script 的版权声明方式。
- shell script 的建立日期。
- shell script 的历史记录。
- shell script 内较特殊的命令，使用"绝对路径"的方式来执行。
- shell script 运行时需要的环境变量的预先声明与设置。

除了在文件头记录这些内容之外，在较为特殊的程序部分，建议务必加上注释。此外，程序的撰写建议使用嵌套方式，最好能以按"Tab"键产生的空格缩排。这样程序会显得非常漂亮、有条理，便于轻松地阅读与调试程序。另外，撰写 shell script 的工具最好是 vim 而不是 vi，因为 vim 有额外的语法检验机制，能够在撰写时就发现语法方面的问题。

8.2 项目设计与准备

本项目要用到 Server01 和 Client1，完成的任务如下。

（1）编写简单的 shell script。

（2）用好判断式（test 和"[ ]"）。

（3）利用条件判断式。

（4）利用循环。

其中 Server01 的 IP 地址为 192.168.10.1/24，Client1 的 IP 地址为 192.168.10.21/24，两台计算机的网络连接模式都是**仅主机模式（VMnet1）**。

> **特别
> 提示**　本项目所有实例的工作目录都在用户主目录下的 scripts 下，即 **/root/scripts** 下，切记！

8.3 项目实施

8-1 课堂慕课

学习 shell script

任务 8-1　通过简单范例学习 shell script

下面先看 3 个简单实例。

1. 对话式脚本：变量的值由用户决定

很多时候我们需要用户输入一些内容，让程序可以顺利运行。

要求：使用 read 命令撰写一个 shell script。让用户输入 first name 与 last name 后，在屏幕上显示"Your full name is："和用户输入的内容。

① 编写程序。

```
[root@Server01 scripts]# vim sh02.sh
#!/bin/bash
# Program:
#User inputs his first name and last name.  Program shows his full name
# History:
# 2023/08/24 Bobby    First release
PATH=/bin:/sbin:/usr/bin:/usr/sbin:/usr/local/bin:/usr/local/sbin:~/bin
export PATH

read -p "Please input your first name: " firstname     # 提示用户输入
read -p "Please input your last name:  " lastname       # 提示用户输入
echo -e "\nYour full name is: $firstname $lastname"     # 结果由屏幕输出
```

② 运行程序。

```
[root@Server01 scripts]# sh  sh02.sh
```

2. 随日期变化：利用 date 进行文件的创建

假设服务器内有数据库，数据库中每天的数据都不一样。当备份数据库时，我们希望将每天的数据都备份成文件名不同的文件，这样才能让旧的数据也保存下来且不被覆盖。这应该怎么办？

考虑到每天的"日期"并不相同，将文件名设置成类似"backup.2023-08-14.data"的形式，不就可以每天备份一个不同文件名的文件了吗？确实如此。那么 2023-08-14 是怎么来的呢？

看下面的例子：假设想要通过 touch 创建 3 个空文件，文件名由用户输入，以及由前天、昨天和今天的日期决定。例如，用户输入"filename"，且今天的日期是 2023-08-24，则 3 个文件名分别为 filename_20230822、filename_20230823 和 filename_20230824。该如何编写程序？

（1）编写程序。

```
[root@Server01 scripts]# vim  sh03.sh
#!/bin/bash
# Program:
#Program creates three files, which named by user's input and date command
# History:
# 2023/08/24 Bobby    First release
PATH=/bin:/sbin:/usr/bin:/usr/sbin:/usr/local/bin:/usr/local/sbin:~/bin
```

```
export PATH
#  让用户输入文件名，并赋给变量 fileuser
echo -e "I will use 'touch' command to create 3 files."    # 纯粹显示信息
read -p "Please input your filename: "  fileuser            # 提示用户输入
#  为了避免用户随意按"Enter"键，利用变量功能分析文件名是否设置
filename=${fileuser:-"filename"}
# 开始判断是否设置了文件名。如果在输入文件名时直接按"Enter"键，那么 fileuser 的值为空，
    这时系统会将"filename"赋给变量 filename，否则将 fileuser 的值赋给变量 filename
#  开始利用 date 命令来取得所需要的文件名
date1=$(date --date='2 days ago' +%Y%m%d)    # 前天的日期，注意"+"前面有个空格
date2=$(date --date='1 days ago' +%Y%m%d)    # 昨天的日期，注意"+"前面有个空格
date3=$(date +%Y%m%d)                         # 今天的日期
file1=${filename}${date1}                     # 这 3 行设置文件名
file2=${filename}${date2}
file3=${filename}${date3}
#  创建文件
touch "$file1"
touch "$file2"
touch "$file3"
```

（2）运行程序。

```
[root@Server01 scripts]# sh  sh03.sh
[root@Server01 scripts]# ll
```

分两种情况运行 sh03.sh：一种是直接按"Enter"键查阅文件名是什么，另一种是输入一些字符，判断脚本是否设计正确。

3. 数值运算：简单的加减乘除

我们可以使用 declare 来定义变量的类型，使用"$((计算式))"来进行数值运算。不过可惜的是，系统默认仅支持整数运算。

下面的例子要求用户输入两个变量，然后将两个变量的值相乘，最后输出相乘的结果。

（1）编写程序。

```
[root@Server01 scripts]# vim  sh04.sh
#!/bin/bash
# Program:
#User inputs 2 integer numbers; program will cross these two numbers
# History:
# 2023/08/24 Bobby    First release
PATH=/bin:/sbin:/usr/bin:/usr/sbin:/usr/local/bin:/usr/local/sbin:~/bin
export PATH
echo -e "You SHOULD input 2 numbers, I will cross them! \n"
read -p "first number: " firstnu
read -p "second number: " secnu
total=$(($firstnu*$secnu))
echo -e "\nThe result of $firstnu*$secnu is ==> $total"
```

（2）运行程序。

```
[root@Server01 scripts]# sh  sh04.sh
```

对于数值运算，我们可以使用 declare -i total=$firstnu*$secnu 来表示，也可以使用下面的方式来表示。建议使用下面的方式进行运算。

```
var=$((运算内容))
```

这种方式不但容易记忆，而且使用起来比较方便。因为圆括号内可以包含空白字符。至于对数值运算的处理，则有 "+" "-" "*" "/" "%" 等，其中 "%" 表示取余数。

```
[root@Server01 scripts]# echo $((13 %3))
1
```

任务 8-2　了解脚本运行方式的差异

不同的脚本运行方式会带来不一样的结果，尤其对 bash 的环境影响很大。脚本运行方式除了前文谈到的方式之外，还包括利用 source 或 "."来运行的方式。那么这些脚本运行方式有何差异呢？

1.　使用直接运行的方式来运行脚本

当使用前文提到的直接命令（无论是绝对路径、相对路径，还是$PATH 内的路径），或者使用 bash（或 sh）来运行脚本时，该脚本都会使用一个新的 bash 环境来运行脚本内的命令。也就是说，使用这种脚本运行方式时，脚本其实是在子程序的 bash 内运行的，并且当子程序运行完成后，在子程序内的各项变量或动作将会结束而不会传回父程序中。这是什么意思呢？

我们以任务 8-1 中的 sh02.sh 脚本来说明。该脚本可以让用户自行配置两个变量，分别是 firstname 与 lastname。想一想，直接运行该命令时，该命令配置的 firstname 会不会生效？看下面的运行结果。

```
[root@Server01 scripts]# echo $firstname $lastname   # 首先确认变量并不存在
[root@Server01 scripts]# sh   sh02.sh
Please input your first name: Bobby   # 变量 firstname 和 lastname 的值是用户自行输入的
Please input your last name: Yang

Your full name is: Bobby Yang                      # 在脚本运行中，这两个变量会生效
[root@Server01 scripts]# echo   $firstname $lastname
   # 事实上，这两个变量在父程序 bash 中还是不存在
```

从上面的结果可以看出，sh02.sh 配置好的变量竟然在 bash 环境下面无效。这是怎么回事呢？
这里用图 8-1 来说明。当使用直接运行的方式来处理时，系统会开辟一个新的 bash 来运行 sh02.sh 中的命令。因此 firstname、lastname 等变量其实是在图 8-1 所示的子程序 bash 内运行的。当 sh02.sh 运行完毕，子程序 bash 内的所有数据便被移除，因

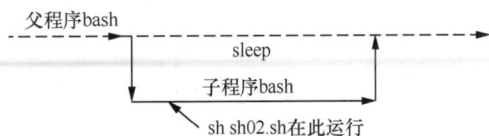

图 8-1　sh02.sh 在子程序 bash 中运行

此在上面的练习中，在父程序下面执行 echo $firstname $lastname 时，就得不到任何结果了。

2.　使用 source 运行脚本：在父程序中运行

如果使用 source 来运行脚本，那么会出现什么情况呢？请看下面的运行结果。

```
[root@Server01 scripts]# source   sh02.sh
Please input your first name: Bobby   # 变量 firstname 和 lastname 的值是用户自行输入的
Please input your last name: Yang

Your full name is: Bobby Yang        # 在 script 运行时，这两个变量会生效
[root@Server01 scripts]# echo   $firstname $lastname
Bobby Yang                           # 有数据产生
```

变量竟然生效了，为什么呢？source 对 shell script 的运行方式可以使用图 8-2 来说明。sh02.sh 会在父程序中运行，因此各项操作都会在原来的 bash 内生效。这也是当你不注销系统而要让某些写入~/.bashrc 的设置生效时，需要使用"source ~/.bashrc"而不能使用"bash ~/.bashrc"的原因。

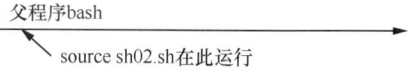

父程序bash

source sh02.sh在此运行

图 8-2　sh02.sh 在父程序中运行

任务 8-3　利用 test 命令的测试功能

在项目 7 中，我们介绍了"$?"变量的含义。在项目 7 的讨论中，想要判断一个目录是否存在，使用的是 ls 命令搭配数据流重定向，最后配合"$?"来决定后续的命令执行与否。但是否有更简单的方式来进行"条件判断"呢？有，那就是"test"命令。

当需要检测系统中的某些文件或者相关的属性时，test 命令是较好的选择。例如，要检测/dmtsai 是否存在时，使用如下命令。

```
[root@Server01 scripts]# test -e /dmtsai
```

运行结果并不会显示任何信息，但最后可以通过"$?"或"&&"及"||"来显示信息。例如，将上面的例子改写成（也可以试试检测/etc 目录是否存在）：

```
[root@Server01 scripts]# test -e /dmtsai && echo "exist" || echo "Not exist"
Not exist  # 结果显示不存在
```

最终的结果会告诉我们是"exist"还是"Not exist"。我们知道 -e 选项是用来检测一个"文件或目录"存在与否的，如果还想检测该文件的其他信息，还有哪些选项可以使用呢？我们看表 8-1~表 8-6。

表 8-1　test 命令各选项的作用——文件类型判断

测试的选项	作用
-e	该文件是否存在（常用）
-f	该文件是否存在且为文件（常用）
-d	该文件是否存在且为目录（常用）
-b	该文件是否存在且为一个块设备文件
-c	该文件是否存在且为一个字符设备文件
-S	该文件是否存在且为一个 Socket 文件
-p	该文件是否存在且为一个管道文件
-L	该文件是否存在且为一个链接文档

表 8-1 中的选项用于对某个文件的类型相关内容进行判断，如 test -e filename 表示判断文件名是否存在。

表 8-2 中的选项用于对某个文件的权限相关内容进行检测，如 test -r filename 表示检测文件名是否存在且具有"读"权限，但 root 用户权限常有例外。

表 8-3 中的选项用于进行两个文件之间的比较，如 test file1 -nt file2 表示判断 file1 是否比 file2 新。

表 8-4 中的选项用于两个整数之间数值大小关系的判定，如 test n1 -eq n2 表示判定 n1 和

n2 是否在数值上相等。

表 8-2　test 命令各选项的作用——文件权限检测

测试的选项	作用
−r	检测该文件是否存在且具有"可读"的权限
−w	检测该文件是否存在且具有"可写"的权限
−x	检测该文件是否存在且具有"可执行"的权限
−u	检测该文件是否存在且具有"SUID"的属性
−g	检测该文件是否存在且具有"SGID"的属性
−k	检测该文件是否存在且具有"SBIT"的属性
−s	检测该文件是否存在且为非空白文件

表 8-3　test 命令各选项的作用——两个文件之间的比较

测试的选项	作用
−nt	比较 file1 是否比 file2 新
−ot	比较 file1 是否比 file2 旧
−ef	比较 file1 与 file2 是否为同一文件，可用在硬链接的比较上。该选项的主要意义在于比较两个文件是否均指向同一个索引节点

表 8-4　test 命令各选项的作用——两个整数之间的判定

测试的选项	作用
−eq	两个整数是否相等
−ne	两个整数是否不等
−gt	n1 是否大于 n2
−lt	n1 是否小于 n2
−ge	n1 是否大于或等于 n2
−le	n1 是否小于或等于 n2

表 8-5 中的选项用于字符串之间的判定，如 test −z s1 表示 s1 字符串是否为 0。

表 8-5　test 命令各选项的作用——字符串判定

测试的选项	作用
test −z string	判定字符串是否为 0。若 string 为空字符串，则回传 true
test −n string	判定字符串是否非 0。若 string 为空字符串，则回传 false 注：−n 也可省略
test str1 = str2	判定 str1 是否等于 str2。若等于，则回传 true
test str1 != str2	判定 str1 是否不等于 str2。若等于，则回传 false

表 8-6 中的选项用于多重条件判定，如 test −r filename −a −x filename 表示判定 file 是否同时具有读与执行权限。

表 8-6　test 命令各选项的作用——多重条件判定

测试的选项	作用
-a	两条件同时成立。例如，test -r file -a -x file，只有 file 同时具有 r 与 x 权限时，才回传 true
-o	两条件任何一个成立。例如，test -r file -o -x file，只要 file 具有 r 或 x 权限，就可回传 true
!	反相状态。例如，test ! -x file，当 file 不具有 x 权限时，回传 true

现在利用 test 来写一个简单的例子。首先，输入一个文件名，然后做如下判断。

- 判断这个文件是否存在，若不存在，则给出"'$filename'"DO NOT exist"（其中 filename 为键盘输入的文件名）的信息，并中断程序。
- 若这个文件存在，则判断文件类型是文件还是目录，结果输出"Filename is regular file"或"Filename is directory"。
- 判断用户的身份对这个文件或目录拥有的权限，并输出权限数据。

注意　读者可以先自行完成，再与下面的结果比较。注意利用 test、"&&"和"||"等。

```
[root@Server01 scripts]# vim  sh05.sh
#!/bin/bash
# Program:
# User input a filename, program will check the flowing:
# 1.) exist? 2.) file/directory? 3.) file permissions
# History:
# 2023/08/24 Bobby    First release
PATH=/bin:/sbin:/usr/bin:/usr/sbin:/usr/local/bin:/usr/local/sbin:~/bin
export PATH

# 让用户输入文件名，并且判断用户是否输入了字符串
echo -e "Please input a filename, I will check the filename's type and \
permission. \n\n"
read -p "Input a filename : " filename
test -z $filename && echo "You MUST input a filename." && exit 0
# 判断文件是否存在，若不存在，则显示信息并中断程序
test ! -e $filename && echo "The filename '$filename' DO NOT exist" && exit 0
# 开始判断文件类型与属性
test -f $filename && filetype="regulare file"
test -d $filename && filetype="directory"
test -r $filename && perm="readable"
test -w $filename && perm="$perm writable"
test -x $filename && perm="$perm executable"
# 开始输出信息
echo "The filename: $filename is a $filetype"
echo "And the permissions are : $perm"
```

执行如下命令。

```
[root@Server01 scripts]# sh  sh05.sh
```

运行后，这个脚本会依据输入的文件名来进行测试。先判断文件是否存在，再判断文件类型是文件

还是目录，最后检测权限。但是必须注意的是，由于 root 账户在很多权限的限制上都是无效的，所以使用 root 的身份来运行这个脚本时，常常会发现输出信息与执行 ls -l 观察到的结果并不相同。所以，建议使用普通用户的身份来运行这个脚本。不过必须先使用 root 的身份将这个脚本转移给普通用户，否则普通用户无法进入/root 目录。

任务 8-4 利用判断符号 "[]"

除了利用 test 命令之外，还可以利用判断符号 "[]"（方括号）来判断数据。例如，想要知道 $HOME 变量是否为空，可以这样做：

```
[root@Server01 scripts]# [ -z "$HOME" ] ; echo $?
```

-z string 的含义是，若 string 长度为 0，则回传 true。使用 "[]" 必须特别注意，因 "[]" 用在很多地方，包括通配符与正则表达式等，所以要在 bash 的语法中使 "[]" 作为 shell 的判断符号时，必须注意 "[]" 的两端需要有空格符来分隔。假设空格符使用 "□" 符号表示，那么在下面这些地方都需要有空格符。

```
[□"$HOME"□==□"$MAIL"□]
 ↑       ↑  ↑         ↑
```

> **注意** ① 上面的判断式使用了两个等号 "=="。其实在 bash 中使用一个等号的结果与使用两个等号的结果是一样的。不过在一般惯用程序中，一个等号代表 "变量的设置"，两个等号代表 "逻辑判断（是否之意）"。由于 "[]" 内的重点在于 "逻辑判断" 而非 "变量的设置"，因此建议使用两个等号。
> ② 当判断式的值为 true 时，"$?" 的值为 "0"。

上面的例子说明，两个字符串$HOME 与$MAIL 是否有相同的意思，相当于 test $HOME = $MAIL。如果没有空格符分隔，例如，写成 [$HOME==$MAIL]，bash 就会显示错误信息。因此，读者一定要注意以下 3 点。

- "[]" 内的每个组件都需要有空格符来分隔。
- "[]" 内的变量最好都以双引号标注。
- "[]" 内的常量最好都以单引号或双引号标注。

为什么要这么麻烦呢？例如，设置了 name="Bobby Yang"，然后这样判断：

```
[root@Server01 scripts]# name="Bobby Yang"
[root@Server01 scripts]# [ $name == "Bobby" ]
bash: [: too many arguments
```

bash 显示的错误信息是 "太多参数"。这是为什么呢？因为如果$name 没有使用双引号标注，那么上面的判断式会变成：

```
[ Bobby Yang == "Bobby" ]
```

上面的判断式肯定不对。因为一个判断式仅能有两个数据的比对，上面的判断式有 Bobby、Yang 和 Bobby 这 3 个数据的比对。正确的形式应该是下面这样的。

```
[ "Bobby Yang" == "Bobby" ]
```

另外，"[]" 的使用方法与 test 的使用方法几乎一模一样，只是 "[]" 经常用在条件判断式 if...then 中。

下面使用"[]"来设计一个小案例，要求如下。

- 当运行一个程序时，这个程序会让用户输入 Y（y）或 N（n）。
- 用户输入 Y 或 y 时，显示"OK, continue"。
- 用户输入 N 或 n 时，显示"Oh, interrupt！"
- 如果用户输入的不是 Y、y、N、n，就显示"I don't know what your choice is"。

分析：需要利用"[]"、"&&"与"||"。

```
[root@Server01 scripts]# vim sh06.sh
#!/bin/bash
# Program:
# This program shows the user's choice
# History:
# 2023/08/24 Bobby    First release
PATH=/bin:/sbin:/usr/bin:/usr/sbin:/usr/local/bin:/usr/local/sbin:~/bin
export PATH

read -p "Please input (Y/N): " yn
[ "$yn" == "Y" -o "$yn" == "y" ] && echo "OK, continue" && exit 0
[ "$yn" == "N" -o "$yn" == "n" ] && echo "Oh, interrupt!" && exit 0
echo "I don't know what your choice is" && exit 0
```

运行结果：

```
[root@Server01 scripts]# sh  sh06.sh
Please input (Y/N): y
OK, continue
[root@Server01 scripts]# sh sh06.sh
Please input (Y/N): u
I don't know what your choice is
[root@Server01 scripts]# sh sh06.sh
Please input (Y/N): n
Oh, interrupt!
```

提示 由于输入正确的方法无大小写之分，所以输入 Y 或 y 都是可以的，此时判断式内有两个判断条件。由于任何一个输入（Y 或 y）都可以，所以这里使用-o（或）连接两个判断条件。

任务 8-5　利用 if...then 条件判断式

只要学习"程序"，条件判断式即"if...then"就肯定是要学习的。因为很多时候，我们都必须依据某些数据来判断程序该如何运行。例如，在任务 8-4 的 sh06.sh 范例中输入"Y 或 N"时，会输出不同的信息。实现这一功能的简单方式是利用"&&"与"||"，但如果还想要运行许多命令呢？那就要利用 if...then 了。

if...then 是十分常见的条件判断式。简单地说，它的含义是当符合某个条件判断时，进行某项工作。if...then 还有单层、简单和多重、复杂的情况，下面分别介绍。

8-2　课堂慕课

shell 程序控制
结构语句

1. 单层、简单 if...then

如果只有一个判断式，那么 if...then 可以简单地写为：

```
if [判断式]; then
        当判断式成立时，可以进行的命令工作内容；
fi    # 将 if 反过来写，就成为 fi 了，表示结束 if 之意
```

至于判断式的判断方法，与任务 8-4 介绍的相同。比较特别的是，如果有多个条件要判断，除了 sh06.sh 所写的，也就是"将多个条件写入一个"[]"内的情况"之外，还可以由多个"[]"来隔开。而"[]"与"[]"之间则以"&&"或"||"来隔开，其含义如下。

- "&&"代表与。
- "||"代表或。

所以，在使用"[]"的判断式中，"&&"或"||"就与命令执行的状态不同了。例如，sh06.sh 中的判断式可以这样修改：

```
[ "$yn" == "Y" -o "$yn" == "y" ]
```

上式可替换为：

```
[ "$yn" == "Y" ] || [ "$yn" == "y" ]
```

之所以这样修改，有的人是因为习惯，还有的人是因为喜欢一个"[]"内仅有一个判断式。下面将 sh06.sh 脚本修改为单层、简单 if...then 的样式。

```
[root@Server01 scripts]# cp sh06.sh sh06-2.sh  # 这样修改比较快
[root@Server01 scripts]# vim sh06-2.sh
#!/bin/bash
# Program:
# This program shows the user's choice
# History:
# 2023/08/24    Bobby   First release
PATH=/bin:/sbin:/usr/bin:/usr/sbin:/usr/local/bin:/usr/local/sbin:~/bin
export PATH

read -p "Please input (Y/N): " yn

if [ "$yn" == "Y" ] || [ "$yn" == "y" ]; then
    echo "OK, continue"
    exit 0
fi
if [ "$yn" == "N" ] || [ "$yn" == "n" ]; then
    echo "Oh, interrupt!"
    exit 0
fi
echo "I don't know what your choice is" && exit 0
```

运行结果参照 sh06.sh 的运行结果。

sh06.sh 还比较简单。但是如果以逻辑概念来看，在上面的范例中，我们使用了两个条件判断。明明仅有一个 $yn，为何需要进行两次判断呢？此时，最好使用多重、复杂 if...then。

2. 多重、复杂 if...then

在对同一个数据的判断中，如果该数据需要进行多种不同的判断，那么应该怎样做呢？

例如，在上面的 sh06.sh 脚本中，只需进行一次对 $yn 的判断（仅进行一次 if），不需进行多

次判断，此时必须用到下面的语法。

```
# 一个条件判断 (else)，分成功进行与失败进行
if [判断式]; then
        当判断式成立时，可以进行的命令工作内容；
else
        当判断式不成立时，可以进行的命令工作内容；
fi
```

如果考虑更复杂的情况，则可以使用：

```
# 多个条件判断 (if...elif...else)，分多种不同情况进行
if [判断式 1]; then
        当判断式 1 成立时，可以进行的命令工作内容；
elif [判断式 2]; then
        当判断式 2 成立时，可以进行的命令工作内容；
else
        当判断式 1 与判断式 2 均不成立时，可以进行的命令工作内容；
fi
```

> **注意** elif 也是一个判断式，因此 elif 后面都要接 then 来处理。但是 else 已经是最后的、没有任何条件成立的结果了，所以 else 后面并没有接 then。

将 sh06-2.sh 改写如下。

```
[root@Server01 scripts]# cp sh06-2.sh sh06-3.sh
[root@Server01 scripts]# vim sh06-3.sh
#!/bin/bash
# Program:
# This program shows the user's choice
# History:
# 2023/08/24    Bobby   First release
PATH=/bin:/sbin:/usr/bin:/usr/sbin:/usr/local/bin:/usr/local/sbin:~/bin
export PATH

read -p "Please input (Y/N): " yn
if [ "$yn" == "Y" ] || [ "$yn" == "y" ]; then
     echo "OK, continue"
elif [ "$yn" == "N" ] || [ "$yn" == "n" ]; then
     echo "Oh, interrupt!"
else
     echo "I don't know what your choice is"
fi
```

运行结果参照 sh06.sh 的运行结果。

程序变得很简单，而且依序判断，可以避免重复判断。这样很容易设计程序。

下面再来进行另一个案例的设计。一般来说，如果你不希望用户从键盘输入额外的数据，那么可以使用前文提到的参数功能（$1），让用户在执行命令时将参数输入。现在我们想让用户输入 "hello" 关键字，利用参数功能可以按照以下内容依序设计。

- 判断 $1 是否为 hello，如果是，就显示 "Hello, how are you ?"。
- 如果没有输入任何参数，就提示用户必须输入参数。

- 如果输入的参数不是 hello，就提示用户仅能输入 hello 为参数。

整个程序如下。

```
[root@Server01 scripts]# vim  sh09.sh
#!/bin/bash
# Program:
# Check $1 is equal to "hello"
# History:
# 2023/08/24  Bobby  First release
PATH=/bin:/sbin:/usr/bin:/usr/sbin:/usr/local/bin:/usr/local/sbin:~/bin
export PATH

if [ "$1" == "hello" ]; then
    echo "Hello, how are you ?"
elif [ "$1" == "" ]; then
    echo "You MUST input parameters, ex> {$0 someword}"
else
    echo "The only parameter is 'hello', ex> {$0 hello}"
fi
```

我们可以执行这个程序，在 $1 的位置输入 hello（正确输入），或没有输入及随意输入，可以看到不同的输出。下面继续完成较复杂的例子。

```
 [root@Server01 scripts]# sh sh09.sh hello          # 正确输入
Hello, how are you ?
[root@Server01 scripts]# sh sh09.sh                 # 没有输入
You MUST input parameters, ex> {sh09.sh someword}
[root@Server01 scripts]# sh sh09.sh  Linux          # 随意输入
The only parameter is 'hello', ex> {sh09.sh hello}
[root@Server01 scripts]#
```

任务 7-2 已经介绍了 grep 命令，现在再介绍 netstat 命令。这个命令可以检测目前主机开启的网络服务端口（Service Port）。我们可以利用 "netstat -tuln" 来检测目前主机开启的网络服务，获取的信息如下。

```
[root@Server01 scripts]# netstat  -tuln
Active Internet connections (only servers)
Proto Recv-Q Send-Q Local Address           Foreign Address         State
tcp        0      0 0.0.0.0:111             0.0.0.0:*               LISTEN
tcp        0      0 0.0.0.0:22              0.0.0.0:*               LISTEN
tcp        0      0 127.0.0.1:631           0.0.0.0:*               LISTEN
tcp6       0      0 :::111                  :::*                    LISTEN
tcp6       0      0 :::22                   :::*                    LISTEN
tcp6       0      0 ::1:631                 :::*                    LISTEN
......
#封包格式              本地 IP 地址:端口       远程 IP 地址:端口    是否监听
```

上面的重点是 "Local Address"（本地 IP 地址与端口对应）列，表示本机开启的网络服务。IP 地址说明该服务位于哪个接口上，若为 127.0.0.1，则说明仅对本机开放；若为 0.0.0.0 或:::，则说明对整个互联网开放。每个端口都有其特定的网络服务，6 个常见的端口与相关网络服务如下。

- 80: WWW。
- 22: ssh。

- 21：ftp。
- 25：mail。
- 111：RPC（Remote Procedure Call，远程过程调用）。
- 631：CUPS（Common UNIX Printing System，通用 UNIX 打印系统）。

假设需要检测的是比较常见的网络服务端口 80、22、21 及 25，那么如何通过 netstat 检测主机是否开启了这 4 个主要的网络服务端口呢？由于每个服务的关键字都接在" : "后面，所以可以选取类似" :80"的方式来检测。请看下面的程序。

```
[root@Server01 scripts]# vim sh10.sh
#!/bin/bash
# Program:
# Using netstat and grep to detect WWW,SSH,FTP and Mail services
# History:
# 2023/08/24    Bobby    First release
PATH=/bin:/sbin:/usr/bin:/usr/sbin:/usr/local/bin:/usr/local/sbin:~/bin
export PATH

# 提示信息
echo "Now, I will detect your Linux server's services!"
echo -e "The www, ftp, ssh, and mail will be detect! \n"

# 开始进行一些测试工作，并且输出一些信息
testing=$(netstat -tuln | grep ":80 ")      # 检测端口 80 是否存在
if [ "$testing" != "" ]; then
    echo "WWW is running in your system."
fi
testing=$(netstat -tuln | grep ":22 ")      # 检测端口 22 是否存在
if [ "$testing" != "" ]; then
    echo "SSH is running in your system."
fi
testing=$(netstat -tuln | grep ":21 ")      # 检测端口 21 是否存在
if [ "$testing" != "" ]; then
    echo "FTP is running in your system."
fi
testing=$(netstat -tuln | grep ":25 ")      # 检测端口 25 是否存在
if [ "$testing" != "" ]; then
    echo "Mail is running in your system."
fi
```

运行如下命令查看程序运行结果。

```
[root@Server01 scripts]# sh sh10.sh
```

任务 8-6　利用 case...in...esac 条件判断式

任务 8-5 提到的"if...then"对变量的判断是以"比较"的方式来进行的。如果满足条件就进行某些行为，并且通过较多层次（如 elif）的方式来撰写含多个变量的程序，如 sh09.sh。但是，假如有多个既定的变量内容，例如，sh09.sh 中既定的变量内容是"hello"及空字符，那么这时只要针对这两个变量来设置就可以了。这时使用 case...in...esac 更为方便。

```
case    $变量名 in            # 关键字为 case，变量名前有"$"
  "第一个变量内容")           # 每个变量内容建议用双引号标注，关键字则用圆括号标注
     程序段

     ;;                     # 每个类别结尾使用两个连续的分号来处理
  "第二个变量内容")
     程序段

     ;;
  *)                        # 最后一个变量内容都会用"*"来代表所有其他值
     不包含第一个变量内容与第二个变量内容的其他程序段
     exit 1
     ;;
esac                        # 最终的 case 结尾！思考一下 case 反过来写是为什么
```

要注意的是，这段代码以 case 开头，结尾自然就是将 case 反过来写。另外，每一个变量内容的程序段最后都需要两个分号来代表该程序段的结束。为什么需要有"*"作为最后一个变量内容呢？这是因为，如果用户不是输入的第一个变量内容或第二个变量内容，则可以告诉用户相关的信息。将案例 sh09.sh 修改如下。

```
[root@Server01 scripts]# vim  sh09-2.sh
#!/bin/bash
# Program:
# Show "Hello" from $1.... by using case .... esac
# History:
# 2023/08/24 Bobby   First release
PATH=/bin:/sbin:/usr/bin:/usr/sbin:/usr/local/bin:/usr/local/sbin:~/bin
export PATH

case $1 in
  "hello")
     echo "Hello, how are you ?"
     ;;
  "")
     echo "You MUST input parameters, ex> {$0 someword}"
     ;;
  *)   # 其实相当于通配符，表示 0 到无穷多个任意字符
     echo "Usage $0 {hello}"
     ;;
esac
```

运行结果：

```
[root@Server01 scripts]# sh sh09-2.sh
You MUST input parameters, ex> {sh09-2.sh someword}
[root@Server01 scripts]# sh sh09-2.sh smile
Usage sh09-2.sh {hello}
[root@Server01 scripts]# sh sh09-2.sh hello
Hello, how are you ?
```

在案例 sh09-2.sh 中，如果输入"sh sh09-2.sh smile"来运行，那么屏幕上会出现"Usage sh09-2.sh {hello}"的字样，告诉用户仅能够输入 hello。这种方式对于需要某些以固定字符作为变量内容来执行的程序就显得更加方便。系统很多服务的启动脚本都是使用这种方式的。

一般来说，使用"case $变量名 in"时，"$变量名"一般有以下两种获取方式。

- 直接执行方式：例如，利用"script.sh variable"的方式来直接给出$1 变量的内容，这也是在/etc/init.d 目录下大多数程序的设计方式。
- 互动方式：通过 read 命令来让用户输入变量的内容。

下面以一个例子来进一步说明：让用户能够输入 one、two、three，并且将用户的输入显示到屏幕上；如果用户输入的不是 one、two、three，就告诉用户仅有这 3 种选择。

```
[root@Server01 scripts]# vim  sh12.sh
#!/bin/bash
# Program:
# This script only accepts the flowing parameter: one, two or three
# History:
# 2023/08/24 Bobby    First release
PATH=/bin:/sbin:/usr/bin:/usr/sbin:/usr/local/bin:/usr/local/sbin:~/bin
export PATH

echo "This program will print your selection !"
# read -p "Input your choice: " choice      # 暂时取消，可以替换
# case $choice in                           # 暂时取消，可以替换
case $1 in                                  # 现在使用，可以用上面两行替换
  "one")
      echo "Your choice is ONE"
      ;;
  "two")
      echo "Your choice is TWO"
      ;;
  "three")
      echo "Your choice is THREE"
      ;;
  *)
      echo "Usage $0 {one|two|three}"
      ;;
esac
```

运行结果：

```
[root@Server01 scripts]# sh sh12.sh two
This program will print your selection !
Your choice is TWO
[root@Server01 scripts]# sh sh12.sh test
This program will print your selection !
Usage sh12.sh {one|two|three}
```

此时，可以使用"sh sh12.sh two"的方式来执行命令。上面使用的是直接执行方式，如果使用互动方式，即将上面第 10、11 行的"#"删除，并在第 12 行加上"#"，就可以让用户输入参数了。

任务 8-7   while do done、until do done（不定循环）

除了 if...then 这种条件判断式之外，循环（Loop）是程序中另一个重要的结构。循环可以不停

地运行某个程序段，直到用户配置的条件成立为止，所以重点是用户配置的条件怎样才成立。除了这种依据条件成立与否的不定循环之外，还有另一种已知固定要运行多少次的循环，可称为固定循环！下面我们就来谈一谈循环。

一般来说，不定循环常见的形式有以下两种。

```
while [ condition ]    # 方括号内的 condition 就是条件
do                     # do 是循环的开始
      程序段
done                   # done 是循环的结束
```

while 的含义是"当……时"，所以这种形式表示"当条件成立时，就进行循环，直到条件不成立才终止"。不定循环还有另一种形式。

```
until [ condition ]
do
      程序段
done
```

这种形式恰恰与 while do done 相反，它表示"当条件成立时，终止循环，否则持续运行循环的程序段"。我们以 while do done 来进行简单的练习。假设要让用户输入 yes 或者 YES 才终止程序的运行，否则程序一直运行并提示用户输入字符。

```
[root@Server01 scripts]# vim sh13.sh
#!/bin/bash
# Program:
# Repeat question until user input correct answer
# History:
# 2023/08/24 Bobby    First release
PATH=/bin:/sbin:/usr/bin:/usr/sbin:/usr/local/bin:/usr/local/sbin:~/bin
export PATH

while [ "$yn" != "yes" -a "$yn" != "YES" ]
do
      read -p "Please input yes/YES to stop this program: " yn
done
echo "OK! you input the correct answer."
```

上面这个例子说明"当$yn 不是'yes'且$yn 也不是'YES'时，才运行循环内的程序；当$yn 是'yes'或'YES'时，会终止循环"，那么使用 until do done 呢？

```
[root@Server01 scripts]# vim sh13-2.sh
#!/bin/bash
# Program:
# Repeat question until user input correct answer
# History:
# 2023/08/24 Bobby    First release
PATH=/bin:/sbin:/usr/bin:/usr/sbin:/usr/local/bin:/usr/local/sbin:~/bin
export PATH

until [ "$yn" == "yes" -o "$yn" == "YES" ]
do
      read -p "Please input yes/YES to stop this program: " yn
done
echo "OK! you input the correct answer."
```

> **提示** 请读者仔细比较这两个程序的不同。

利用循环，计算 1+3+…+99 的值，程序如下。

```
[root@Server01 scripts]# vim  sh14.sh
#!/bin/bash
# Program:
# Use loop to calculate "1+3+...+99" result
# History:
# 2023/08/24 Bobby    First release
PATH=/bin:/sbin:/usr/bin:/usr/sbin:/usr/local/bin:/usr/local/sbin:~/bin
export  PATH

s=0                                # 这是累加的数值变量
i=0                                # 这是累计的数值，即 1, 2, 3…
while [ "$i" != "99" ]
do
     i=$(($i+2))                   # 每次 i 都会添加 1
     s=$(($s+$i))                  # 每次都会累加一次
done
echo "The result of '1+3+...+99' is ==> $s"
```

运行"sh sh14.sh"之后，可以得到 2500 这个数据。

```
[root@Server01 scripts]# sh sh14.sh
The result of '1+3+...+99' is # 2500
```

任务 8-8　for...do...done（固定循环）

While do done、until do done 必须符合某个条件才进行或终止循环，for...do...done 则已经知道要进行几次循环。for 循环的语法如下。

```
for var in con1 con2 con3 ...
do
     程序段
done
```

以上面的例子来说，$var 在循环工作时，会发生以下改变。

- 第一次循环时，$var 为 con1。
- 第二次循环时，$var 为 con2。
- 第三次循环时，$var 为 con3。

……

我们可以进行一个简单的练习。假设有 3 种动物，分别是 dog、cat、elephant，如果每一行输出都要求按"There are dogs..."的样式，则可以撰写程序如下。

```
[root@Server01 scripts]# vim  sh15.sh
#!/bin/bash
# Program:
# Using for ... loop to print 3 animals
```

```
# History:
# 2023/08/24 Bobby    First release
PATH=/bin:/sbin:/usr/bin:/usr/sbin:/usr/local/bin:/usr/local/sbin:~/bin
export PATH

for animal in dog cat elephant
do
     echo "There are ${animal}s... "
done
```
运行结果：
```
[root@Server01 scripts]# sh sh15.sh
There are dogs...
There are cats...
There are elephants...
```

让我们想象另一种情况，由于系统中的各种账号都是写在/etc/passwd 的第一列的，所以我们能不能在通过管道命令 cut 找出账号名后，用 id 检查用户的 UID 呢？由于不同 Linux 操作系统中的账号名都不同，所以实际查找/etc/passwd 并使用循环处理就是一个可行的方案了。

程序如下。

```
[root@Server01 scripts]# vim  sh16.sh
#!/bin/bash
# Program
# Use id, finger command to check system account's information
# History
# 2023/08/24    Bobby   first release
PATH=/bin:/sbin:/usr/bin:/usr/sbin:/usr/local/bin:/usr/local/sbin:~/bin
export PATH
users=$(cut -d ':' -f1 /etc/passwd)      # 获取账号名
for username in $users                   # 开始循环
do
       id $username
done
```
运行结果：
```
[root@Server01 scripts]# sh sh16.sh
用户 id=0(root) 组 id=0(root) 组=0(root)
用户 id=1(bin) 组 id=1(bin) 组=1(bin)
用户 id=2(daemon) 组 id=2(daemon) 组=2(daemon)
用户 id=3(adm) 组 id=4(adm) 组=4(adm)
......
```
程序运行后，系统账号会被找出来。这个程序还可以用于对每个账号的删除、重整。

换个角度来看，如果现在需要一连串的数字来进行循环，应该如何处理呢？例如，想要利用 ping 这个可以判断网络状态的命令来进行网络状态的实际检测，要检测的域是本机所在的 192.168.10.1～192.168.10.100。由于域内有 100 台主机，我们不可能在 for 后面输入 1～100，此时可以撰写程序如下。

```
[root@Server01 scripts]# vim  sh17.sh
#!/bin/bash
# Program
# Use ping command to check the network's PC state
# History
```

```
# 2023/08/24    Bobby    first release
PATH=/bin:/sbin:/usr/bin:/usr/sbin:/usr/local/bin:/usr/local/sbin:~/bin
export PATH
network="192.168.10"                    # 先定义一个网络号（网络 ID）
for sitenu in $(seq 1 100)              # seq 为连续（Sequence）之意
do
      # 下面的语句用于判断取得 ping 的回传值是否成功
    ping -c 1 -w 1 ${network}.${sitenu} &> /dev/null && result=0  ||  result=1
                        # 若成功（回传值为 0），则显示连通（UP），否则显示没有连通（DOWN）
    if [ "$result" == 0 ]; then
            echo "Server ${network}.${sitenu} is UP."
    else
            echo "Server ${network}.${sitenu} is DOWN."
    fi
done
```

运行结果：

```
[root@Server01 scripts]# sh sh17.sh
Server 192.168.10.1 is UP.
Server 192.168.10.2 is DOWN.
Server 192.168.10.3 is DOWN.
......
```

上面这一串命令运行之后可以显示出 192.168.10.1 ~ 192.168.10.100 域内的 100 台主机目前是否能与你的主机连通。其实这个范例的重点在于 $(seq ..)，seq 代表后面接的两个数值是一直连续的。如此一来，就能够轻松地将连续数字代入程序中了。

最后，尝试使用条件判断式和循环的功能撰写程序。如果想要让用户输入某个目录名，然后找出该目录内的文件的权限，该如何做呢？程序如下。

```
[root@Server01 scripts]# vim  sh18.sh
#!/bin/bash
# Program:
# User input dir name, I find the permission of files
# History:
# 2023/08/24 Bobby   First release
PATH=/bin:/sbin:/usr/bin:/usr/sbin:/usr/local/bin:/usr/local/sbin:~/bin
export PATH

# 先看看这个目录是否存在
read -p "Please input a directory: " dir
if [ "$dir" == "" -o ! -d "$dir" ]; then
      echo "The $dir is NOT exist in your system."
      exit 1
fi

# 开始测试文件
filelist=$(ls $dir)                    # 列出所有在该目录下的文件名
for filename in $filelist
do
      perm=""
      test -r "$dir/$filename" && perm="$perm readable"
```

```
        test -w "$dir/$filename" && perm="$perm writable"
        test -x "$dir/$filename" && perm="$perm executable"
        echo "The file $dir/$filename's permission is $perm "
done
```

运行结果:

```
[root@Server01 scripts]# sh sh18.sh
Please input a directory: /var
```

任务 8-9　for...do...done 的数值运算

除了上述语法之外, for...do...done 还有另一种语法, 具体如下。

```
for (( 初始值; 限制值; 执行步长 ))
do
      程序段
done
```

这种语法适用于数值运算, for 后面圆括号内参数的含义如下。

- 初始值: 某个变量在循环中的初始值, 直接以类似 i=1 的方式设置。
- 限制值: 当变量的值在限制值的范围内时, 继续执行循环, 如 i<=100。
- 执行步长: 每执行一次循环时变量的变化量 (步长), 例如, i=i+1, 步长为 1。

> **注意**　在"执行步长"的设置上, 如果变量每次增加 1, 则可以使用类似 i++ 的方式。下面以这种方式来完成从 1 累加到用户输入的数值的循环示例。

```
[root@Server01 scripts]# vim sh19.sh
#!/bin/bash
# Program:
# Try do calculate 1+2+...+${your_input}
# History:
# 2023/08/24 Bobby    First release
PATH=/bin:/sbin:/usr/bin:/usr/sbin:/usr/local/bin:/usr/local/sbin:~/bin
export PATH

read -p "Please input a number, I will count for 1+2+...+your_input: " nu

s=0
for (( i=1; i<=$nu; i=i+1 ))
do
  s=$(($s+$i))
done
echo "The result of '1+2+3+...+$nu' is # $s"
```

运行结果:

```
[root@Server01 scripts]# sh sh19.sh
Please input a number, I will count for 1+2+...+your_input: 10000
The result of '1+2+3+...+10000' is # 50005000
```

任务 8-10　查询 shell script 脚本语法错误

在运行脚本之前，我们最怕的就是出现语法错误了！那么该如何查询这些错误呢？有没有办法不需要运行脚本就可以查询是否有语法错误呢？当然是有的！下面直接以 sh 命令的相关选项来进行查询，其格式如下。

```
sh [-nvx] scripts.sh
```

sh 命令的选项如下。

-n：不执行脚本，仅查询语法错误。

-v：在执行脚本前，先将脚本的内容显示到屏幕上。

-x：将使用到的脚本内容显示到屏幕上，这是很有用的选项！

范例 1：查询 sh16.sh 有无语法错误。

```
[root@Server01 scripts]# sh -n sh16.sh
# 若没有语法错误，则不会显示任何信息！
```

范例 2：将 sh15.sh 的内容全部显示出来。

```
[root@Server01 scripts]# sh -x sh15.sh
+ PATH=/bin:/sbin:/usr/bin:/usr/sbin:/usr/local/bin:/usr/local/sbin:/root/bin
+ export PATH
+ for animal in dog cat elephant
+ echo 'There are dogs... '
There are dogs...
+ for animal in dog cat elephant
+ echo 'There are cats... '
There are cats...
+ for animal in dog cat elephant
+ echo 'There are elephants... '
There are elephants...
```

> **注意**　上面范例 2 中执行的结果并不会有字体加粗的显示。为了方便说明，含有 "+" 的行的字体在书中都加粗了。在输出的信息中，"+" 后面的数据其实都是命令串，使用 sh -x 的方式来将命令执行过程显示出来，用户可以判断程序代码执行到哪一行时会输出哪些相关的信息。这个功能非常棒！通过显示完整的命令串，我们能够依据输出的错误信息来订正脚本。

8.4　项目实训　实现 shell 编程

1. 项目实训目的

- 掌握 shell 环境变量、管道和输入、输出重定向的使用方法。
- 熟悉 shell 程序设计。

2. 项目背景

（1）利用循环计算 1+2+3+⋯+100 的值，该怎样编写程序？

如果想要让用户自行输入一个数字，让程序计算由 1+2+⋯，直到输入的数字为止的值，该如何撰写程序呢?

(2)创建一个脚本,名为/root/batchusers。此脚本能为系统创建本地用户,并且这些用户的用户名来自一个包含用户名列表的文件,同时满足下列要求。

- 此脚本要求提供一个参数,此参数就是包含用户名列表的文件。
- 如果没有提供参数,则此脚本应该给出提示信息 Usage: /root/batchusers,然后退出并返回相应的值。
- 如果提供一个不存在的文件名,则此脚本应该给出提示信息 input file not found,然后退出并返回相应的值。
- 此脚本要求创建的用户登录 shell 为/bin/false。
- 此脚本需要为用户设置默认密码"123456"。

3. 项目要求

练习 shell 程序设计及 shell 环境变量、管道和输入、输出重定向的使用方法。

4. 做一做

根据项目要求进行项目实训,检查学习效果。

8.5 练习题

填空题

1. shell script 是利用_____的功能所写的一个"程序"。这个程序使用纯文本文档,将一些_____写在里面,搭配_____、_____与_____等功能,以达到想要的处理目的。

2. 在 shell script 的文件中,命令是从_____到_____、从_____到_____进行分析与执行的。

3. shell script 的运行至少需要有_____的权限,若需要直接执行命令,则需要拥有_____的权限。

4. 养成撰写 shell script 的良好习惯,第一行要声明_____,第二行以后的行则说明_____、_____、_____等。

5. 对话式脚本可使用_____命令达到目的。要创建每次执行脚本都有不同结果的数据,可使用_____命令来完成。

6. 若以 source 来执行脚本,则代表在_____的 bash 内运行。

7. 若需要判断式,可使用_____或_____来处理。

8. 条件判断式可使用_____来判断,在固定变量的值的情况下,可使用_____来处理。

9. 循环主要分为_____以及_____,来完成所需任务。

10. 假如脚本文件名为 script.sh,可使用_____命令来查询程序是否有语法错误。

8.6 实践习题

1. 创建一个脚本,运行该脚本时,显示:你目前的身份(用 whoami);你目前所在的目录(用 pwd)。

2. 创建一个程序，计算"你还有几天可以过生日"。

3. 撰写一个程序，其作用是：先查看/root/test/logical 这个名称是否存在；若不存在，则创建对应名称的文件（使用 touch 来创建），创建完成后离开；若存在，则判断该名称是否为文件名称，若为文件名称，则将其删除后创建一个目录，目录名为 logical，之后离开；若存在，而且该名称为目录名称，则移除此目录。

4. 我们知道/etc/passwd 中以"："为分隔符，第一栏为账号名。编写程序，将/etc/passwd 的第一栏取出，而且每一栏都以一行字符串"The 1 account is "root" "的形式显示，其中 1 表示行数。

项目9
使用gcc和make调试程序

09

项目导入

程序写好了，接下来做什么呢？调试！程序调试对于程序员或管理员来说也是至关重要的。

职业能力目标

- 理解程序调试。
- 掌握使用 gcc 进行调试的方法。

- 掌握使用 make 编译的方法。

素养提示

- 明确操作系统在新一代信息技术中的重要地位，激发科技报国的家国情怀和使命担当。

- 坚定文化自信。"天行健，君子以自强不息""明德至善、格物致知"，青年学生要有"感时思报国，拔剑起蒿莱"的报国之志和家国情怀。

9.1 项目知识准备

9-1 微课

使用 gcc 和 make
调试程序

编程是一项复杂的工作，难免会出错。据说有这样一个故事：早期的计算机体积都很大，有一次一台计算机不能正常工作，工程师们找了很久原因，最后发现是一只臭虫钻进计算机中造成的。从此以后，程序中的错误被称作臭虫（bug），而找到这些 bug 并加以纠正的过程就叫作调试（debug）。有时候调试是非常复杂的工作，要求程序员明确概念、逻辑清晰、性格沉稳，可能还需要一点运气。对于调试的技能，读者可以在后续的学习中慢慢掌握，但首先要清楚程序中错误的分类。

9.1.1 编译时错误

编译器只能编译语法正确的程序，否则将导致编译失败，无法生成可执行文件。对于自然语言来说，少量语法错误不是很严重的问题，因为我们仍然可以读懂句子。编译器就没那么"宽容"了，哪怕程序只有一个很小的语法错误，编译器都会输出一条错误提示信息，然后"罢工"，无法输出我们想要的结果。虽然大部分情况下，编译器输出的错误提示信息中包含出错的代码行，但也有小部分情况下编译器输出的错误提示信息帮助不大，甚至会让人误导。在学习编程的前几个星期，你可能会花费大量的时间来纠正语法错误。等到有一些经验之后，可能还是会犯这样的错误，不过会少得多，而且你能更快地发现错误原因。等到经验更丰富之后你就会觉得，语法错误是最简单、最低级的错误。编译器的错误提示信息也只有几种，即使错误提示信息可能是有误导性的，你也能够快速找出真正的错误原因。下面讲解运行时错误、逻辑错误和语义错误。

9.1.2　运行时错误

编译器检查不出运行时错误，仍然可以生成可执行文件，但在运行时会出错而导致程序崩溃。对于即将编写的简单程序来说，运行时错误很少见，但到了后面我们会遇到越来越多的运行时错误。读者在以后的学习中要时刻注意区分编译时和运行时这两个概念，不仅在调试时需要区分这两个概念，在学习 C 语言的很多语法时也需要区分这两个概念。有些事情在编译时做，有些事情则在运行时做。

9.1.3　逻辑错误和语义错误

如果程序里有逻辑错误，编译和运行都会很顺利，也不产生任何错误提示信息，但是程序不会做它该做的事情，而是会做别的事情。当然不管怎么样，程序只会按你写的去做，关键问题在于你写的程序不是你真正想要的。这意味着程序的意思（语义）是错的。要想找到逻辑错误需要头脑十分清醒，还需要通过观察程序的输出回过头来判断它到底在做什么事情。

读者应掌握的最重要的技巧之一就是调试。调试的过程可能会让人感到沮丧，但调试也是编程中最需要动脑、最有挑战性和最有乐趣的部分之一。从某种角度看，调试就像侦探工作，根据掌握的线索来推断是什么原因和过程导致了错误的结果。调试也像是一门实验科学，每次想到哪里可能有错，就修改程序再试一次。如果假设是对的，就能得到预期的正确结果，就可以接着调试下一个 bug，一步一步逼近正确的程序；如果假设是错的，只好另外找思路再做假设。当你把不可能的结果全部剔除时，剩下的就一定是事实。

也有一些人认为，编程和调试是一回事，编程的过程就是逐步调试，直到获得期望的结果为止。你应该总是从一个能正确运行的小规模程序开始，每做一步小的改动就立刻进行调试，这样的好处是总有一个正确的程序做参考：如果正确，就继续编程；如果不正确，那么很可能是刚才小的改动出了问题。例如，Linux 操作系统包含成千上万行代码，但它也不是一开始就规划好了内存管理、设备管理、文件系统、网络等大的模块，一开始它仅仅是莱纳斯用来琢磨 Intel 80386 芯片而写的小程序。据拉里·格林菲尔德（Larry Greenfield）说，莱纳斯的早期工作之一是编写一个交替输出 AAAA 和 BBBB 的程序，这个程序后来进化成了 Linux，统信 UOS V20 正是基于 Linux 的操作系统。

9.2 项目设计与准备

本项目要用到 Server01，完成的任务如下。

（1）利用 gcc 进行程序调试。

（2）使用 make 编译程序。

其中 Server01 的 IP 地址为 192.168.10.1/24，计算机的网络连接模式是**仅主机模式**（ VMnet1 ）。

> **特别提示** 本项目实例的工作目录在用户的主目录即**/root** 和**/c** 下面，切记！

9.3 项目实施

9-2 课堂慕课

经过上面的介绍，这里以一个简单的程序范例来说明整个编译的过程！赶紧进入统信 UOS V20 操作系统，执行下面的任务吧！

使用 gcc 和 make 调试程序

任务 9-1 安装 gcc

1. 认识 gcc

GNU 编译器集合（ GNU Compiler Collection，gcc ）是一套由 GNU 开发的编程语言编译器。它是一套 GNU 编译器套装，是由 GPL（ General Public License，通用公共许可证 ）发行的自由软件，也是 GNU 计划的关键部分。gcc 原本作为 GNU 操作系统的官方编译器，现已被大多数类 UNIX 操作系统（如 Linux、BSD、macOS 等）采纳为标准的编译器。gcc 同样适用于微软的 Windows 操作系统。gcc 是自由软件过程发展中的著名例子，由自由软件基金会以 GPL 协议发布。

gcc 原名为 GNU C 语言编译器，因为它原本只能用于处理 C 语言。但 gcc 后来得到扩展，变得既可以处理 C++，又可以处理 Fortran、Go、Objective-C、D，以及 Ada 等其他语言。

2. 安装 gcc

（1）检查是否安装了 gcc。

```
[root@Server01 ~]# rpm -qa|grep gcc
gcc-c++-7.3.0-2020033101.50.up1.uel20.x86_64
gcc-7.3.0-2020033101.50.up1.uel20.x86_64
libgcc-7.3.0-2020033101.50.up1.uel20.x86_64
gcc-gdb-plugin-7.3.0-2020033101.50.up1.uel20.x86_64
```

上述结果表示已安装 gcc。

（2）如果系统还没有安装 gcc 软件包，则可以使用 dnf 命令安装所需软件包。

① 挂载 ISO 映像文件。

```
# 挂载到 /media 下，在项目 1 已建立 yum 源
 [root@Server01 ~]# mount /dev/cdrom /media
```

② 制作用于安装的 yum 源文件（后面不赘述）。

```
[root@Server01 ~]# vim /etc/yum.repos.d/dvd.repo
[Media]
name=Meida
baseurl=file:///media
gpgcheck=0
enabled=1
```

③ 使用 dnf 命令查看 gcc 软件包的信息，如图 9-1 所示。

```
[root@Server01 ~]# dnf info gcc
```

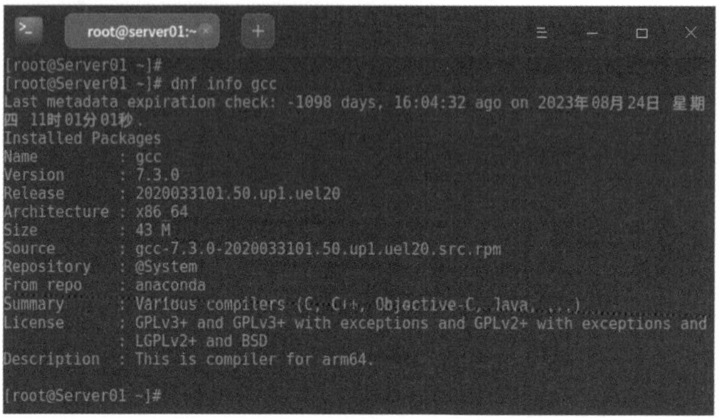

图 9-1　使用 dnf 命令查看 gcc 软件包的信息

④ 使用 dnf 命令安装 gcc。

```
[root@Server01 ~]# dnf clean all          # 安装前先清除缓存
[root@Server01 ~]# dnf install gcc -y
```

正常安装完成后，最后的提示信息是：

```
Installed products updated
```

已安装:
```
  cpp-8.3.1-5.el8.x86_64                gcc-8.3.1-5.el8.x86_64
  glibc-devel-2.28-101.el8.x86_64        glibc-headers-2.28-101.el8.x86_64
  isl-0.16.1-6.el8.x86_64               kernel-headers-4.18.0-193.el8.x86_64
  libxcrypt-devel-4.1.1-4.el8.x86_64
```

完毕!

所有软件包安装完毕，可以使用 rpm 命令再一次进行检查。

```
[root@Server01 ~]# rpm -qa | grep gcc
```

任务 9-2　编写单一程序：输出 Hello World

我们以统信 UOS V20 上常见的 C 语言来撰写第一个程序。该程序在屏幕上输出"Hello World"。如果你对 C 语言有兴趣，请自行购买相关的图书，本书只介绍简单的例子。

> **提示** 请先确认你的统信 UOS V20 操作系统中已经安装了 gcc。如果尚未安装，请使用 RPM 安装，安装好 gcc 之后，再继续完成下面的内容。

1. 编辑程序代码即源代码

```
[root@Server01 ~]# vim hello.c    # 用 C 语言写的程序，文件扩展名建议用.c
#include <stdio.h>
int main(void)
{
        printf("Hello World\n");
}
```

上面是用 C 语言写成的一个程序文件。第一行的 "#" 并不代表注释。

2. 开始编译与测试运行

```
[root@Server01 ~]# gcc hello.c
[root@Server01 ~]# ll hello.c a.out
-rwxr-xr-x 1 root root 17K   8月 22 03:07 a.out      # 此时会生成的文件名
-rw-r--r-- 1 root root  72   8月 22 03:07 hello.c
[root@Server01 ~]# ./a.out
Hello World                                          # 运行结果
```

在默认状态下，如果直接以 gcc 编译源代码，并且没有加上任何参数，则可执行文件的文件名被自动设置为 a.out，能够直接执行 ./a.out 可执行文件。

上面的例子很简单，hello.c 是源代码，gcc 是编译器，a.out 是编译成功的可执行文件。但如果想要生成目标文件（Object File）来进行其他操作，而且可执行文件的文件名也不用默认的 a.out，该如何做呢？其实可以将上面的第 2 个步骤改成下面这样。

```
[root@Server01 ~]# gcc -c hello.c
[root@Server01 ~]# ll hello*
-rw-r--r-- 1 root root   72   8月 22 03:07 hello.c
-rw-r--r-- 1 root root 1.5K   8月 22 03:08 hello.o    # 这就是生成的目标文件
[root@Server01 ~]# gcc -o hello hello.o               # 扩展名为.o
[root@Server01 ~]# ll hello*
-rwxr-xr-x 1 root root  17K   8月 22 03:09 hello       # 这就是可执行文件（-o 的结果）
-rw-r--r-- 1 root root   72   8月 22 03:07 hello.c
-rw-r--r-- 1 root root 1.5K   8月 22 03:08 hello.o
[root@Server01 ~]# ./hello
Hello World
```

这个步骤主要利用 hello.o 目标文件生成一个名为 hello 的可执行文件，详细的 gcc 语法会在后面继续介绍。通过这个操作，我们可以得到 hello 及 hello.o 两个文件，真正可以执行的是 hello 二进制文件（该源代码程序可在出版社网站下载）。

任务 9-3　编译与链接主程序和子程序

有时我们会在一个主程序中调用另一个子程序。这是很常见的程序写法，因为可以简化整个程序。在下面的例子中，我们在主程序 thanks.c 中调用子程序 thanks_2.c，写法很简单。

1. 撰写主程序、子程序

```
[root@Server01 ~]# vim thanks.c
#include <stdio.h>
int main(void)
{
```

```
        printf("Hello World\n");
        thanks_2();
}
```

下面的 thanks_2.c 就是要调用的子程序。

```
[root@Server01 ~]# vim  thanks_2.c
#include <stdio.h>
void thanks_2(void)
{
        printf("Thank you!\n");
}
```

2. 编译与链接程序

（1）将源代码编译为可执行的二进制文件（警告信息可忽略）。

```
[root@Server01 ~]# gcc  -c  thanks.c  thanks_2.c
[root@Server01 ~]# ll  thanks*
-rw-r--r-- 1 root root   76  8月 22 03:11 thanks_2.c
-rw-r--r-- 1 root root 1.5K  8月 22 03:12 thanks_2.o    # 编译生成的目标文件
-rw-r--r-- 1 root root   92  8月 22 03:11 thanks.c
-rw-r--r-- 1 root root 1.5K  8月 22 03:12 thanks.o      # 编译生成的目标文件
[root@Server01 ~]# gcc -o thanks thanks.o thanks_2.o   # 扩展名为.o
[root@Server01 ~]# ll thanks
-rwxr-xr-x 1 root root 17K  8月 22 03:13 thanks         # 最终结果会生成可执行文件
```

（2）运行可执行文件。

```
[root@Server01 ~]# ./thanks
Hello World
Thank you!
```

为什么要制作目标文件呢？由于我们的源代码文件有时并非只有一个文件，所以无法直接进行编译。这时就需要先制作目标文件，再以链接制作出二进制可执行文件。另外，如果有一天，你改动了thanks_2.c 文件的内容，则只要重新编译 thanks_2.c 来制作新的 thanks_2.o，再以链接制作出新的二进制可执行文件，不必重新编译其他没有改动过的源代码文件。对于软件开发者来说，这是一个很重要的功能，因为有时候将偌大的源代码全部编译完成会花费很长的一段时间。

此外，如果想要让程序在运行的时候具有比较好的性能，或者具有其他的调试功能，则可以在编译的过程中加入适当的选项，例如：

```
[root@Server01 ~]# gcc -O -c  thanks.c  thanks_2.c  # -O 为生成优化的选项
[root@Server01 ~]# gcc -Wall  -c  thanks.c  thanks_2.c
thanks.c: 在函数'main'中:
thanks.c:5:9: 警告: 隐式声明函数'thanks_2' [-Wimplicit-function-declaration]
        thanks_2();
        ^~~~~~~~
```

-Wall 选项的作用为产生更详细的编译过程信息。上面的信息为警告信息，读者不理会也没有关系。

> **提示** 至于更多的 gcc 参数功能，读者请使用 man gcc 查看、学习。

任务 9-4　调用外部函数库：加入链接的函数库

刚刚我们只是在屏幕上面输出一些文字而已，如果想要计算数学函数该如何操作呢？例如，我们想要计算三角函数中的 sin90°。要注意的是，大多数程序语言都使用弧度而不使用"角度"，180° =3.14rad。我们来写一个程序。

```
[root@Server01 ~]# vim sin.c
#include <stdio.h>
int main(void)
{
        float value;
        value = sin ( 3.14 / 2 );
        printf("%f\n",value);
}
```

要如何编译这个程序呢？我们先直接编译：

```
[root@Server01 ~]# gcc sin.c
sin.c: 在函数 'main' 中:
sin.c:5:17: 警告: 隐式声明函数 'sin' [-Wimplicit-function-declaration]
        value = sin ( 3.14 / 2 );
               ^~~
sin.c:5:17: 警告: 隐式声明与内建函数 'sin' 不兼容
sin.c:5:17: 附注: include '<math.h>' or provide a declaration of 'sin'
# 注意看上面的加粗字体部分，该部分为错误信息，代表没有编译成功
```

加粗字体部分的意思是"包含<math.h>库文件或者提供 sin 的声明"，为什么会这样呢？这是因为 C 语言中的 sin 函数是写在 libm.so 函数库中的，而我们并没有在源代码中将这个函数库加入。

可以这样更正：在 sin.c 中的第 2 行加入语句#include<math.h>，且编译时加入额外函数库的链接。

```
[root@Server01 ~]# vim sin.c
#include <stdio.h>
#include <math.h>
int main(void)
{
        float value;
        value = sin ( 3.14 / 2 );
        printf("%f\n",value);
}

[root@Server01 ~]# gcc sin.c -lm -L/lib -L/usr/lib    # 重点在 -lm
[root@Server01 ~]# ./a.out                            # 尝试执行新文件
1.000000
```

> **特别注意**　使用 gcc 编译时加入的-lm 是有意义的，可以将其拆成两部分来分析。

- -l：加入某个函数库（Library）。
- m：表示 libm.so 函数库，其中，lib 与扩展名（.a 或.so）不需要写。

所以-lm 表示加入 libm.so（或 libm.a）函数库。那么-L 后面接的路径表示什么意思呢？这表示程序需要的函数库 libm.so 请到/lib 或/usr/lib 中寻找。

> **注意** 由于统信 UOS V20 中默认将函数库放置在/lib 与/usr/lib 中，所以即便没有写-L/lib 与 -L/usr/lib，也没有关系。不过，如果使用的函数库并非放置在这两个目录下，那么写-L/path 就很重要了，否则会找不到函数库。

除了链接的函数库之外，你或许已经发现一个奇怪的地方，那就是 sin.c 中的第一行"#include <stdio.h>"，这行说明的是要将一些定义数据从 stdio.h 文件读入，其中包括 printf 的相关设置。这个文件其实是放置在/usr/include/stdio.h 的。万一这个文件并非放置在这里呢？那么可以使用下面的方式来定义要读入的 include 文件放置的目录。

```
[root@Server01 ~]# gcc sin.c -lm -I/usr/include
```

-I 后面接的路径就是设置要寻找放置 include 文件的目录。不过，默认值同样放置在/usr/include 下面，除非 include 文件放置在其他目录，否则可以略过这个选项。

通过上面的一些小范例，你应该对 gcc 以及源代码有了一定程度的认识，接下来我们整理 gcc 的简易使用方法。

任务 9-5　使用 gcc（编译、参数与链接）

前文说过，gcc 是 Linux 中最标准的编译器之一，是由 GNU 计划和维护的，感兴趣的读者请参考相关资料进行了解。既然 gcc 对于 Linux 中的开放源代码如此重要，下面我们就介绍 gcc 的常见参数。

（1）仅将原始码编译成目标文件，并不制作链接等功能。

```
[root@Server01 ~]# gcc -c hello.c
```

上述程序会自动生成 hello.o 文件，但是并不会生成二进制可执行文件。

（2）在编译时，依据作业环境优化执行速度。

```
[root@Server01 ~]# gcc -O hello.c -c
```

上述程序会自动生成 hello.o 文件，并且进行优化。

（3）在制作二进制可执行文件时，将链接的函数库与相关的路径填入。

```
[root@Server01 ~]# gcc sin.c -lm -L/usr/lib -I/usr/include
```

- 在最终链接成二进制可执行文件时，这个命令经常执行。
- -lm 指的是加入 libm.so 或 libm.a 函数库。
- -L 后面接的路径是函数库的搜索目录。
- -I 后面接的是源代码内的 include 文件所在的目录。

（4）将编译的结果生成某个特定文件。

```
[root@Server01 ~]# gcc -o hello hello.c
```

在程序中，-o 后面接的是要输出的二进制可执行文件的文件名。

（5）在编译时，输出较多的信息说明。

```
[root@Server01 ~]# gcc -o hello hello.c -Wall
```

加入-Wall 之后，程序的编译会变得较为严谨，所以警告信息也会显示出来。

我们通常称-Wall 或者-o 这些非必要的选项为标志（FLAGS）。因为我们使用的是 C 语言，所以有时候也会将这些标志称为 CFLAGS。这些标志偶尔会被使用，尤其是在后文介绍 make 相关用法的时候。

9-3 拓展阅读

使用 make 进行宏编译

任务 9-6　使用 make 进行宏编译

我们知道 make 的功能是简化下达编译命令的过程，同时还具有很多很方便的功能！扫码查看使用 make 来简化下达编译命令的过程。

9.4 项目实训　安装和管理软件包

1. 项目实训目的
- 学会管理 Tarball 软件。
- 学会使用 RPM。
- 学会使用 SRPM：rpmbuild。
- 学会使用基于 DNF 技术（YUM v4）的 YUM 工具。

2. 项目要求
（1）编译、链接和运行简单的 C 语言程序。
（2）使用 make 进行宏编译。
（3）管理 Tarball。
（4）使用 RPM 命令管理软件包。
（5）使用 SRPM 命令编译生成 RPM 文件。
（6）使用 dnf 或 yum 命令管理软件包。

3. 做一做
根据项目要求进行项目实训，检查学习效果。

9.5 练习题

一、填空题
1. 源代码其实大多是_____文件，需要通过_____操作后，才能够制作出统信 UOS V20 操作系统能够认识的可运行的_____。
2. _____可以加速软件的升级速度，让软件效能更高、漏洞修补更及时。
3. 在统信 UOS V20 操作系统中，最标准的 C 语言编译器为_____。
4. 在编译的过程中，我们可以通过其他软件提供的_____来使用该软件的相关机制与功能。
5. 为了简化编译过程中复杂的命令输入，可以通过_____与_____规则定义来简化程序的升级、编译与链接等操作。

二、简答题
简述 bug 的分类。

学习情境四

网络服务器配置与管理

运筹策帷帐之中，决胜于千里之外。

——《史记·高祖本纪》

项目10
配置与管理samba服务器

10

项目导入

是谁最先搭起 Windows 和 Linux 沟通的"桥梁",并且提供不同系统间的共享服务和强大的打印服务功能?答案就是 samba。这些服务和功能使得它的应用环境非常广泛,当然,samba 的魅力还远远不止这些。

职业能力目标

- 了解 samba 应用环境及 SMB 协议。
- 掌握 samba 工作原理。
- 掌握主配置文件 smb.conf 的主要配置。

- 掌握 samba 服务的密码文件。
- 掌握 samba 共享文件和打印的设置。
- 掌握统信 UOS V20 和 Windows 客户端共享 samba 服务器资源的方法。

素养提示

- "技术是买不来的。"国产操作系统的未来前途光明!只有瞄准核心科技埋头攻关,助力我国软件产业从价值链中低端向高端迈进,才能为高质量发展和国家信息产业安全插上腾飞的"翅膀"。

- "少壮不努力,老大徒伤悲。""劝君莫惜金镂衣,劝君惜取少年时。"盛世之下,青年学生要惜时如金,学好知识和技术,报效祖国。

10.1 项目知识准备

10-1 微课

管理与维护
samba 服务器

对于接触 Linux 的用户来说,听得最多的就是 samba,为什么是 samba 呢?原因是 samba 最先在 Linux 和 Windows 两个平台之间架起了一座"桥梁"。也正是由于 samba,我们才可以在统信 UOS V20 系统和 Windows 操作系统之间互相通信,如复制文件、实现不同操作系统之间的资源共享等。我们可以将其架设成一个功能非常强大的文件服务器,也可以将其架设成打印服务器以提供本地和远程联机打印功能，甚至可以使用 samba 服务器完全取代 Windows NT、Windows 2000、Windows Server 2003 中的域控制器，对域进行管理也非常方便。

samba 服务在统信 UOS 中同样拥有重要的地位。作为国产操作系统，统信 UOS 注重将开源技术融入自己的系统中，给用户提供更为稳定和安全的服务。samba 服务作为一项重要的开源技术，被广泛应用于统信 UOS 系统中。

在统信 UOS 中，samba 服务同样可以用来架设文件服务器和打印服务器，提供文件共享和打印服务。通过 samba 服务，统信 UOS 系统可以和 Windows 操作系统互相通信，实现跨平台的资源共享，方便用户进行文件传输和管理。在统信 UOS 中，samba 服务被广泛应用于企业用户和个人用户之间的文件共享和资源管理。通过 samba 服务，用户可以实现不同操作系统之间的资源共享，方便文件传输和管理，提高工作效率。

10.1.1　samba 应用环境

samba 应用环境如下。

- 文件和打印机共享：文件和打印机共享是 samba 的主要应用环境，服务器消息块（Server Message Block，SMB）进程实现资源共享，将文件和打印机发布到网络，供用户访问。
- 身份验证和权限设置：samba 服务支持 user mode 和 domain mode 等身份验证和权限设置模式，通过加密方式可以保护共享的文件和打印机。
- 名称解析：samba 通过 nmbd 服务可以搭建网络基本输入输出系统名称服务（NetBIOS Name Service，NBNS）服务器，提供名称解析，将计算机的 NetBIOS 名称解析为 IP 地址。
- 浏览服务：在局域网中，samba 服务器可以成为本地主浏览器（Local Master Browser，LMB），保存可用资源列表，当使用客户端访问 Windows 网上邻居时，其会提供浏览列表，显示共享文件和打印机等资源。

10.1.2　SMB 协议

SMB 协议可以看作局域网中共享文件和打印机的一种协议。它是微软公司和英特尔（Intel）公司在 1987 年制定的协议，主要作为微软网络的通信协议，samba 则将 SMB 协议移至 UNIX 操作系统上使用。通过"NetBIOS over TCP/IP"使用 samba 不但能与局域网主机共享资源，还能与全世界的计算机共享资源，因为互联网上千千万万的主机使用的通信协议都是 TCP/IP。SMB 协议是会话层（Session Layer）和表示层（Presentation Layer）以及小部分应用层（Application Layer）的协议，SMB 协议使用了 NetBIOS 的应用程序接口（Application Program Interface，API）。另外，SMB 是一个开放性的协议，允许协议扩展，这使得它变得庞大而复杂，它大约有 65 个最上层的作业，且每个作业都拥有超过 120 个函数。

10.1.3　samba 工作原理

samba 服务功能强大，这与其通信基于 SMB 协议有关。SMB 协议不仅提供文件和打印机共享，还支持认证和权限设置。早期的 SMB 协议运行于 NBT（NetBIOS over TCP/IP）上，使用

UDP（User Datagram Protocol，用户数据报协议）的 137、138 端口及 TCP 的 139 端口，后期的 SMB 协议经过开发，可以直接运行于 TCP/IP 上，没有额外的 NBT 层，使用 TCP 的 445 端口。

（1）samba 的工作流程

当客户端访问服务器时，信息通过 SMB 协议进行传输，其工作流程可以分成以下 4 个步骤。

① 协议协商。客户端在访问 samba 服务器时，发送 negprot 命令数据包，告知目标计算机其支持的 SMB 协议类型，samba 服务器根据客户端的情况，选择最优的 SMB 协议类型并做出响应，如图 10-1 所示。

② 建立连接。当 SMB 协议类型确定后，客户端会发送 session setup 命令数据包，提交账号和密码，请求与 samba 服务器建立连接，如果客户端通过身份验证，则 samba 服务器会对 session setup 报文做出响应，并为用户分配唯一的 UID，在客户端与其通信时使用，如图 10-2 所示。

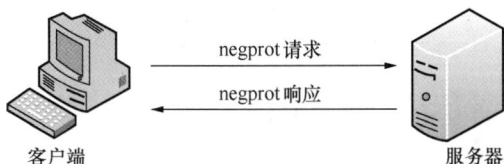

图 10-1　协议协商　　　　　　　　　　图 10-2　建立连接

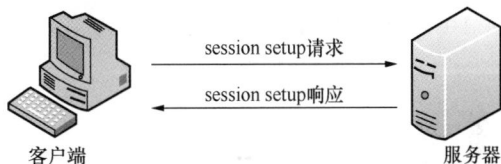

③ 访问共享资源。客户端访问 samba 共享资源时，发送 tree connect 命令数据包，通知服务器需要访问的共享资源名，如果设置允许，则 samba 服务器会为每个客户端与共享资源连接分配线程 ID（Thread ID），客户端即可访问需要的共享资源，如图 10-3 所示。

④ 断开连接。共享使用完毕，客户端向服务器发送 tree disconnect 命令数据包，关闭共享，与服务器断开连接，如图 10-4 所示。

图 10-3　访问共享资源　　　　　　　　图 10-4　断开连接

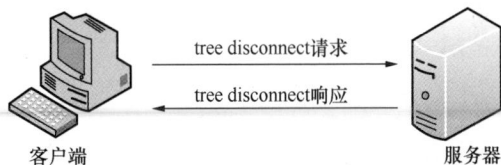

（2）samba 相关进程

samba 服务由两个进程组成，分别是 nmbd 和 smbd。

- nmbd：其功能是解析 NetBIOS，提供浏览服务并显示网络上的共享资源列表。
- smbd：其主要功能是管理 samba 服务器上的共享文件、打印机等，主要对网络上的共享资源进行管理。当要访问服务器时或者要查找共享文件时，都要依靠 smbd 进程来管理数据传输。

10.2　项目设计与准备

在实施项目前，先了解 samba 服务器配置的工作流程。

10.2.1 了解 samba 服务器配置的工作流程

对服务器进行配置：告诉 samba 服务器将哪些目录共享给客户端访问，并根据需要配置其他选项，比如添加对共享目录内容的简单描述信息和访问权限等具体配置。

基本的 samba 服务器配置的工作流程主要分为 5 个步骤。

（1）编辑主配置文件 smb.conf，指定需要共享的目录，并为共享目录配置共享权限。

（2）在 smb.conf 文件中指定日志文件名和存放路径。

（3）配置共享目录的本地系统权限。

（4）重新加载配置文件或重新启动 SMB 服务，使配置生效。

（5）关闭防火墙，同时配置 SELinux 为允许。

samba 的工作流程如图 10-5 所示。

（1）客户端请求访问 samba 服务器上的共享目录。

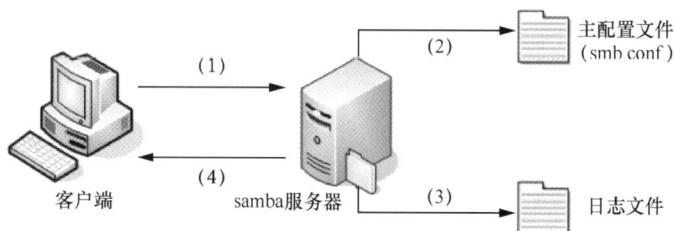

图 10-5　samba 的工作流程

（2）samba 服务器接收到请求后，查询主配置文件 smb.conf，确认是否共享了目录，如果共享了目录，则查看客户端是否有权限访问。

（3）samba 服务器将本次访问信息记录在日志文件之中，日志文件的文件名和路径都需要设置。

（4）如果客户端满足访问权限设置，则允许客户端访问。

10.2.2 项目准备

利用 samba 服务可以实现统信 UOS V20 和微软公司的 Windows 操作系统之间的资源共享。本项目要用到 Server01、Client1 和 Client2，设备情况如表 10-1 所示。

表 10-1　设备情况

主机名	操作系统	IP 地址	网络连接模式
samba 共享服务器：Server01	统信 UOS V20	192.168.10.1/24	VMnet1（仅主机模式）
统信 UOS 客户端：Client1	统信 UOS V20	192.168.10.20/24	VMnet1（仅主机模式）
Windows 客户端：Client2	Windows Server 2016	192.168.10.40/24	VMnet1（仅主机模式）

10.3 项目实施

任务 10-1 安装并启动 samba 服务

使用 rpm -qa |grep samba 命令检测系统是否安装了 samba 相关软件包。

```
[root@Server01 ~]# rpm -qa |grep samba
```
（1）挂载 ISO 安装映像文件。

```
[root@Server01 ~]# mount /dev/cdrom /media
```
（2）制作 yum 源文件/etc/yum.repos.d/dvd.repo（**见项目 1 相关内容**），不赘述。

（3）使用 dnf 命令查看 samba 软件包的信息。

```
[root@Server01 ~]# dnf info samba
```
（4）使用 yum 命令安装 samba 服务。

```
[root@Server01 ~]# dnf clean all              # 安装前先清除缓存
[root@Server01 ~]# dnf install samba -y
```
（5）所有软件包安装完毕，可以使用 rpm 命令再查询一次。

```
[root@Server01 ~]# rpm -qa | grep samba
```
（6）启动 smb 服务，设置开机启动该服务。

```
[root@Server01 ~]# systemctl start smb ; systemctl enable smb
```

> **注意** 在服务器配置中，更改配置文件后，一定要记得重启服务，让服务重新加载配置文件，这样新配置才生效。重启服务的命令是 systemctl restart smb 或 systemctl reload smb。

任务 10-2 了解主配置文件 smb.conf

samba 的配置文件一般放在/etc/samba 目录中，主配置文件名为 smb.conf。

1. samba 服务程序中的参数及其作用

使用 ll 命令查看 smb.conf 文件属性，并使用命令 vim   /etc/samba/smb.conf 查看文件的详细内容，如图 10-6 所示（使用 **set nu** 可加行号，不赘述）。

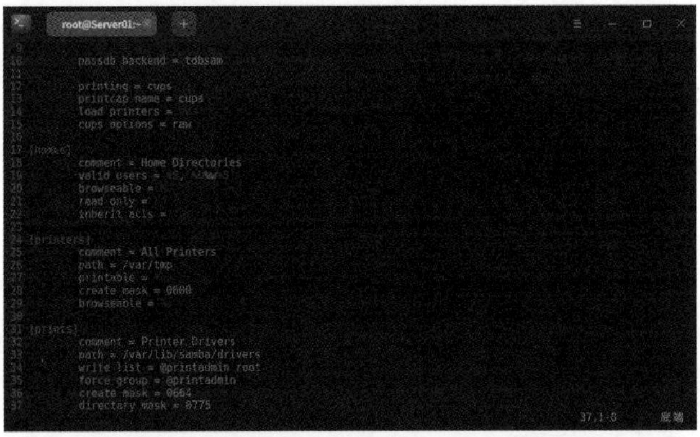

图 10-6　查看 smb.conf 主配置文件的详细内容

统信 UOS V20 的 smb.conf 主配置文件已经简化，只有 37 行左右。为了更清楚地了解主配置文件，建议读者研读/etc/samba/smb.conf.example。samba 开发组按照功能不同，对 smb.conf 文件进行了分段划分，条理非常清楚。表 10-2 所示为 samba 服务程序中的参数及其作用。

表 10-2　samba 服务程序中的参数及其作用

作用范围	参数	作用
[global]	workgroup = MYGROUP	工作组名称，如 workgroup=SmileGroup
	server string = samba Server Version %v	服务器描述，参数%v 表示显示 samba 的版本号
	log file = /var/log/samba/log.%m	定义日志文件的存放位置与名称，参数%m 表示来访的主机名
	max log size = 50	定义日志文件的最大容量为 50KB
	security = user	安全验证的方式，需验证来访主机提供的口令并通过后才可以访问。提升了安全性，为系统默认方式
	security = server	使用独立的服务器验证来访主机提供的口令（集中管理账户）
	security = domain	使用域控制器进行身份验证
	passdb backend = tdbsam	定义用户后台的类型，共 3 种。其中第一种表示创建数据库文件并使用 pdbedit 命令来编辑和管理 samba 服务中的用户账户信息
	passdb backend = smbpasswd	第二种表示使用 smbpasswd 命令为系统用户设置 samba 服务程序的密码
	passdb backend = ldapsam	第三种表示基于 LDAP 服务进行账户验证
	load printers = yes	设置在 samba 服务启动时是否共享打印机设备
	cups options = raw	设置打印机的选项
[homes]	comment = Home Directories	描述信息
	browseable = no	指定共享信息是否在"网上邻居"中可见
	writable = yes	定义是否可以执行写入操作，与"read only"相反

技巧　为了方便配置，建议读者先备份 smb.conf，一旦发现错误可以随时从备份文件中进行恢复。备份操作如下。

```
[root@Server01 ~]# cd /etc/samba; ls
[root@Server01 samba]# cp smb.conf  smb.conf.bak; cd
[root@Server01 ~]#
```

2. Share Definitions 共享服务的定义

Share Definitions 设置对象为共享目录或打印机，如果想发布共享资源，则需要对 Share Definitions 进行设置。Share Definitions 字段非常丰富且设置灵活。

我们先来看 8 个常用的字段。

（1）设置共享名。

共享资源发布后，必须为每个共享目录或打印机设置不同的共享名，供网络用户访问时使用，并且共享名可以与原目录名不同。

共享名的设置非常简单，格式为：

```
[共享名]
```

（2）共享资源描述。

网络中存在各种共享资源，为了方便用户识别，可以为其设置备注信息，以方便用户查看时知道共享资源的内容是什么。

格式为：

```
comment = 备注信息
```

（3）设置共享路径。

共享资源的原始完整路径，可以使用 path 字段进行发布，务必正确设置。

格式为：

```
path = 绝对地址路径
```

（4）设置匿名访问。

设置是否允许对共享资源进行匿名访问，可以更改 public 字段。

格式为：

```
public = yes      # 允许匿名访问
public = no       # 禁止匿名访问
```

【例 10-1】samba 服务器中有一个目录为/share，需要发布该目录为共享目录，设置共享名为public，要求：允许浏览、允许只读、允许匿名访问。设置如下所示。

```
[public]
        comment = public
        path = /share
        browseable = yes
        read only = yes
        public = yes
```

（5）设置访问用户。

如果共享资源存在重要数据，则需要对访问用户进行审核，我们可以使用 valid users 字段进行设置。

格式为：

```
valid users = 用户名
valid users = @组名
```

【例 10-2】samba 服务器的/share/tech 目录中存放了公司技术部数据，只允许经理和技术部其他员工访问，技术部员工组为 tech，经理账号为 manager。设置如下所示。

```
[tech]
        comment=tech
        path=/share/tech
        valid users=@tech,manager
```

（6）设置目录只读。

如果共享目录需要限制用户的读、写操作，则可以通过 read only 实现。

格式为：

```
read only = yes     # 只读
read only = no      # 读写
```

（7）设置过滤主机。

注意网络地址的写法！

相关示例如下。

```
hosts allow = 192.168.10.   server.long60.cn
```

上述设置表示允许来自 192.168.10.0 或 server.long60.cn 的访问者访问 samba 服务器资源。

```
hosts deny = 192.168.2.
```

上述设置表示不允许来自 192.168.2.0 的访问者访问当前 samba 服务器资源。

【例 10-3】samba 服务器的公共目录/public 中存放了大量共享数据，为保证目录安全，仅允许来自 192.168.10.0 的访问者访问，并且只允许读取，禁止写入。设置如下所示。

```
[public]
     comment=public
     path=/public
     public=yes
     read only=yes
     hosts allow = 192.168.10.
```

（8）设置目录可写。

如果共享目录允许用户进行写操作，则可以使用 writable 或 write list 两个字段进行设置。

writable 的格式为：

```
writable = yes      # 读写
writable = no       # 只读
```

write list 的格式为：

```
write list = 用户名
write list = @组名
```

注意　[homes]为特殊共享目录，表示用户主目录；[printers]表示共享打印机。

任务 10-3　samba 服务的日志文件和密码文件

日志文件对于 samba 而言非常重要，它存储着客户端访问 samba 服务器的信息，以及 samba 服务的错误提示信息等，可以通过分析日志文件，帮助解决客户端访问和服务器维护等问题。

1. samba 服务的日志文件

在/etc/samba/smb.conf 文件中，log file 为设置 samba 服务的日志文件的字段，如下所示。

```
log file = /var/log/samba/log.%m
```

samba 服务的日志文件默认存放在/var/log/samba/中，其中 samba 会为每个连接到 samba 服务器的计算机分别建立日志文件。使用 ls -a　/var/log/samba 命令可以查看所有日志文件。

因为客户端通过网络访问 samba 服务器后，会自动建立客户端的相关日志文件，所以管理员可以根据这些文件来查看客户端的访问情况和服务器的运行情况。另外，当 samba 服务器工作异常时，管理员也可以通过/var/log/samba/下的日志文件进行分析。

2. samba 服务的密码文件

samba 服务器发布共享资源后，客户端访问 samba 服务器，需要提交用户名和密码进行身份验证，验证通过后才可以登录。为了实现客户端身份验证功能，samba 服务将用户名和密码信息存放在/etc/samba/smbpasswd 中，在客户端访问时，再将用户提交的资料与 smbpasswd 中存放的信息进行比对。如果相同，并且 samba 服务器其他安全设置允许，则客户端与 samba 服务器的连接才能建立成功。

那么如何建立 samba 账号呢？samba 账号并不能直接建立，需要先建立统信 UOS V20 的系统账号。例如，如果要建立一个名为 yy 的 samba 账号，那么统信 UOS V20 中必须提前存在一个同名的系统账号。

samba 中添加账号的命令为 smbpasswd，格式为：

```
smbpasswd -a 用户名
```

【例 10-4】在 samba 服务器中添加 samba 账号 reading。

（1）建立统信 UOS V20 系统账号 reading。

```
[root@Server01 ~]# useradd reading
[root@Server01 ~]# passwd reading
```

（2）添加 reading 用户的 samba 账号。

```
[root@Server01 ~]# smbpasswd -a reading
```

samba 账号添加完毕。如果在添加 samba 账号时输入完两次密码后出现错误信息 "Failed to modify password entry for user amy"，则是因为统信 UOS V20 本地用户里没有 reading 这个用户，在统信 UOS V20 系统添加该用户就可以了。

> **提示** 在建立 samba 账号之前，一定要先建立一个与 samba 账号同名的系统账号。

经过上面的设置，再次访问 samba 共享文件时就可以使用 reading 账号了。

任务 10-4 user 服务器实例解析

在统信 UOS V20 中，samba 服务程序默认使用的是用户口令认证模式（user）。这种认证模式可以确保仅让有密码且受信任的用户访问共享资源，而且验证过程也十分简单。

【例 10-5】如果公司有多个部门，因工作需要，必须分门别类地建立相应部门的目录。要求将销售部的资料存放在 samba 服务器的/companydata/sales/目录下集中管理，以便销售部员工浏览，并且该目录只允许销售部员工访问。

需求分析：在/companydata/sales/目录中存放有销售部的重要数据，为了保证其他部门无法查看其内容，需要将全局配置中的 security 设置为 user 安全级别。这样就启用了 samba 服务器的身份验证机制。然后在共享目录/companydata/sales 下设置 valid users 字段，设置只允许销售部员工访问这个共享目录。

1. 在 Server01 上配置 samba 共享服务器（任务 10-1 已安装 samba 服务）

（1）建立共享目录，并在其下建立测试文件。

```
[root@Server01 ~]# mkdir /companydata
[root@Server01 ~]# mkdir /companydata/sales
[root@Server01 ~]# touch /companydata/sales/test_share.tar
```

（2）添加销售部员工的用户和组。

① 使用 groupadd 命令添加 sales 组，然后分别执行 useradd 命令和 passwd 命令，以添加销售部员工的账号和密码。此处单独添加一个 test_user1 账号，不属于 sales 组，供测试用。

```
[root@Server01 ~]# groupadd sales          # 添加销售组 sales
[root@Server01 ~]# useradd -g sales sale1   # 添加用户 sale1，添加到 sales 组
```

```
[root@Server01 ~]# useradd  -g  sales  sale2    # 添加用户 sale2，添加到 sales 组
[root@Server01 ~]# useradd  test_user1           # 供测试用
[root@Server01 ~]# passwd  sale1                  # 设置用户 sale1 的密码
[root@Server01 ~]# passwd  sale2                  # 设置用户 sale2 的密码
[root@Server01 ~]# passwd  test_user1             # 设置用户 test_user1 的密码
```

② 为销售部员工添加相应 samba 账号。

```
[root@Server01 ~]# smbpasswd  -a  sale1
[root@Server01 ~]# smbpasswd  -a  sale2
```

（3）修改 samba 主配置文件：vim /etc/samba/smb.conf。直接在原文件未尾添加相应内容，但要注意将原文件的[global]删除或用"#"标注，因为**文件中不能有两个同名的[global]**。当然也可直接在原来的[global]上修改。

```
39 [global]
40      workgroup = Workgroup
41      server string = File Server
42      security = user
43      #设置 user 安全级别，取默认值
44      passdb backend = tdbsam
45      printing = cups
46      printcap name = cups
47      load printers = yes
48      cups options = raw
49 [sales]
50      #设置共享目录的共享名为 sales
51      comment=sales
52      path=/companydata/sales
53      #设置共享目录的绝对路径
54      writable = yes
55      browseable = yes
56      valid users = @sales
57      #设置可以访问的用户的组为 sales
```

2. 设置本地系统权限和属组、SELinux 和防火墙（Server01）

（1）设置共享目录的本地系统权限和属组。

```
[root@Server01 ~]# chmod  770  /companydata/sales -R
[root@Server01 ~]# chown  :sales  /companydata/sales  -R
```

−R 选项是递归用的，一定要加上。

（2）更改共享目录和用户主目录的 context 值，或者禁止 SELinux。

```
[root@Server01 ~]# chcon -t samba_share_t /companydata/sales  -R
[root@Server01 ~]# chcon -t samba_share_t /home/sale1  -R
[root@Server01 ~]# chcon -t samba_share_t /home/sale2  -R
# 检查/etc/selinux/config 配置文件，将 SELINUX=disabled 改为 SELINUX=enforcing，并重启系
统生效
```

或者：

```
[root@Server01 ~]# getenforce
[root@Server01 ~]# setenforce Permissive
```

或者：

```
[root@Server01 ~]# setenforce 0
```

（3）让防火墙放行，这一步很重要。

```
[root@Server01 ~]# firewall-cmd --permanent --add-service=samba
[root@Server01 ~]# firewall-cmd -reload        # 重新加载防火墙
[root@Server01 ~]# firewall-cmd --list-all
public (active)
......
    services: ssh dhcpv6-client samba           # 已经加入防火墙的允许服务
......
```

（4）重新加载 samba 服务并设置开机时自动启动。

```
[root@Server01 ~]# systemctl restart smb
[root@Server01 ~]# systemctl enable smb
```

3. Windows 客户端访问 samba 共享测试

进行该测试有两种方法，一是在 Windows Server 2016 中利用资源管理器进行测试，二是利用统信 UOS V20 客户端进行测试。本例在 Windows Server 2016 中利用资源管理器进行测试。以下操作在 Client2 上进行。

试一试　注销 Windows 10 客户端，使用 test_user1 用户和密码登录会出现什么情况?

使用映射网络驱动器访问 samba 服务器共享目录。

① 在 Windows Server 2016 的桌面上右击"此电脑"，选择"映射网络驱动器"，在弹出的图 10-7 所示的对话框中选择 X 驱动器，并输入 sales 共享目录的地址，如\\192.168.10.1\sales，单击"完成"按钮。

② 弹出"输入网络凭据"对话框，在对话框中输入可以访问 sales 共享目录的 samba 账号和密码，如图 10-8 所示。

图 10-7　"映射网络驱动器"对话框

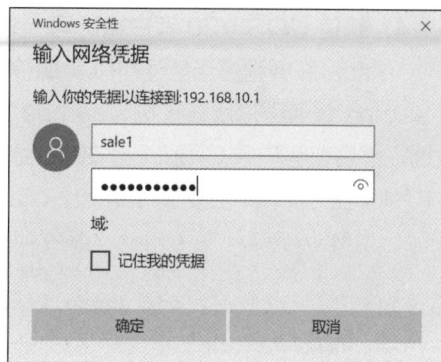

图 10-8　账户输入

③ 单击"确定"按钮，在资源管理器中显示共享文件，说明测试成功，如图 10-9 所示。

④ 双击"此电脑"，打开"此电脑"窗口，可以看到网络驱动器共享目录 sales，说明成功设置网络驱动器，如图 10-10 所示，这样就可以很方便地访问共享资源了。

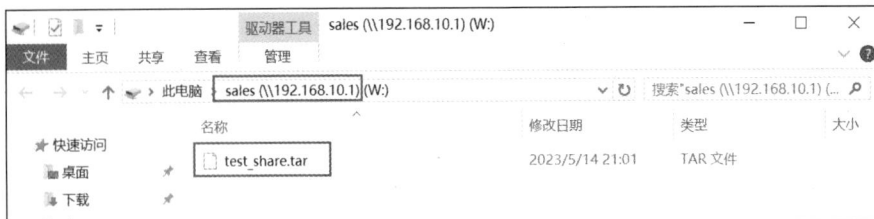

图 10-9　查看共享文件

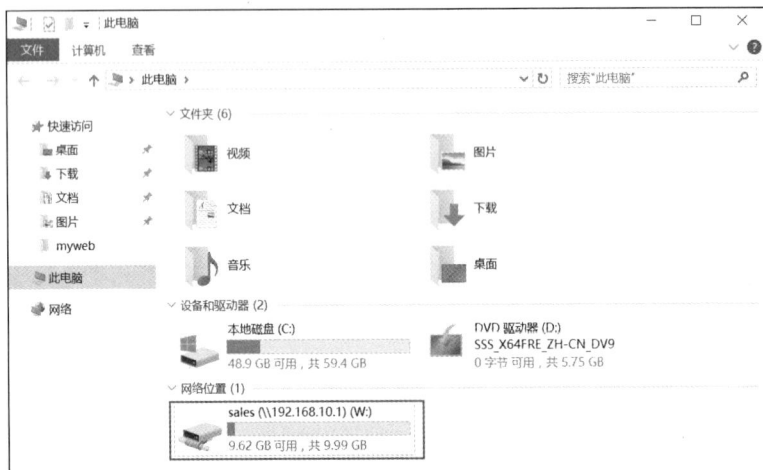

图 10-10　成功设置网络驱动器

> **特别提示**
>
> samba 服务器在将本地文件系统共享给客户端时，涉及本地文件系统权限和 samba 共享权限。当客户端访问共享资源时，最终的权限取这两种权限中最严格的。在后面的实例中，不再单独设置本地权限。

4. 统信 UOS V20 客户端访问 samba 共享

samba 服务程序当然还可以实现统信 UOS V20 之间的文件共享。请读者按照表 10-1 来设置 samba 服务程序所在主机（samba 共享服务器）和统信 UOS V20 客户端 Client1 使用的 IP 地址，然后在客户端 Client1 上安装 samba Client 和支持文件共享服务的软件包（cifs-utils）。

（1）在 Client1 上安装 samba-client 和 cifs-utils。

```
[root@Client1 ~]# mount /dev/cdrom /media
[root@Client1 ~]# vim /etc/yum.repos.d/dvd.repo
[root@Client1 ~]# dnf install samba-client cifs-utils -y
```

（2）统信 UOS V20 客户端使用 smbclient 命令访问服务器。

① 使用 smbclient 可以列出目标主机共享目录列表。smbclient 命令的格式为：

```
smbclient -L 目标 IP 地址或主机名 -U 登录用户名%密码
```

当查看 Server01（192.168.10.1）主机的共享目录列表时，提示输入密码，这时可以不输入密码，直接按"Enter"键，这样表示匿名登录，然后显示匿名用户可以看到的共享目录列表。

```
[root@Client1 ~]# smbclient -L 192.168.10.1
```

若想使用 samba 账号查看 samba 服务器共享的目录，可以加上-U 选项，后面接"登录用户

名 % 密码"。下面的命令显示只有 sale2 账号（其密码为 sonniya22,, ）才有权限浏览和访问的 sales 共享目录。

```
[root@Client1 ~]# smbclient -L 192.168.10.1 -U sale2%sonniya22,,
```

> **注意** 不同用户使用 smbclient 的结果可能是不一样的，这要根据服务器设置的访问控制权限而定。

② 可以使用 smbclient 命令行共享访问模式浏览共享的资源。

smbclient 命令行共享访问模式命令格式为：

```
smbclient # 目标 IP 地址或主机名/共享目录 -U 用户名%密码
```

下面的命令运行后，将进入交互式界面（输入"?"可以查看具体命令）。

```
[root@Client1 ~]# smbclient # 192.168.10.1/sales -U sale2%sonniya22,,
Try "help" to get a list of possible commands.
smb: \> ls
  .                                   D        0  Sun May 14 21:01:56 2023
  ..                                  D        0  Sun May 14 21:01:43 2023
  test_share.tar                      N        0  Sun May 14 21:01:56 2023

                10475520 blocks of size 1024. 10094632 blocks available
smb: \> mkdir testdir
smb: \> ls
  .                                   D        0  Sun May 14 21:57:14 2023
  ..                                  D        0  Sun May 14 21:01:43 2023
  test_share.tar                      N        0  Sun May 14 21:01:56 2023
  testdir                             D        0  Sun May 14 21:57:14 2023

                10475520 blocks of size 1024. 10094632 blocks available
smb: \> exit
[root@Client1 ~]#
```

另外，使用 smbclient 登录 samba 服务器后，可以使用 help 查询所支持的命令。

（3）统信 UOS V20 客户端使用 mount 命令挂载共享目录。

mount 命令挂载共享目录的格式为：

```
mount -t cifs //目标 IP 地址或主机名/共享目录名 挂载点 -o username=用户名
```

下面的命令运行结果为挂载 192.168.10.1 主机上的共享目录 sales 到/smb/sambadata 目录下，cifs 是 samba 服务器使用的文件系统。

```
[root@Client1 ~]# mkdir -p /smb/sambadata
[root@Client1 ~]# mount -t cifs # 192.168.10.1/sales /smb/sambadata/ -o username=sale1
Password for sale1@//192.168.10.1/sales: ********
# 输入 sale1 的 samba 用户密码，不是系统用户密码
[root@Client1 ~]# cd /smb/sambadata
[root@Client1 sambadata]# ls
testdir  test_share.tar
[root@Client1 sambadata]# cd
```

5. 统信 UOS V20 客户端访问 Windows 共享

在客户端 Client1 上直接使用命令 smbclient 可以访问 Windows 共享。

```
[root@Client1 ~]# smbclient -L # 192.168.10.40 -U administrator
```

```
Enter SAMBA\administrator's password:

        Sharename       Type        Comment
        ---------       ----        -------
        ADMIN$          Disk        远程管理
        C$              Disk        默认共享
        CertEnroll      Disk        Active Directory 证书服务共享
        IPC$            IPC         远程 IPC
SMB1 disabled -- no workgroup available
[root@Client1 ~]#
```

任务 10-5 配置可匿名访问的 samba 服务器

接任务 10-4，如何配置可匿名访问的 samba 服务器呢？

【例 10-6】公司需要添加 samba 服务器作为文件服务器，工作组名为 Workgroup，共享目录名为/share，共享名为 public，这个共享目录允许公司所有员工下载文件，但不允许上传文件。

分析 这个案例属于 samba 的基本配置，既然允许所有员工访问，就需要为每名员工建立一个 samba 账号，那么如果公司拥有大量员工呢？如果公司拥有 1 000 名员工，甚至 100 000 名员工，每名员工都设置会非常麻烦。可以采用匿名账户 nobody 访问，这样实现起来非常简单。

参考步骤如下。

① 在 Server01 上建立/share 目录，并在其下建立测试文件，设置共享目录本地系统权限。

```
[root@Server01 ~]# mkdir /share ; touch /share/test_share.tar
```

② 修改 samba 主配置文件 smb.conf。

```
[root@Server01 ~]# vim /etc/samba/smb.conf
```

在任务 10-4 的基础上修改主配置文件，修改完成后文件如下所示（与任务 10-4 主配置文件内容一样的部分不再显示）。

```
41      [global]
            ......
46          map to guest = bad user
            ......
62      [public]
63          comment=public
64          path=/share
65          guest ok=yes
66          #允许匿名用户或未经认证的用户访问该共享目录
67          browseable=yes
68          #在客户端显示共享的目录
69          public=yes
70          #任何人都可以访问它，而不需要经过身份验证
71          read only = yes
```

③ 让防火墙放行 samba 服务。在任务 10-4 中已详细设置，这里不赘述。

注意 以下的实例不再考虑防火墙和 SELinux 的设置，但不意味着防火墙和 SELinux 不用设置。其中防火墙的设置方法如下：firewall-cmd --permanent --add-service=samba、firewall-cmd --reload。

④ 更改共享目录的 context 值。

```
[root@Server01 ~]# chcon -t samba_share_t /share
[root@Server01 ~]# chcon -t samba_share_t /share/test_share.tar
```

提示 可以使用"getenforce"命令查看防火墙和 SELinux 是否被强制实施（默认被强制实施），如果不被强制实施，则步骤③和步骤④可以省略。使用命令"setenforce 1"可以设置强制实施防火墙，使用命令"setenforce 0"可以取消强制实施防火墙。（注意这两个命令使用的是数字"1"和数字"0"，分别对应"Enforcing"和"Permissive"）。

⑤ 重新启动服务或加载配置文件。

可以使用 restart 重新启动服务或者使用 reload 重新加载配置。

```
[root@Server01 ~]# systemctl restart smb
```

或者：

```
[root@Server01 ~]# systemctl reload smb
```

注意 重新启动 samba 服务虽然可以让配置生效，但是 restart 是先关闭 samba 服务再开启服务。这样在公司网络运营过程中会对客户端员工的访问造成影响，建议使用 reload 命令重新加载配置文件使其生效，这样不需要中断服务就可以重新加载配置。

通过以上设置，用户不需要输入账号和密码就可以直接登录 samba 服务器并访问 public 共享目录。在 Windows 客户端可以用 UNC（Universal Naming Convention，通用命名标准）路径测试，方法是在 Windows Server 2016（Client2）资源管理器的地址栏中输入\\192.168.10.1，如图 10-11 所示。

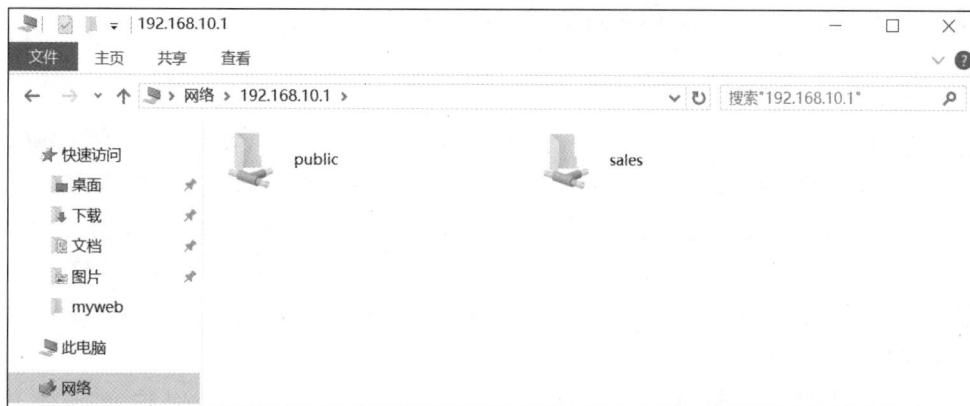

图 10-11　Windows Server 2016 默认允许匿名访问

> **注意** 完成实训后记得恢复默认设置，即删除或注释 map to guest = bad user。

10.4 拓展阅读 国产操作系统"银河麒麟"

你了解国产操作系统银河麒麟吗？它的深远影响是什么？

国产操作系统银河麒麟 V10 面世引发了业界和公众关注。这一操作系统不仅可以充分满足"5G时代"需求，其独创的 kydroid 技术还能支持海量安卓应用，将 300 余万款安卓适配软硬件无缝迁移到国产平台。银河麒麟 V10 作为国内安全等级极高的操作系统，是首款具有内生安全体系的操作系统，成功打破了相关技术封锁与垄断，有能力成为承载国家基础软件的安全基石。

银河麒麟 V10 的推出，让人们看到了国产操作系统与日俱增的技术实力和不断攀登科技高峰的坚实脚步。

核心技术从不是别人给予的，必须依靠自主创新。从 2019 年 8 月华为发布自主操作系统，即鸿蒙操作系统，到 2020 年银河麒麟 V10 面世，我国操作系统正加速走向独立创新的发展新阶段。当前，银河麒麟操作系统在海关、交通、统计、农业等很多部门得到规模化应用，采用这一操作系统的机构和企业已经超过 1 万家。这一数字证明，银河麒麟操作系统已经获得了市场一定程度的认可。只有坚持开放兼容，让操作系统与更多产品适配，才能推动产品性能更新迭代，让用户拥有更好的使用体验。

操作系统的自主发展是一项重大而紧迫的课题。实现核心技术的突破，需要多方齐心合力、协同攻关，为创新创造营造更好的发展环境。2020 年 7 月，国务院印发《新时期促进集成电路产业和软件产业高质量发展的若干政策》，从财税政策、投融资政策、研究开发政策、进出口政策、人才政策等 8 个方面提出了 37 项举措。只有瞄准核心科技埋头攻关、不断释放政策"红利"，助力我国软件产业从价值链中低端向高端迈进，才能为高质量发展和国家信息产业安全插上腾飞的"翅膀"。

10.5 项目实训 配置与管理 samba 服务器

1. 项目背景

某企业有 system、develop、productdesign 和 test 共 4 个小组，个人计算机操作系统为Windows 10，少数开发人员使用 Linux 操作系统，服务器操作系统为统信 UOS V20，需要设计一套建立在统信 UOS V20 之上的安全文件共享方案。每个用户都有自己的网络磁盘，develop 组与 test 组有共享的网络硬盘，所有用户（包括匿名用户）有一个只读共享资料库；所有用户（包括匿名用户）要有一个存放临时文件的文件夹。samba 服务器搭建网络拓扑如图 10-12 所示。

2. 项目要求

（1）system 组具有管理所有 samba 空间的权限。

（2）各小组的私有空间：各小组拥有自己的空间，除了小组用户及 system 组有权限访问以外，其他用户没有权限（包括列表、读和写等）访问。

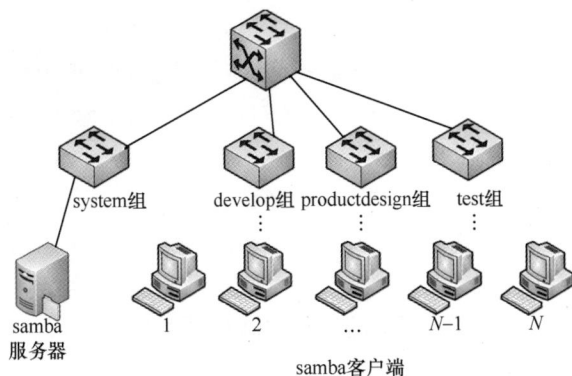

图 10-12　samba 服务器搭建网络拓扑

（3）资料库：所有用户（包括匿名用户）都具有读取数据的权限，而不具有写入数据的权限。

（4）develop 组与 test 组的共享空间：develop 组与 test 组之外的用户不能访问。

（5）存放临时文件的文件夹：所有用户都可以读取、写入、删除。

3. 深度思考

思考以下问题。

（1）用 mkdir 命令建立共享目录，可以同时建立多少个目录？

（2）组账户、用户账户、samba 账户等的建立过程是怎样的？

（3）权限 700 和 755 的含义是什么？请查找相关权限的资料，也可以参见"文件权限管理"视频。

（4）不同用户登录后权限的变化是怎样的？

4. 做一做

根据项目要求进行项目实训，检查学习效果。

10.6　练习题

一、填空题

1. samba 服务功能强大，使用_____协议，该协议的英文全称是_____。

2. SMB 经过开发，可以直接运行于 TCP/IP 上，使用 TCP 的_____端口。

3. samba 服务由两个进程组成，分别是_____和_____。

4. samba 服务软件包包括_____、_____、_____和_____（不要求写出版本号）。

5. samba 的配置文件一般放在_____目录中，主配置文件名为_____。

6. samba 服务器有_____、_____、_____、_____和_____5 种安全模式，默认级别是_____。

二、选择题

1. 用 samba 共享了目录，但是在 Windows 网络邻居中却看不到它，应该在/etc/samba/smb.conf 中怎样设置才能看到该目录？（　　）

　　A. AllowWindowsClients=yes　　　　　　B. Hidden=no

C.　Browseable=yes　　　　　　　D.　以上都不是

2.　请选择一个正确的命令来卸载 samba-3.0.33-3.7.el5.i386.rpm。（　　）

A.　rpm -D samba-3.0.33-3.7.el5　　　B.　dnf　remove　samba

C.　rpm -e samba-3.0.33-3.7.el5　　　D.　rpm -d samba-3.0.33-3.7.el5

3.　哪个命令允许 198.168.0.0/24 访问 samba 服务器？（　　）

A.　hosts enable = 198.168.0.　　　B.　hosts allow = 198.168.0.

C.　hosts accept = 198.168.0.　　　D.　hosts accept = 198.168.0.0/24

4.　启动 samba 服务，哪些是必须运行的端口监控程序？（　　）

A.　nmbd　　　　　B.　lmbd　　　　　C.　mmbd　　　　　D.　smbd

5.　下面列出的服务器类型中，哪一种可以使用户在异构网络操作系统之间共享文件系统？
（　　）

A.　FTP　　　　　B.　samba　　　　　C.　DHCP　　　　　D.　Squid

6.　samba 服务的密码文件是（　　）。

A.　smb.conf　　　B.　samba.conf　　　C.　smbpasswd　　　D.　smbclient

7.　利用（　　）命令可以对 samba 的配置文件进行语法测试。

A.　smbclient　　　B.　smbpasswd　　　C.　testparm　　　D.　smbmount

8.　可以通过设置条目（　　）来控制访问 samba 共享服务器的合法主机名。

A.　allow hosts　　　B.　valid hosts　　　C.　allow　　　D.　publicS

9.　samba 的主配置文件中不包括（　　）。

A.　global 参数　　　　　　　　　　B.　directory shares 部分

C.　printers shares 部分　　　　　　　D.　applications shares 部分

三、简答题

1.　简述 samba 服务器的应用环境。

2.　简述 samba 的工作流程。

3.　简述基本的 samba 服务器配置的工作流程的 5 个主要步骤。

4.　简述 samba 服务故障排除的方法。

10.7　实践习题

1.　公司需要配置一台 samba 服务器。工作组名为 smile，共享目录名为/share，共享名为 public，该共享目录只允许 192.168.0.0/24 网段访问。请给出实现方案并上机调试。

2.　如果公司有多个部门，因工作需要，必须分门别类地建立相应部门的目录。要求将技术部的资料存放在 samba 服务器的/companydata/tech/目录下集中管理，以便技术部员工浏览，并且该目录只允许技术部员工访问。请给出实现方案并上机调试。

3.　配置 samba 服务器，要求如下：samba 服务器上有一个 tech1 目录，此目录只有 boy 用户可以访问，其他用户都不可以访问。请灵活使用独立配置文件，给出实现方案并上机调试。

项目11
配置与管理DHCP服务器

11

项目导入

在一个计算机比较多的网络中，如企业网络中，要为企业每个部门的上百台计算机逐一配置IP地址绝不是一项轻松的工作。为了更方便、快捷地完成这项工作，我们在很多时候会采用动态主机配置协议（Dynamic Host Configuration Protocol，DHCP）来自动为客户端配置IP地址、默认网关等信息。

在学习该项目之前，应当对整个网络进行规划，确定网段的划分及每个网段可能的主机数量等信息。

职业能力目标

- 了解DHCP服务器在网络中的作用。
- 理解DHCP的工作过程。

- 掌握DHCP服务器的基本配置。
- 掌握DHCP客户端的配置和测试。

素养提示

- 了解超级计算机的概念、特点，理解超级计算机是国家科技发展水平和综合国力的重要标志。增强民族自豪感和自信心，激发学生的创新意识。

- "三更灯火五更鸡，正是男儿读书时。黑发不知勤学早，白首方悔读书迟。"祖国的发展日新月异，我们拿什么报效祖国？唯有勤奋学习，惜时如金，才无愧盛世年华。

11.1 项目知识准备

11.1.1 DHCP 概述

DHCP用于自动管理局域网内主机的IP地址、子网掩码、网关地址及DNS地址等参数，可以有效提高IP地址的利用率和配置效率，并控制管理与维护成本。

DHCP基于客户端/服务器模式，当DHCP客户端启动时，它会自动与DHCP服务器通信，要求提供自动分配IP地址的服务，安装了DHCP服务软件的服务器（DHCP服务器）则会响应要求。

DHCP 是一个简化主机 IP 地址分配管理的 TCP/IP，用户可以利用 DHCP 服务器管理动态的 IP 地址分配及其他相关的环境配置工作，如 DNS 服务器、WINS（Windows Internet Name Service，Windows 网际名称服务）服务器、网关（Gateway）的配置。

DHCP 机制中有服务器和客户端两个部分，服务器使用固定的 IP 地址，在局域网中扮演着给客户端提供动态 IP 地址配置、DNS 配置和网关配置的角色。客户端与 IP 地址相关的配置都在启动时由服务器自动提供。

11-1 微课

配置与管理
DHCP 服务器

11.1.2　DHCP 的工作过程

DHCP 客户端向 DHCP 服务器申请 IP 地址、获得 IP 地址的过程一般分为 4 个阶段，如图 11-1 所示。

1. IP 地址租用请求

当客户端启动网络时，由于网络中的每台机器都需要有一个 IP 地址，因此，此时的计算机 TCP/IP 地址与 0.0.0.0 绑定在一起。它会发送一个"DHCP Discover"（DHCP 发现）广播信息包到本地子网，该广播信息包发送给 UDP 端口 67，该端口即 DHCP/BOOTP 服务器的广播信息包接收端口。

2. IP 地址租用提供

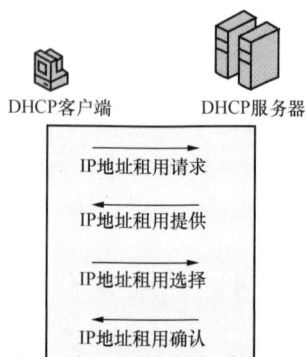

图 11-1　DHCP 的工作过程

本地子网的每一个 DHCP 服务器都会接收"DHCP Discover"广播信息包。每个接收到该广播信息包的 DHCP 服务器都会检查它是否有提供给请求客户端的有效空闲 IP 地址，如果有，则以"DHCP Offer"（DHCP 提供）广播信息包作为响应，该信息包包括有效的 IP 地址、子网掩码、DHCP 服务器的 IP 地址、租用期限，以及其他有关 DHCP 范围的详细配置。所有发送"DHCP Offer"广播信息包的 DHCP 服务器将保留它们提供的 IP 地址（该 IP 地址暂时不能提供给其他的客户端）。"DHCP Offer"广播信息包发送到 UDP 端口 68，即 DHCP/BOOTP 客户端端口。响应是以广播的方式发送的，因为客户端没有能直接寻址的 IP 地址。

3. IP 地址租用选择

客户端通常对第一个 DHCP Offer 产生响应，并以广播的方式发送"DHCP Request"（DHCP 请求）信息包作为回应。该广播信息包告诉服务器"是的，我想让你给我提供 IP 地址。我接受你给我的租用期限"。而且，一旦信息包以广播方式发送，网络中的所有 DHCP 服务器都可以看到该广播信息包，那些提议没有被客户端响应的 DHCP 服务器将保留的 IP 地址返回给它的可用地址池。客户端还可利用"DHCP Request"广播信息包询问 DHCP 服务器其他的配置选项，如 DNS 服务器或网关地址。

4. IP 地址租用确认

当 DHCP 服务器接收到"DHCP Request"广播信息包时，它以一个"DHCP Acknowledge"（DHCP 确认）广播信息包作为响应，该广播信息包提供了客户端请求的任何其他信息，并且也是以广播方式发送的。该广播信息包告诉客户端"一切准备好。记住你只能在有限时间内租用该地址，而不能永久占据！好了，以下是你询问的其他配置选项"。

> **注意** 客户端发送"DHCP Discover"广播信息包后，如果没有 DHCP 服务器响应客户端，则客户端会随机使用 169.254.0.0/16 网段中的一个 IP 地址配置本机地址。

11.1.3　DHCP 服务器分配给客户端的 IP 地址类型

在客户端向 DHCP 服务器申请 IP 地址时，DHCP 服务器并不总是分配给它一个动态的 IP 地址，而是根据实际情况决定 IP 地址类型。

1. 动态 IP 地址

客户端从 DHCP 服务器取得的 IP 地址一般都不是固定的，而是每次都可能不一样。在 IP 地址有限的单位内，动态 IP 地址可以最大化地达到资源的有效利用。它利用的并不是每个员工都会同时上线的原理，而是优先为上线的员工提供 IP 地址，离线之后再收回的原理。

2. 静态 IP 地址

客户端从 DHCP 服务器取得的 IP 地址也并不总是动态的。比如，有的单位除了员工用的计算机外，还有数量不少的服务器，这些服务器如果也使用动态 IP 地址，则不但不利于管理，而且客户端访问它们也不方便，这该如何操作呢？可以设置 DHCP 服务器记录特定计算机的 MAC（Medium Access Control，介质访问控制）地址，然后为每个 MAC 地址分配一个静态 IP 地址。

至于如何查询网卡的 MAC 地址，根据网卡是本机的还是远程计算机的，采用的方法也有所不同。

> **小资料** 什么是 MAC 地址？MAC 地址也叫作物理地址或硬件地址，是由网络设备制造商生产时写在硬件内部的（网络设备的 MAC 地址都是唯一的）。TCP/IP 网络表面上是通过 IP 地址传输数据的，实际上最终是通过 MAC 地址来区分不同节点的。

（1）查询本机网卡的 MAC 地址。

这个很简单，使用 ifconfig 命令。

（2）查询远程计算机网卡的 MAC 地址。

既然 TCP/IP 网络通信最终要用到 MAC 地址，那么使用 ping 命令当然也可以获取对方的 MAC 地址，只不过它不会显示出来，要借助其他工具来完成。

```
[root@Server01 ~]# ifconfig
[root@Server01 ~]# ping  -c  1 192.168.10.20 #ping 远程计算机 192.168.10.20 一次
[root@Server01 ~]# arp  -n                   #查询缓存在本地的远程计算机中的 MAC 地址
```

11.2　项目设计与准备

11-2　课堂慕课

配置与管理
DHCP 服务器

11.2.1　项目设计

部署 DHCP 之前应该先进行规划，明确哪些 IP 地址用于自动分配给客户端（作用域中应包含的 IP 地址），哪些 IP 地址用于手动指定给特定的服务器。例如，在项目中，IP 地址要求如下。

（1）适用的网络为 192.168.10.0/24，网关为 192.168.10.254。

（2）192.168.10.1~192.168.10.30 网段地址是服务器的固定地址。

（3）客户端可以使用的网段地址 192.168.10.31~192.168.10.200，但 192.168.10.105、192.168.10.107 为保留 IP 地址。

> **注意** 用于手动指定的 IP 地址一定要排除保留地址，或者采用地址池之外的可用 IP 地址，否则会造成 IP 地址冲突。

11.2.2 项目准备

部署 DHCP 服务应满足下列需求。

（1）安装统信 UOS V20 服务器，作为 DHCP 服务器。

（2）DHCP 服务器的 IP 地址、子网掩码、DNS 等 TCP/IP 参数必须手动指定，否则将不能为客户端分配 IP 地址。

（3）DHCP 服务器必须拥有一组有效的 IP 地址，以便自动分配给客户端。

（4）如果不特别指出，则所有统信 UOS 的虚拟机网络连接模式都选择"自定义"→"VMnet1（仅主机模式）"，如图 11-2 所示。**请读者特别留意！**

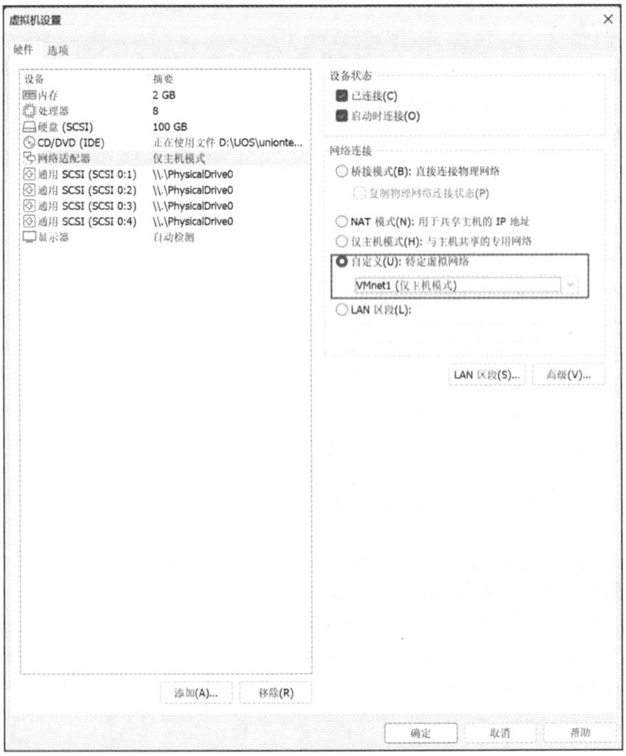

图 11-2　统信 UOS 的虚拟机网络连接模式

（5）本项目要用到 Server01、Client1、Client2 和 Client3，设备情况如表 11-1 所示。

表 11-1　设备情况

主机名	操作系统	IP 地址	网络连接模式
DHCP 服务器：Server01	统信 UOS V20	192.168.10.1/24	VMnet1（仅主机模式）
统信 UOS 客户端：Client1	统信 UOS V20	自动获取	VMnet1（仅主机模式）
统信 UOS 客户端：Client2	统信 UOS V20	保留地址	VMnet1（仅主机模式）
Windows 客户端：Client3	Windows 10	自动获取	VMnet1（仅主机模式）

11.3　项目实施

任务 11-1　在服务器 Server01 上安装 DHCP 服务器

（1）检测系统是否已经安装了 DHCP 相关软件。

```
[root@Server01 ~]# rpm -qa | grep  dhcp
```

（2）如果系统还没有安装 dhcp 软件包，则可以使用 dnf 命令安装所需软件包。

① 挂载 ISO 映像文件。

```
[root@Server01 ~]# mount /dev/cdrom  /media
```

② 制作用于安装的 yum 源文件（详见**项目 1** 中的相关内容）。

```
[root@Server01 ~]# vim /etc/yum.repos.d/dvd.repo
```

③ 使用 dnf 命令查看 dhcp 软件包的信息。

```
[root@Server01 ~]# dnf info dhcp-server
```

④ 使用 dnf 命令安装 dhcp 服务。

```
[root@Server01 ~]# dnf clean all                    #安装前先清除缓存
[root@Server01 ~]# dnf  install  dhcp-server  -y
```

软件包安装完毕，可以使用 rpm 命令再次进行查询，结果如下。

```
[root@Server01 ~]# rpm -qa | grep dhcp
dhcp-help-4.4.2-9.uel20.noarch
dhcp-4.4.2-9.uel20.x86_64
```

试一试　如果执行 "**dnf install dhcp***" 命令，则结果是怎样的？读者不妨试一试。

任务 11-2　熟悉 DHCP 主配置文件

基本的 DHCP 服务器搭建流程如下。

① 编辑主配置文件/etc/dhcp/dhcpd.conf，指定 IP 地址作用域（指定一个或多个 IP 地址范围）。

② 建立租用数据库文件。

③ 重新加载配置文件或重新启动 dhcpd 服务使配置生效。

DHCP 的工作流程如图 11-3 所示。

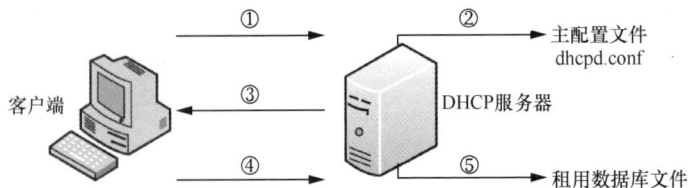

图 11-3　DHCP 的工作流程

① 客户端发送广播向 DHCP 服务器申请 IP 地址。

② 服务器收到请求后，查看主配置文件 dhcpd.conf，先根据客户端的 MAC 地址查看是否为客户端设置了静态 IP 地址。

③ 如果为客户端设置了静态 IP 地址，则将该 IP 地址发送给客户端；如果没有为客户端设置静态 IP 地址，则将地址池中的 IP 地址发送给客户端。

④ 客户端收到 DHCP 服务器回应后，给予服务器回应，告诉服务器已经使用了分配的 IP 地址。

⑤ 服务器将相关租用信息存入租用数据库文件。

1. 主配置文件 dhcpd.conf

（1）复制样例文件到主配置文件。

默认主配置文件（/etc/dhcp/dhcpd.conf）没有任何实质内容，打开查阅，发现里面只有一行内容"see /usr/share/doc/dhcp*/dhcpd.conf.example"。下面复制样例文件到主配置文件。

```
[root@Server01 ~]# cp /usr/share/doc/dhcp-server/dhcpd.conf.example /etc/dhcp/dhcpd.conf
[root@Server01 ~]#
```

下面以样例文件为例讲解主配置文件。

（2）dhcpd.conf 主配置文件组成部分。

- parameters（参数）。
- declarations（声明）。
- option（选项）。

（3）dhcpd.conf 主配置文件整体框架。

dhcpd.conf 包括全局配置和局部配置。

全局配置可以包含参数或选项，该部分对整个 DHCP 服务器生效，即全局生效。

局部配置通常由声明部分表示，该部分仅对局部生效，比如仅对某个 IP 地址作用域生效。

dhcpd.conf 文件格式如下。

```
#全局配置
参数或选项;                    # 全局生效
#局部配置
声明 {
        参数或选项;            # 局部生效
        }
```

样例文件内容包含部分参数或选项，以及声明的用法，其中注释部分可以放在任何位置，并以"#"开头，当一行内容结束时，以";"结尾，花括号所在行除外。

我们可以看出整个主配置文件分成全局和局部两个部分，但是并不容易看出哪些属于参数，哪些属于声明或选项。

2. 常用参数介绍

参数主要用于设置服务器和客户端的动作或者是否执行某些任务，比如设置 IP 地址租用时间、是否检查客户端所用的 IP 地址等。dhcpd 服务程序配置文件中常用的参数及作用如表 11-2 所示。

表 11-2　dhcpd 服务程序配置文件中常用的参数及作用

参数	作用
ddns-update-style [类型]	定义 DNS 服务器动态更新的类型，包括 none（不支持动态更新）、interim（互动更新模式）与 ad-hoc（特殊更新模式）
[allow | ignore] client-updates	允许/忽略客户端更新 DNS 记录
default-lease-time 600	默认超时时间，单位是 s
max-lease-time 7200	最大超时时间，单位是 s
option domain-name-servers　192.168.10.1	定义 DNS 地址
option domain-name "domain.org"	定义 DNS 域名
range 192.168.10.10　192.168.10.100	定义用于为客户端分配的 IP 地址池
option subnet-mask 255.255.255.0	定义客户端的子网掩码
option routers 192.168.10.254	定义客户端的网关地址
broadcase-address 192.168.10.255	定义客户端的广播地址
ntp-server　192.168.10.1	定义客户端的网络时间服务器，又称网络时间协议（Network Time Protocol，NTP）
nis-servers　192.168.10.1	定义客户端的网络信息服务（Network Information Service，NIS）域服务器的地址
Hardware　00:0c:29:03:34:02	指定网卡接口的类型与 MAC 地址
server-name　mydhcp.smile60.cn	向 DHCP 客户端通知 DHCP 服务器的主机名
fixed-address　192.168.10.105	将某个静态 IP 地址分配给指定主机
time-offset [偏移误差]	指定客户端与格林尼治时间的偏移差

3. 常用声明

声明一般用来指定 IP 地址作用域、定义用于为客户端分配的 IP 地址池等。

声明格式如下。

```
声明 {
        参数或选项；
           }
```

常用声明的使用方法如下。

（1）subnet 网络号 netmask 子网掩码{……}。

作用：定义 IP 地址作用域、指定子网。

```
subnet  192.168.10.0   netmask   255.255.255.0  {
                    ......
                            }
```

注意 网络号至少与 DHCP 服务器的其中一个网络号相同。

（2）range dynamic-bootp　起始 IP 地址　结束 IP 地址。

作用：指定动态 IP 地址范围。例如：

```
range dynamic-bootp   192.168.10.100   192.168.10.200
```

注意 可以在 subnet 声明中指定多个 range，但多个 range 定义的 IP 地址范围不能重复。

4. 常用选项

选项通常用来配置 DHCP 客户端的可选参数，如定义客户端的 DNS 地址、默认网关等。选项内容都是以 option 关键字开头的。

常用选项的使用方法如下。

（1）option routers　IP 地址。

作用：为客户端指定默认网关。例如：

```
option routers   192.168.10.254
```

（2）option subnet-mask　子网掩码。

作用：设置客户端的子网掩码。例如：

```
option subnet-mask   255.255.255.0
```

（3）option domain-name-servers IP 地址。

作用：为客户端指定 DNS 服务器 IP 地址。例如：

```
option  domain-name-servers   192.168.10.1
```

注意 （1）～（3）可以用在全局配置中，也可以用在局部配置中。

5. IP 地址绑定

DHCP 中的 IP 地址绑定用于给客户端分配静态 IP 地址。比如客户端需要使用静态 IP 地址就可以使用 IP 地址绑定，通过 MAC 地址与 IP 地址的对应关系为指定的物理地址计算机分配静态 IP 地址。

整个分配过程需要用到 host 声明和 hardware、fixed-address 参数。

（1）host　主机名 {……}。

作用：定义保留地址。例如：

```
host   computer1
```

注意 该声明通常搭配 subnet 声明使用。

（2）hardware 网络接口类型 硬件地址。

作用：定义网络接口类型和硬件地址。常用网络接口类型为以太网（Ethernet），硬件地址为 MAC 地址。例如：

```
hardware  ethernet  3a:b5:cd:32:65:12
```

（3）fixed-address   IP 地址。

作用：定义 DHCP 客户端指定的 IP 地址。例如：

```
fixed-address   192.168.10.105
```

> **注意**　（2）、（3）只能应用于 host 声明中。

6. 租用数据库文件

租用数据库文件用于保存一系列的租用声明，其中包含客户端的主机名、MAC 地址、分配的 IP 地址，以及 IP 地址的有效期等相关信息。租用数据库文件是可编辑的 ASCII 格式文本文件。每当发生租用变化时，该文件都会在结尾添加新的租用声明。

DHCP 刚安装时，租用数据库文件 dhcpd.leases 是一个空文件。

当 DHCP 服务正常运行后，就可以使用 cat 命令查看租用数据库文件内容了。

```
cat  /var/lib/dhcpd/dhcpd.leases
```

任务 11-3　配置 DHCP 应用案例

现在我们完成一个简单的配置 DHCP 应用案例。

1. 案例需求

技术部有 60 台计算机，各台计算机的 IP 地址要求如下。

（1）DHCP 服务器和 DNS 服务器的地址都为 192.168.10.1/24，有效 IP 地址段为 192.168. 10.1 ~ 192.168.10.254，子网掩码为 255.255.255.0，网关为 192.168.10.254。

（2）192.168.10.1 ~ 192.168.10.30 地址段的 IP 地址是服务器的固定 IP 地址。

（3）客户端可以使用的地址段为 192.168.10.31 ~ 192.168.10.200，但 192.168.10.105、192.168.10.107 为保留地址，其中 192.168.10.105 保留给 Client2。

（4）客户端 Client1 模拟其他所有的客户端，采用自动获取方式配置 IP 地址等信息。

2. 网络环境搭建

统信 UOS V20 服务器和客户端的 IP 地址及 MAC 地址等信息如表 11-3 所示（可以使用 VMware Workstation 的"克隆"技术快速安装需要的 Linux 客户端，**MAC 地址因读者的计算机不同而不同**）。

表 11-3　统信 UOS V20 服务器和客户端的 IP 地址及 MAC 地址等信息

主机名	操作系统	IP 地址	MAC 地址
DHCP 服务器：Server01	统信 UOS V20	192.168.10.1	00:0c:29:c6:00:0a
统信 UOS 客户端：Client1	统信 UOS V20	自动获取	00:0c:29:37:e8:2e
统信 UOS 客户端：Client2	统信 UOS V20	保留地址	00:0c:29:e6:f6:b6
Windows 客户端：Client3	Windows 10	自动获取	00-0C-29-30-7E-9E

4 台计算机的网络连接模式都设为仅主机模式（VMnet1），其中一台作为服务器，剩余 3 台作为客户端。

3. 服务器配置

（1）定制全局配置和局部配置，局部配置需要把 192.168.10.0/24 网段声明出来，然后在该声明中指定一个 IP 地址池，范围为 192.168.10.31~192.168.10.200，但要删除 192.168.10.105 和 192.168.10.107，其他 IP 地址分配给客户端使用。注意范围的写法！

（2）要保证使用静态 IP 地址，就要在 subnet 声明中嵌套 host 声明，目的是单独为 Client2 设置静态 IP 地址，并在 host 声明中加入 IP 地址和 MAC 地址绑定的选项以申请静态 IP 地址。

使用"vim /etc/dhcp/dhcpd.conf"命令可以编辑 DHCP 主配置文件，主配置文件的全部内容如下。

```
ddns-update-style none;
log-facility local7;
subnet 192.168.10.0 netmask 255.255.255.0 {
  range 192.168.10.31 192.168.10.104;
  range 192.168.10.106 192.168.10.106;
  range 192.168.10.108 192.168.10.200;
  option domain-name-servers 192.168.10.1;
  option domain-name "myDHCP.smile60.cn";
  option routers 192.168.10.254;
  option broadcast-address 192.168.10.255;
  default-lease-time 600;
  max-lease-time 7200;
}
host    Client2{
        hardware ethernet 00:0c:29:e6:f6:b6;
        fixed-address 192.168.10.105;
}
```

（3）配置完成后，保存并退出，重启 DHCP 服务，并设置开机自动启动。

```
[root@Server01 ~]# systemctl restart dhcpd
[root@Server01 ~]# systemctl enable dhcpd
```

特别注意 如果 DHCP 启动失败，则可以使用"dhcpd"命令进行排错。

DHCP 启动失败的原因一般如下。

① 配置文件出问题。

内容不符合语法结构，如缺少分号；声明的子网和子网掩码不匹配。

② 主机 IP 地址和声明的子网不在同一网段。

③ 主机没有配置 IP 地址。

④ 配置文件路径出问题，不同版本配置文件保存位置不同，比如有的配置文件保存在 /etc/dhcpd.Conf 中，有的却保存在 /etc/dhcp/dhcpd.conf 中。

4. 在客户端 Client1 上进行测试

注意 如果在真实网络中，应该不会出问题。但如果我们使用的是 VMware Workstation12 或其他类似的版本，则虚拟机中的 DHCP 客户端可能会获取到 192.168.79.0 网络中的一个地址，与我们的预期目标不符。这时需要关闭 VMnet8 和 VMnet1 的 DHCP 服务功能。

关闭 VMnet8 和 VMnet1 的 DHCP 服务功能的方法如下（本项目的服务器和客户端的网络连接模式都为 VMnet1，因此方法中只涉及 VMnet1）。

在 VMware Workstation 主窗口中依次单击"编辑"→"虚拟网络编辑器"命令，打开"虚拟网络编辑器"对话框，选中 VMnet1 或 VMnet8，去掉对应的 DHCP 服务启用选项，如图 11-4 所示。

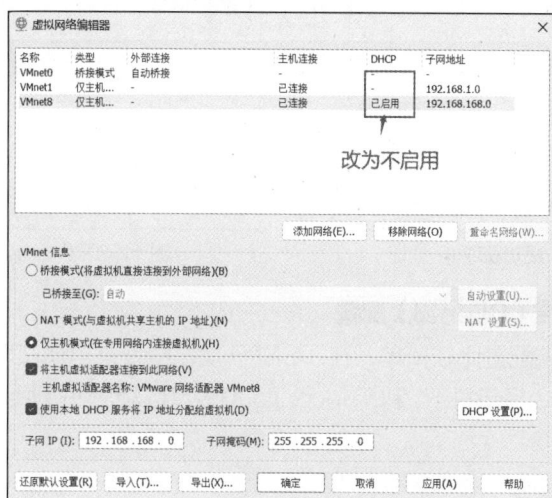

图 11-4 "虚拟网络编辑器"对话框

（1）以 root 用户身份登录主机名为 Client1 的统信 UOS V20 计算机，依次单击任务栏中的"控制中心"→"网络"→"有线网络"，打开"ens32"对话框，如图 11-5 所示。

（2）单击图 11-5 所示的 > 按钮，在弹出的窗口中的"IPv4"下，将"方法"设置为"自动"，最后单击"保存"按钮，如图 11-6 所示。

图 11-5 "控制中心"界面

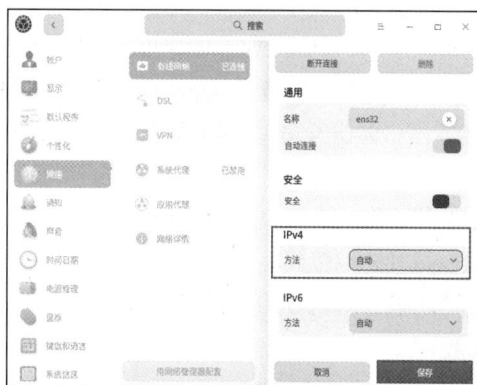

图 11-6 设置方法为"自动"

（3）回到图 11-5 所示的对话框，单击"网络详情"，这时会看到图 11-7 所示的结果，Client1 成功获取 DHCP 服务器地址池的一个 IP 地址。

5．在客户端 Client2 上进行测试

同样以 root 用户身份登录主机名为 Client2 的统信 UOS 客户端，按前文的方法，设置 Client2 自动获取 IP 地址，最后的结果如图 11-8 所示。

图 11-7　Client1 成功获取 IP 地址

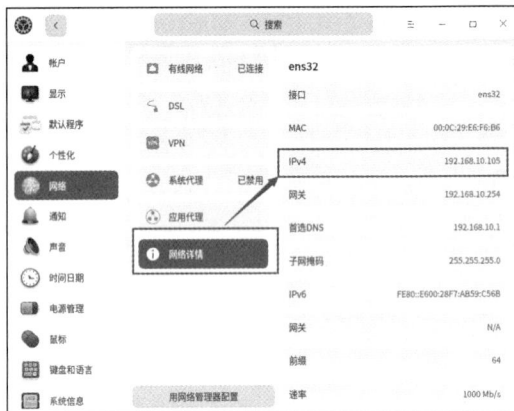

图 11-8　Client2 成功获取 IP 地址

6．Windows 客户端（Client3）配置

（1）Windows 客户端配置比较简单，在 TCP/IP 属性中设置自动获取 IP 地址即可。

（2）在 Windows 命令提示符下，利用 ipconfig 命令可以释放 IP 地址，然后重新获取 IP 地址。相关命令如下。

释放 IP 地址：ipconfig　/release。

重新获取 IP 地址：ipconfig　/renew。

7．在服务器 Server01 查看租用数据库文件

```
[root@Server01 ~]# cat  /var/lib/dhcpd/dhcpd.leases
```

11.4　拓展阅读　中国的超级计算机

你知道全球超级计算机 500 强榜单吗？你知道中国目前的水平吗？

由国际组织"TOP500"编制的 2023 年 6 月 19 日发布的全球超级计算机 500 强榜单显示，中国在全球浮点运算性能最强的 500 台超级计算机中，部署的超级计算机数量继续位列第一，达到 173 台，占总体份额超过 34.6%。其中，"神威·太湖之光"超级计算机位列榜单全球第一，性能峰值达到 1.2 亿亿次每秒。此外，中国厂商联想、曙光、浪潮是全球前三的"超算"供应商，总交付数量达到 396 台，占总体份额超过 79.2%。这表明中国在超级计算机领域的技术实力和市场份额继续保持领先地位。

全球超级计算机 500 强榜单始于 1993 年，每半年发布一次，是全球已安装的超级计算机排名的权威榜单。

11.5 项目实训 配置与管理 DHCP 服务器

1. 项目背景

（1）配置 DHCP 服务器。

某企业计划搭建一台 DHCP 服务器来解决 IP 地址动态分配的问题，要求能够分配 IP 地址及网关、DNS 等其他网络属性信息，同时要求 DHCP 服务器为 DNS、Web、samba 服务器分配静态 IP 地址。企业的 DHCP 服务器搭建网络拓扑如图 11-9 所示。

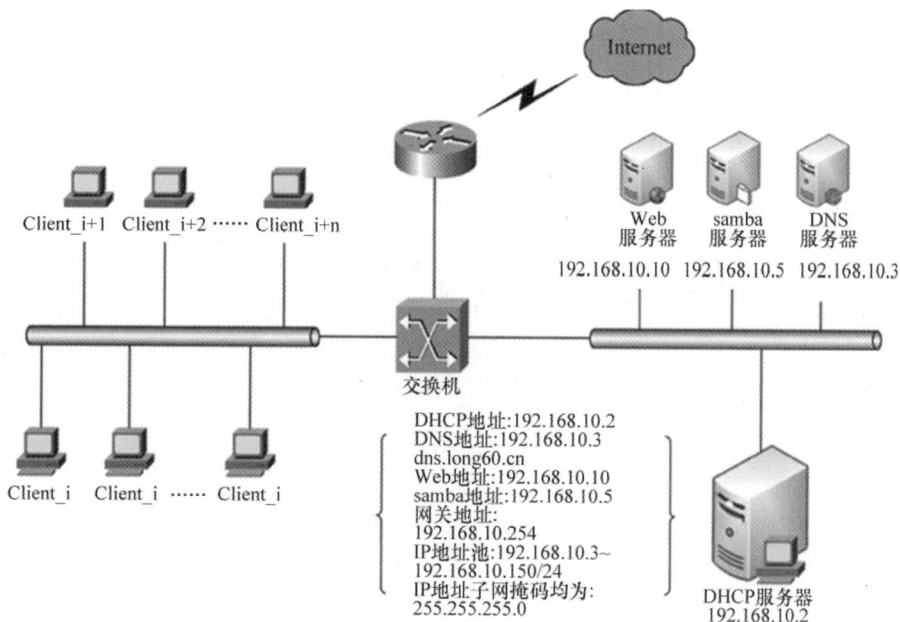

图 11-9 企业的 DHCP 服务器搭建网络拓扑

企业 DHCP 服务器的 IP 地址为 192.168.10.2；DNS 服务器的域名为 dns.long60.cn，IP 地址为 192.168.10.3；Web 服务器的 IP 地址为 192.168.10.10；samba 服务器的 IP 地址为 192.168.10.5；网关地址为 192.168.10.254；IP 地址池范围为 192.168.10.3～192.168.10.150/24，子网掩码为 255.255.255.0。

（2）配置 DHCP 超级作用域。

企业内部搭建 DHCP 服务器，网络规划采用单作用域的结构，使用 192.168.10.0/24 网段的 IP 地址。随着企业规模扩大、设备增多，现有的 IP 地址无法满足网络的需求，需要添加可用的 IP 地址。在 DHCP 服务器上添加新的 IP 地址作用域，使用 192.168.8.0/24 网段扩展 IP 地址的范围。

配置 DHCP 超级作用域网络拓扑如图 11-10 所示（注意各虚拟机网卡的不同网络连接模式）。

（3）配置 DHCP 中继代理。

企业内部存在两个子网，分别为 192.168.10.0/24、192.168.3.0/24，现在需要使用一台 DHCP 服务器为这两个子网的客户端分配 IP 地址。配置 DHCP 中继代理网络拓扑如图 11-11 所示。

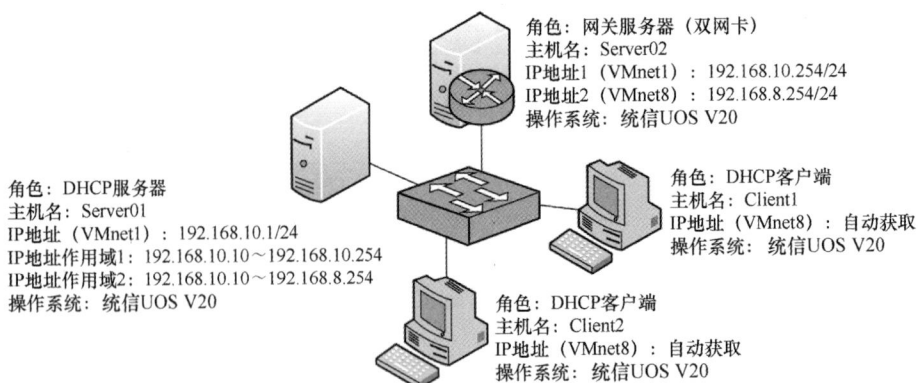

图 11-10 配置 DHCP 超级作用域网络拓扑

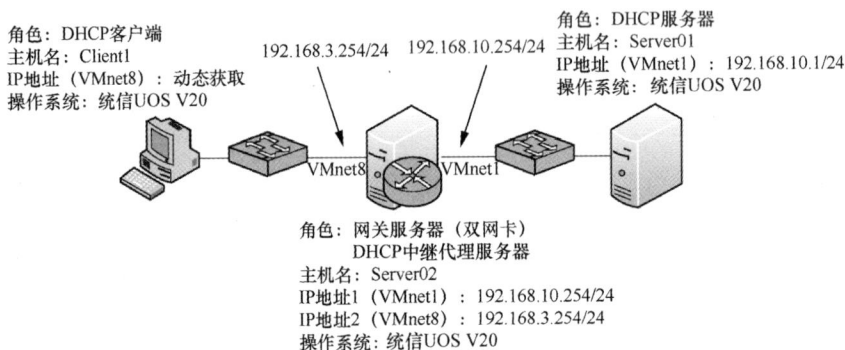

图 11-11 配置 DHCP 中继代理网络拓扑

2. 深度思考

思考以下问题。

（1）DHCP 软件包中哪些是必须的？哪些是可选的？

（2）DHCP 服务器的样例文件如何获得？

（3）如何设置保留地址？进行 host 声明的设置有何要求？

（4）超级作用域的作用是什么？

（5）配置中继代理要注意哪些问题？

3. 做一做

完成项目实训，检查学习效果。

11.6 练习题

一、填空题

1. DHCP 的工作过程包括_____、_____、_____、_____4 种广播信息包。

2. 如果 DHCP 客户端无法获得 IP 地址，则自动从_____地址段中选择一个 IP 地址作为自己的本机地址。

3. 在 Windows 环境下，释放 IP 地址使用_____命令，重新获取 IP 地址使用_____命令。

4. DHCP 是一个简化主机 IP 地址分配管理的 TCP/IP，英文全称为_____，中文名称为_____。

5. 当客户端注意到它的租用期到了_____以上时，就要更新该租用期。这时它发送一个_____信息包给它所获得原始信息的服务器。

6. 当租用期达到期满时间的近_____时，客户端如果在前一次请求中没能更新租用期的话，它会再次试图更新租用期。

二、选择题

1. TCP/IP 中，哪个协议是用来自动分配 IP 地址的？（   ）

A. ARP   B. NFS   C. DHCP   D. DNS

2. DHCP 租用数据库文件默认保存在（   ）目录中。

A. /etc/dhcp   B. /etc   C. /var/log/dhcp   D. /var/lib/dhcpd

3. 配置完 DHCP 服务器，运行（   ）命令可以重启 DHCP 服务。

A. systemctl dhcpd.service start   B. systemctl start dhcpd

C. start dhcpd   D. dhcpd on

三、简答题

1. 动态 IP 地址有什么优点和缺点？简述 DHCP 的工作过程。

2. 简述 IP 地址租用和更新的全过程。

3. 简述 DHCP 服务器分配给客户端的 IP 地址类型。

11.7 实践习题

建立 DHCP 服务器，为子网 A 内的客户端提供 DHCP 服务。具体参数如下。

- IP 地址段为 192.168.11.101 ~ 192.168.11.200。
- 子网掩码为 255.255.255.0。
- 网关地址为 192.168.11.254。
- 域名服务器为 192.168.10.1。
- 子网所属域的名称为 smile60.cn。
- 默认租约有效期为 1 天，最大租约有效期为 3 天。

请写出详细解决方案，并上机实现。

项目12

12

配置与管理DNS服务器

项目导入

  某高校组建了校园网，为了使校园网中的计算机可以简单、快捷地访问本地网络及 Internet 上的资源，需要在校园网中架设 DNS 服务器，用来提供将域名转换成 IP 地址的功能。

  在完成该项目之前，应确定网络中 DNS 服务器的部署环境，明确 DNS 服务器的各种角色及其作用。

职业能力目标

- 了解 DNS 服务器的作用及其在网络中的重要性。
- 理解 DNS 的域名空间。
- 掌握 DNS 查询模式。
- 掌握 DNS 的域名解析过程。
- 掌握常规 DNS 服务器的安装与配置。

- 掌握辅助 DNS 服务器的配置。
- 掌握转发 DNS 服务器和唯高速缓存 DNS 服务器的概念。
- 理解并掌握 DNS 客户端的配置。
- 掌握 DNS 的测试。

素养提示

- 明确职业技术岗位所需的职业规范和精神，树立正确的社会主义核心价值观。

- 坚定文化自信。"博学之，审问之，慎思之，明辨之，笃行之。"青年学生要讲究学习方法，珍惜现在的时光，做到不负韶华。

12.1 项目知识准备

  域名服务（Domain Name Service，DNS）是 Internet/Intranet 中非常基础，也是非常重要的一项服务，它提供了网络访问中域名和 IP 地址相互转换的功能。

12.1.1　认识域名空间

　　DNS 是一个分布式数据库，命名系统采用层次的逻辑结构，如同一棵倒置的树，这个树形逻辑结构称为域名空间，由于 DNS 划分了域名空间，所以各机构可以使用自己的域名空间创建 DNS 信息。域名空间结构如图 12-1 所示。

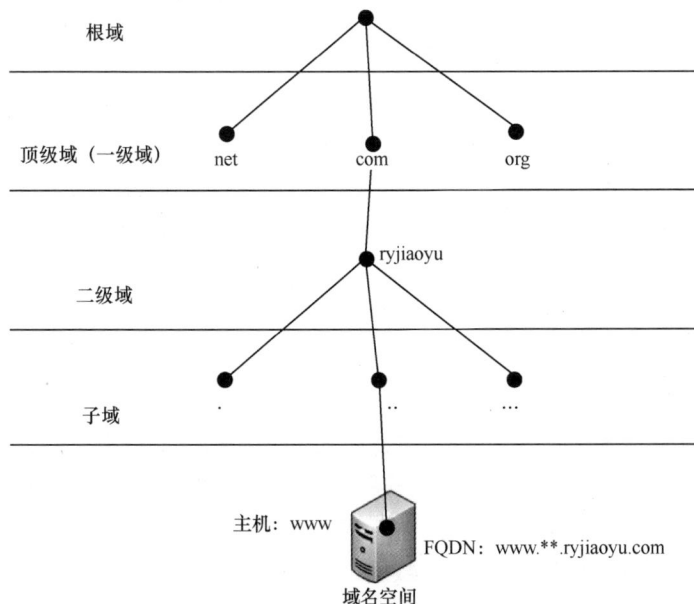

12-1　微课

配置与管理
DNS 服务器

图 12-1　域名空间结构

> **注意**　在域名空间中，DNS 树的深度不得超过 127 层，树中每个节点最多可以存储 63 个字符。

1. 域和域名

　　DNS 树的每个节点代表一个域，通过这些节点，对整个域名空间进行划分，形成一个层次的逻辑结构。域名空间的每个域的名称通过域名表示。域名通常由一个全限定域名（Fully Qualified Domain Name，FQDN）表示。FQDN 能准确表示出节点相对于 DNS 树根的位置，也就是能完整表示从节点到 DNS 树根的路径（采用反向书写形式），并将每个节点用"."分隔。

　　一个 DNS 域可以包括主机和其他域，每个机构都拥有域名空间某一部分的授权，负责该部分域名空间的管理和划分，并用它来命名 DNS 域和计算机。例如，ryjiaoyu 为 com 域的子域，其表示方法为 ryjiaoyu.com，www 为 ryjiaoyu 域中的 Web 主机，可以使用 www. ryjiaoyu.com 表示。

> **注意**　通常，FQDN 有严格的命名限制，其长度不能超过 256B，只允许使用字符 a～z、0～9、A～Z 和"−"。"."只允许用在域名之间（如"ryjiaoyu.com"）或者用在 FQDN 的结尾。域名不区分大小写。

2. 域名空间

域名空间像一棵倒置的树，并有层次划分，如图 12-1 所示。从"树根"到"树枝"，也就是从 DNS 树根到下面的节点，按照不同的层次，统一命名。域名空间最顶层是根域。根域的下一层为顶级域，又称为一级域。顶级域的下一层为二级域，再下一层为二级域的子域，按照需要进行规划，可以为多层。因此对域名空间整体进行划分，由最顶层到最下层，可以分成根域、顶级域、二级域、子域，并且域中能够包含主机和子域。主机 www 的 FQDN 从最下层到最顶层进行反向书写，表示为 www.**.ryjiaoyu.com。

域名空间的最顶层是根域，其记录着 Internet 的重要 DNS 信息，由 Internet 域名注册授权机构管理，该机构把对域名空间各部分的管理责任授权给连接到 Internet 的各个组织。

根域下面是顶级域，也由 Internet 域名注册授权机构管理。共有以下 3 种类型的顶级域。

- 组织域：采用 3 个字符的代号，表示 DNS 域中包含的组织。比如 com 表示商业机构组织，edu 表示教育机构组织，gov 表示政府机构组织，mil 表示军事机构组织，net 表示网络机构组织，org 表示非营利机构组织，int 表示国际机构组织。
- 地址域：采用两个字符的国家或地区代号，如 cn 表示中国，kr 表示韩国，us 表示美国。
- 反向域：这是特殊域，名称为 in-addr.arpa，用于将 IP 地址映射到域名（反向查询）。

对于顶级域的下层域，Internet 域名注册授权机构将对其的管理责任授权给 Internet 的各个组织。当一个组织获得了对域名空间某一部分管理责任的授权后，该组织负责命名所授权的域及其子域，包括域中的计算机和其他设备，并管理该域中主机名与 IP 地址的映射信息。

组成 DNS 系统的核心是 DNS 服务器，它是处理 DNS 查询的计算机，它为连接 Intranet 和 Internet 的用户提供并管理 DNS，维护 DNS 域名数据并处理 DNS 客户端主机名的查询。DNS 服务器保存了包含主机名和相应 IP 地址的数据库。

3. 区

区是 DNS 域名空间的一个连续部分，其中包含一组存储在 DNS 服务器上的资源记录。每个区都位于一个特殊的域，但区并不是域。域是域名空间的一个分支，而区一般是存储在文件中的域名空间的某一部分，可以包括多个域。一个域可以再分成多个部分或区，每个部分或区可以由一台 DNS 服务器控制。使用区的概念，DNS 服务器可负责关于自己区中主机的查询，以及该区的授权服务器问题。

12.1.2　DNS 服务器的分类

DNS 服务器分为以下 4 类。

1. 主 DNS 服务器

主（Master 或 Primary）DNS 服务器负责维护所管理域的域名服务信息。它从域管理员构造的本地磁盘文件中加载域名服务信息，该文件（区域文件）包含该服务器具有管理权的一部分域结构的精确信息。配置主 DNS 服务器需要一整套的配置文件，包括主配置文件（/etc/named.conf）、区域配置文件、正向解析区域声明文件、反向解析区域声明文件、根域文件（/var/named/named.ca）和回送文件（/var/named/named.local）。

2. 辅助 DNS 服务器

辅助（Slave 或 Secondary）DNS 服务器用于分担主 DNS 服务器的查询负载。区域文件是从主 DNS 服务器中转移出来的，并作为本地磁盘文件存储在辅助 DNS 服务器中。这种转移称为"区域文件转移"。在辅助 DNS 服务器中有一个所有域名服务信息的完整复制，可以权威地处理对该域的查询请求。配置辅助 DNS 服务器不需要生成本地的正、反向解析区域声明文件，因为可以从主 DNS 服务器下载该声明文件。因而只需配置主配置文件、区域配置文件、根域文件和回送文件即可。

3. 转发 DNS 服务器

转发（Forwarder）DNS 服务器可以向其他 DNS 服务器转发解析请求。当 DNS 服务器收到客户端的解析请求后，它首先尝试从其本地数据库中查询；若未能查到，则需要向其他指定的 DNS 服务器转发解析请求；其他指定的 DNS 服务器完成解析后返回解析结果，转发 DNS 服务器将该解析结果缓存在自己的 DNS 缓存中，并向客户端返回解析结果。在缓存期内，如果客户端请求解析相同的域名，则转发 DNS 服务器立即回应客户端；否则，将再次发生转发解析的过程。

目前网络中的所有 DNS 服务器均被配置为转发 DNS 服务器，向其他指定的 DNS 服务器或根服务器转发自己无法完成的解析请求。

4. 唯高速缓存 DNS 服务器

唯高速缓存（Caching-only）DNS 服务器供本地网络上的客户端进行域名转换。它通过查询其他 DNS 服务器并将获得的信息存放在它的高速缓存中，为客户端查询信息提供服务。这个服务器不是权威的服务器，因为它提供的所有信息都是间接信息。

12.1.3　DNS 查询模式

DNS 查询模式分为以下两种。

1. 递归查询

收到 DNS 客户端的查询请求后，DNS 服务器在自己的缓存或区域数据库中进行查询。如果本地 DNS 服务器没有存储查询的 DNS 信息，那么该服务器会询问其他服务器，并将返回的查询结果提交给客户端。

2. 转寄查询（又称迭代查询）

当收到 DNS 工作站的查询请求后，如果在 DNS 服务器中没有查到所需数据，则该 DNS 服务器会告诉 DNS 工作站另一台 DNS 服务器的 IP 地址，然后由 DNS 工作站自行向另一台 DNS 服务器发出查询请求，以此类推，直到查到所需数据为止。如果直到最后一台 DNS 服务器都没有查到所需数据，则通知 DNS 工作站查询失败。"转寄"的意思就是，若在某地查不到，该地就告诉用户其他地方的地址，让用户转到其他地方查询。一般在 DNS 服务器之间的查询请求都使用转寄查询（DNS 服务器也可以充当 DNS 工作站的角色）。

12.1.4　域名解析过程

1. DNS 域名解析的工作过程

DNS 域名解析的工作过程如图 12-2 所示。

假设 DNS 客户端使用电信非对称数字用户线（Asymmetric Digital Subscriber Line，ADSL）接入 Internet，电信为其分配的 DNS 服务器地址为 210.111.110.10，其域名解析工作过程如下。

① DNS 客户端向本地 DNS 服务器（210.111.110.10）直接查询 www. ryjiaoyu.com 的域名。

② 本地 DNS 服务器无法解析此域名，它先向根服务器发出请求，查询 .com 的 DNS 地址。

③ 根服务器管理根域名的地址解析，它收到请求后，把查询结果返回给本地 DNS 服务器。

④ 本地 DNS 服务器得到查询结果后，向管理.com 域的 DNS 服务器即 com 服务器发出进一步的查询请求，要求得到 ryjiaoyu.com 的 DNS 地址。

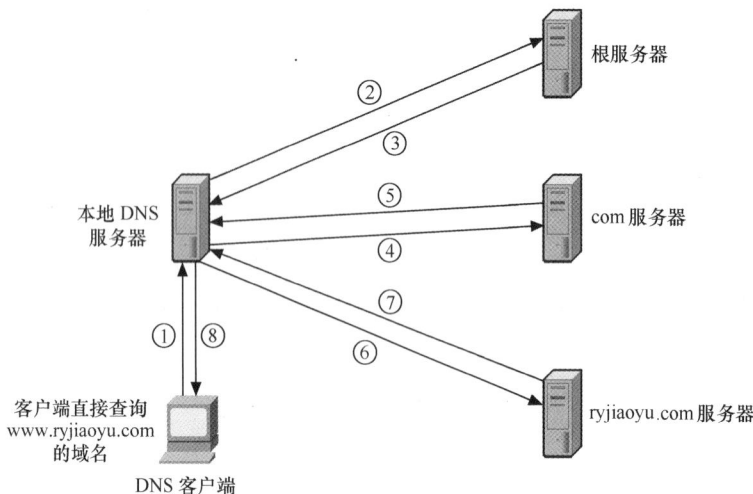

图 12-2　DNS 域名解析的工作过程

⑤ com 服务器把查询结果返回给本地 DNS 服务器。

⑥ 本地 DNS 服务器得到查询结果后，向管理 ryjiaoyu.com 域的 DNS 服务器即 ryjiaoyu.com 服务器发出查询具体主机 IP 地址的请求，要求得到满足要求的主机 IP 地址。

⑦ ryjiaoyu.com 服务器把查询结果返回给本地 DNS 服务器。

⑧ 本地 DNS 服务器得到了最终的查询结果，它把这个结果返回给 DNS 客户端，从而使 DNS 客户端能够和服务器通信。

2．正向解析与反向解析

（1）正向解析是指从域名到 IP 地址的解析过程。

（2）反向解析是指从 IP 地址到域名的解析过程。反向解析的作用为服务器的身份验证。

12.1.5　资源记录

为了将域名解析为 IP 地址，服务器查询它们的区域文件（又叫 DNS 数据库文件或简单数据库文件）。区域文件中包含组成相关 DNS 域资源信息的资源记录（Resource Record，RR）。例如，某些资源记录把域名映射到 IP 地址，另一些则把 IP 地址映射到域名。

某些资源记录不仅包括 DNS 域中服务器的信息，还可以用于定义域，即指定每台服务器授权了哪些域，这些资源记录就是 SOA 和 NS 资源记录。

1．SOA 资源记录

每个区在开始处都包含一个起始授权（Start of Authority，SOA）资源记录。SOA 资源记录定义了域的全局参数，进行整个域的管理设置。一个区域文件只允许存在唯一的 SOA 资源记录。

2．NS 资源记录

名称服务器（Name Server，NS）资源记录表示该区的授权服务器，它表示 SOA 资源记录中指定的该区的主 DNS 和辅助 DNS 服务器，也表示任何授权区的服务器。每个区在根处至少包含一个 NS 资源记录。

3. A 资源记录

地址（Address，A）资源记录把 FQDN 映射到 IP 地址，因而解析器能查询 FQDN 对应的 IP 地址。

4. PTR 资源记录

与 A 资源记录相反，指针（Pointer，PTR）资源记录把 IP 地址映射到 FQDN。

5. CNAME 资源记录

规范名（Canonical Name，CNAME）资源记录创建特定 FQDN 的别名。用户可以使用 CNAME 资源记录来隐藏用户网络的实现细节，使连接的客户端无法知道。

6. MX 资源记录

邮件交换（Message Exchange，MX）资源记录为 DNS 域名指定邮件交换服务器。邮件交换服务器是用于 DNS 域名处理或转发邮件的主机。

- 处理邮件是指把邮件传送到目的地或传送给另一个不同类型的邮件传送者。
- 转发邮件是指直接使用简单邮件传送协议（Simple Mail Transfer Protocol，SMTP）把邮件传送到离最终目的服务器最近的邮件交换服务器。需要注意的是，有的邮件需要经过一定时间的排队才能到达目的地。

12.1.6 hosts 文件

hosts 文件是 Linux 系统中一个负责 IP 地址与主机名/域名快速解析的文件，以 ASCII 格式保存在/etc 目录下，文件名为"hosts"。hosts 文件包含 IP 地址和主机名/域名之间的映射，还包含主机名的别名。在没有 DNS 服务器的情况下，系统上的所有网络程序都通过查询该文件来解析对应于某个主机名/域名的 IP 地址，否则就需要使用 DNS 服务程序来解析。通常我们可以将常用的主机名/域名和 IP 地址映射加入 hosts 文件中，实现快速、方便的访问。hosts 文件的格式如下。

```
IP 地址        主机名/域名
```

【例 12-1】假设要添加域名为 www.smile60.cn，IP 地址为 192.168.0.1 的主机记录，以及域名为 www.long60.cn，IP 地址为 192.168.10.1 的主机记录，则可在 hosts 文件中添加如下记录。

```
192.168.0.1          www.smile60.cn
192.168.10.1         www.long60.cn
```

12.2 项目设计与准备

12.2.1 项目设计

为了保证校园网中的计算机能够安全、可靠地通过域名访问本地网络以及 Internet 资源，某高校需要在网络中部署主 DNS 服务器、辅助 DNS 服务器、唯高速缓存 DNS 服务器。

12.2.2 项目准备

一共 4 台计算机，其中 3 台安装的是统信 UOS V20 操作系统，1 台安装的是 Windows Server 2016 操作系统，DNS 服务器和客户端信息如表 12-1 所示。

表 12-1 DNS 服务器和客户端信息

主机名	操作系统	IP 地址	网络连接模式
DNS 服务器：Server01	统信 UOS V20	192.168.10.1/24	VMnet1
DNS 服务器：Server02	统信 UOS V20	192.168.10.2/24	VMnet1
统信 UOS 客户端：Client1	统信 UOS V20	192.168.10.20/24	VMnet1
Windows 客户端：Client3	Windows Server 2016	192.168.10.40/24	VMnet1

注意 DNS 服务器的 IP 地址必须是静态的。

12.3 项目实施

任务 12-1 安装 BIND 软件包、启动 DNS 服务

伯克利互联网域名（Berkeley Internet Name Domain，BIND）是一款架设 DNS 服务器的开放源代码软件。BIND 原本是美国国防部高级研究计划局（Defense Advanced Research Project Agency，DARPA）资助美国加州大学伯克利分校开设的一个研究生课题，经过多年的变化和发展，BIND 已经成为世界上使用极为广泛的 DNS 服务器软件，目前 Internet 上绝大多数的 DNS 服务器都是用 BIND 来架设的。

BIND 能够运行在当前大多数的操作系统上。目前，BIND 由 Internet 软件联合会（Internet Software Consortium，ISC）这个非营利性机构负责开发和维护。

12-2 课堂慕课

配置与管理 DNS 服务器

1. 安装 BIND 软件包

（1）使用 dnf 命令安装 BIND 软件包（光盘挂载、yum 源文件的制作请参考前面相关内容）。

```
[root@Server01~]# mount /dev/cdrom /media
[root@Server01~]# dnf clean all                          # 安装前先清除缓存
[root@Server01~]# dnf install bind bind-chroot -y
```
（2）安装完后再次查询，发现已安装成功。
```
[root@Server01~]# rpm -qa|grep bind
bind-chroot-9.11.13-3.el8.x86_64
......
bind-9.11.13-3.el8.x86_64
```
2. DNS 服务的启动（加入开机自启动）、停止与重启
```
[root@Server01~]# systemctl start named;systemctl stop named
```

```
[root@Server01~]# systemctl restart named; systemctl  enable  named
```

任务 12-2 掌握 BIND 配置文件

1. DNS 服务器配置流程

一个比较简单的 DNS 服务器配置流程主要分为以下 3 步。

（1）建立主配置文件 named.conf，该文件主要用于设置 DNS 服务器能够管理的区域，以及这些区域对应的区域文件和存放路径。

（2）建立区域配置文件和正、反向解析区域声明文件，按照 named.conf 文件中指定的路径和文件名建立区域配置文件，按照区域配置文件中指定的路径和文件名建立正、反向解析区域声明文件，正、反向解析区域声明文件主要记录该区域内的资源记录。

（3）重新加载配置文件或重新启动 named 服务使配置生效。

2. DNS 服务器配置流程实例

下面我们来看一个具体实例，配置 DNS 服务器工作流程如图 12-3 所示。

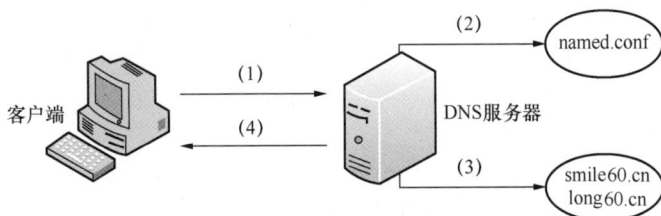

图 12-3 配置 DNS 服务器工作流程

配置 DNS 服务器工作流程说明如下。

（1）客户端需要获得 www.smile60.cn 主机对应的 IP 地址，将查询请求发送给 DNS 服务器。

（2）DNS 服务器接收到请求后，查询 named.conf 文件，检查是否能够解析 smile60.cn 区域文件。named.conf 中记录着能够解析 smile60.cn 区域文件并提供 smile60.cn 区域文件所在路径及文件名。

（3）DNS 服务器根据 named.conf 文件中提供的路径及文件名找到 smile60.cn 区域文件对应的配置文件，并从中找到 www.smile60.cn 主机对应的 IP 地址。

（4）将查询结果反馈给客户端，完成整个查询过程。

DNS 配置文件一般分为主配置文件、区域配置文件和正、反向解析区域声明文件。下面介绍各配置文件的配置方法。

3. 认识主配置文件

主配置文件 named.conf 位于/etc 目录下，其主要内容如下。

```
[root@Server01 ~]# cat /etc/named.conf
......                                   # 略
options {
  listen-on port 53 { 127.0.0.1; };      # 指定BIND监听的DNS查询请求的本机IP地址和端口

    listen-on-v6 port 53 { ::1; };       # 限于IPv6
    directory "/var/named";              # 指定区域配置文件所在的路径
    dump-file     "/var/named/data/cache_dump.db";
```

```
        statistics-file "/var/named/data/named_stats.txt";
        memstatistics-file "/var/named/data/named_mem_stats.txt";
        allow-query { localhost; };              # 指定接收 DNS 查询请求的客户端
recursion yes;
dnssec-enable yes;
dnssec-validation yes;                           # 改为 no 可以忽略 SELinux 的影响
dnssec-lookaside auto;
......                                           # 略
};
# 以下用于指定 BIND 服务的日志参数

logging {
        channel default_debug {
                file "data/named.run";
                severity dynamic;
        };
};

zone "." IN {                          # 用于指定根服务器的配置信息，一般不能修改
  type hint;
  file "named.ca";
};

include "/etc/named.zones";            # 指定主配置文件，一定根据实际修改
include "/etc/named.root.key";
```

options 配置段属于全局性的配置，常用配置命令及功能如下。

① **directory**：用于指定 named 守护进程的工作目录，各区域正、反向搜索解析文件和 DNS 根服务器地址列表文件（named.ca）应放在该配置命令指定的目录中。

② **allow-query{}**：与 allow-query{localhost;}功能相同。另外，其还可以使用地址匹配符来表示允许的主机。例如，any 表示可匹配所有的 IP 地址，none 表示不匹配任何 IP 地址，localhost 表示匹配本地主机使用的所有 IP 地址，localnets 表示匹配与本地主机相连的网络中的所有主机。例如，若仅允许 127.0.0.1 和 192.168.10.0/24 网段的主机查询该 DNS 服务器，则命令为：

```
allow-query {127.0.0.1;192.168.10.0/24};
```

③ **listen-on**：用于指定 named 守护进程监听的 IP 地址和端口。若未指定，则默认监听 DNS 服务器的所有 IP 地址的 53 号端口。当服务器安装了多块网卡、有多个 IP 地址时，可通过该配置命令指定要监听的 IP 地址。对于只有一个 IP 地址的服务器，不必进行指定。例如，要指定 DNS 服务器监听 192.168.10.2 这个 IP 地址，使用标准的 5353 号端口，则配置命令为：

```
listen-on port 5353 { 192.168.10.2;};
```

④ **forwarders{}**：用于指定 DNS 转发器。指定 DNS 转发器后，所有非本域的和在缓存中无法找到的域名查询，可由指定的 DNS 转发器来完成解析工作并进行缓存。forward 用于指定转发方式，仅在 forwarders 转发器列表不为空时有效，其用法为"forward first | only；"。"forward first"为默认方式，DNS 服务器会将用户的域名查询请求先转发给 forwarders 指定的转发器，由该转发器来完成域名的解析工作。若指定的转发器无法完成解析工作或无响应，则再由 DNS 服务器自身来完成域名的解析工作。若设置为"forward only；"，则 DNS 服务器仅将用户的域名查询请求

转发给转发器。若指定的转发器无法完成域名解析或无响应，则 DNS 服务器自身也不会试着对其进行域名解析。例如，某地区的 DNS 服务器的 IP 地址为 61.128.192.68 和 61.128.128.68，若要将其配置为 DNS 服务器的转发器，则配置命令为：

```
options{
        forwarders {61.128.192.68;61.128.128.68;};
        forward first;
};
```

4. 认识区域配置文件

区域配置文件位于/etc 目录下，可将 named.rfc1912.zones 复制到主配置文件中指定的区域配置文件，在本书中是/etc/named.zones 中（-p 表示把修改时间和访问权限也复制到新文件中）。

```
[root@Server01 ~]# cp -p /etc/named.rfc1912.zones  /etc/named.zones
[root@Server01 ~]# cat /etc/named.rfc1912.zones
zone "localhost.localdomain" IN {
 type master;                          # 主要区域
 file "named.localhost";               # 指定正向解析区域声明文件
 allow-update { none; };
};
......                                 # 略
zone "1.0.0.127.in-addr.arpa" IN {     # 反向解析区域
 type master;
 file "named.loopback";                # 指定反向解析区域声明文件
 allow-update { none; };
};
......                                 # 略
```

（1）区域声明。

① 主 DNS 服务器的正向解析区域声明格式如下（样本文件为 named.localhost）。

```
zone  "区域名称" IN {
   type master ;
   file  "实现正向解析的区域声明文件名";
   allow-update {none;};
};
```

② 辅助 DNS 服务器的正向解析区域声明格式如下。

```
zone  "区域名称" IN {
   type slave ;
   file  "实现正向解析的区域声明文件名";
   masters {主 DNS 服务器的 IP 地址;};
};
```

反向解析区域声明格式与正向解析区域声明格式基本相同，只是 file 指定要读的文件和区域名称不同。若要反向解析 x.y.z 网段的主机，则反向解析的区域名称应设置为 z.y.x.in-addr.arpa（反向解析区域样本文件为 named.loopback）。

（2）根域文件/var/named/named.ca。

/var/named/named.ca（以下简称 named.ca）文件是一个非常重要的文件，包含 Internet 的顶级域名服务器的名称和地址。该文件可以让 DNS 服务器找到根 DNS 服务器，并初始化 DNS

的缓冲区。当 DNS 服务器接到客户端主机的查询请求时，如果在缓冲区中找不到相应的数据，就会通过根 DNS 服务器进行逐级查询。named.ca 文件的主要内容如图 12-4 所示。

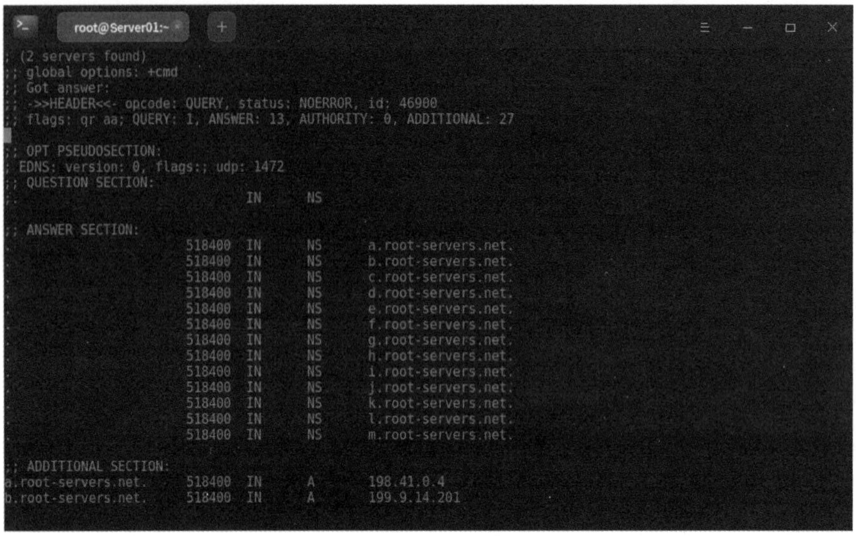

图 12-4 named.ca 文件的主要内容

> **说明** ① 以 ";" 开头的行都是注释行。
> ② 行 ". 518400 IN NS a.root-servers.net." 的含义：" . " 表示根域；518400 是存活期；IN 是资源记录的网络类型，表示 Internet 类型；NS 是资源记录类型；"a.root-servers.net." 是主机域名。
> ③ 行 "a.root-servers.net. 518400 IN A 198.41.0.4" 的含义："a.root-servers.net." 是主机名；518400 是存活期；A 是资源记录类型；最后对应的是 IP 地址。

由于 named.ca 文件经常会随着根服务器的变化而发生变化，所以建议读者最好从国际互联网络信息中心的 FTP 服务器下载它最新的版本，文件名为 named.root。

任务 12-3　配置主 DNS 服务器实例

本任务将结合具体实例介绍主 DNS 服务器的配置。

1. 案例环境及要求

某校园网要架设一台 DNS 服务器来负责 long60.cn 域的域名解析工作。DNS 服务器的 FQDN 为 dns.long60.cn，IP 地址为 192.168.10.1。要求为以下域名实现正、反向域名解析服务。

```
dns.long60.cn                          192.168.10.1
mail.long60.cn      MX 资源记录          192.168.10.2
slave.long60.cn     ←——→              192.168.10.3
www.long60.cn                          192.168.10.4
ftp.long60.cn                          192.168.10.5
```

另外，为 www.long60.cn 设置别名为 web.long60.cn。

2. 配置过程

配置过程包括对主配置文件、区域配置文件，以及正、反向解析区域声明文件的配置。

（1）配置主配置文件/etc/named.conf。

该文件在/etc 目录下。把 options 配置段中的监听 IP 地址（127.0.0.1）改成 any，把 dnssec-validation yes 中的 yes 改成 no；把允许查询网段 allow-query 后面的 localhost 改成 any。在 include 语句中指定区域配置文件为 named.zones。修改后相关内容如下。

```
[root@Server01 ~]# vim /etc/named.conf

options {
        listen-on port 53 { any; };
        listen-on-v6 port 53 { ::1; };
        directory       "/var/named";
        dump-file       "/var/named/data/cache_dump.db";
        statistics-file "/var/named/data/named_stats.txt";
        memstatistics-file "/var/named/data/named_mem_stats.txt";
        allow-query     { any; };
        recursion yes;
        dnssec-enable yes;
        dnssec-validation no;
        ......
};
......
include "/etc/named.zones";                    # 必须修改!!!
include "/etc/named.root.key";
```

> **注意** 删除从第 52 行开始的以下几行内容，避免与下面的内容重复。

```
zone "." IN {
        type hint;
        file "named.ca";
};
```

（2）配置区域配置文件/etc/named.zones。

使用 vim /etc/named.zones 在区域配置文件中增加以下内容（在任务 12-2 中已将/etc/named.rfc1912. zones 复制到主配置文件中指定的区域配置文件/etc/named.zones 中）。

```
[root@Server01 ~]# vim /etc/named.zones

zone "." IN {
        type hint;
        file "named.ca";
};

zone "long60.cn" IN {
        type master;
        file "long60.cn.zone";
        allow-update { none; };
```

```
    };

zone "10.168.192.in-addr.arpa" IN {
        type master;
        file "1.10.168.192.zone";
        allow-update { none; };
    };
```

> **提示** 区域配置文件的文件名一定要与/etc/named.conf 文件中指定的文件名一致。在本书中是 named.zones。

（3）配置 BIND 的正、反向解析区域声明文件。

① 创建 long60.cn.zone 正向解析区域声明文件。

正向解析区域声明文件位于/var/named 目录下，为编辑方便，可先将样本文件 named.localhost 复制到 long60.cn.zone 中（加-p 选项的目的是保持文件属性一致），再对 long60.cn.zone 进行修改。

```
[root@Server01 ~]# cd /var/named
[root@Server01 named]# cp  -p named.localhost long60.cn.zone
[root@Server01 named]# vim /var/named/long60.cn.zone
$TTL 1D
@         IN SOA    long60.cn     root.long60.cn. (
                    0         ; serial         # 该文件的版本号
                    1D        ; refresh        # 更新时间间隔
                    1H        ; retry          # 重试时间间隔
                    1W        ; expiry         # 过期时间
                    3H  )     ; minimum        # 最小时间间隔，单位是 s
@         IN        NS                         dns.long60.cn.
@         IN        MX             10          mail.long60.cn.
dns       IN        A                          192.168.10.1
mail      IN        A                          192.168.10.2
slave     IN        A                          192.168.10.3
www       IN        A                          192.168.10.4
ftp       IN        A                          192.168.10.5
web       IN        CNAME                      www.long60.cn.
```

需要注意的是：正、反向解析区域声明文件的文件名一定要与/etc/named.zones 文件中区域声明中指定的文件名一致；正、反向解析区域声明文件的所有记录行都要顶格写，前面不要留有空格，否则会导致 DNS 服务器不能正常工作。

说明如下。

第一个有效行为 SOA 资源记录。该记录的格式如下。

```
@               IN SOA  origin. contact. (
    );
```

其中，@是该域的替代符，例如，long60.cn.zone 文件中的@表示 long60.cn。origin 表示该域的主 DNS 服务器的 FQDN，用"."结尾表示这是个绝对名称。例如，long60.cn.zone 文件中的 origin 为 dns.long60.cn.。contact 表示该域的管理员的电子邮件地址，它是正常电子邮件地址的变通，将@变为"."。例如，long60.cn.zone 文件中的 contact 为 mail.long60.cn.。所以上面的 SOA 有效行（@ IN　SOA　@　root.long60.cn.）可以改为@ IN SOA long60.cn. root. long60.cn.。

行 "@ IN NS dns.long60.cn." 说明至少应该定义一个该域的 DNS 服务器。

行 "@ IN MX 10 mail.long60.cn." 用于定义邮件交换器，其中 10 表示优先级，数字越小，优先级越高。

② 创建 1.10.168.192.zone 反向解析区域声明文件。

反向解析区域声明文件位于/var/named 目录下，为方便编辑，可先将样本文件/etc/named/named.loopback 复制到 1.10.168.192.zone 中，再对 1.10.168.192.zone 进行修改。

```
[root@Server01 named]# cp  -p named.loopback 1.10.168.192.zone
[root@Server01 named]# vim /var/named/1.10.168.192.zone
$TTL 1D
@        IN SOA    long60.cn    root.long60.cn. (
                                      0        ; serial
                                      1D       ; refresh
                                      1H       ; retry
                                      1W       ; expire
                                      3H )     ; minimum
@          IN NS           dns.long60.cn.
@          IN MX      10   mail.long60.cn.
1          IN PTR          dns.long60.cn.
2          IN PTR          mail.long60.cn.
3          IN PTR          slave.long60.cn.
4          IN PTR          www.long60.cn.
5          IN PTR          ftp.long60.cn.
```

（4）设置防火墙放行，设置主配置文件、区域配置文件和正、反向解析区域声明文件的属组为 named（如果前面在复制主配置文件和区域配置文件时使用了-p 选项，则此步骤可省略）。

```
[root@Server01 named]# firewall-cmd --permanent --add-service=dns
[root@Server01 named]# firewall-cmd --reload
[root@Server01 named]# chgrp named /etc/named.conf /etc/named.zones
[root@Server01 named]# chgrp named long60.cn.zone 1.10.168.192.zone
```

（5）重新启动 DNS 服务，添加开机自启动功能。

```
[root@Server01 named]# systemctl restart named ; systemctl enable named
```

（6）在 Client3（Windows Server 2016）上测试。

① 将 Client3 的 TCP/IP 属性中的首选 DNS 服务器的地址设置为 192.168.10.1，如图 12-5 所示。

② 在命令提示符下使用 nslookup 来测试，如图 12-6 所示。

（7）在统信 UOS 客户端 Client1 上测试。

① 在统信 UOS V20 操作系统中，可以修改/etc/resolv.conf 文件来设置 DNS 客户端，如下所示。

```
[root@Client1 ~]# vim /etc/resolv.conf
   nameserver 192.168.10.1
   nameserver 192.168.10.2
   search  long60.cn
```

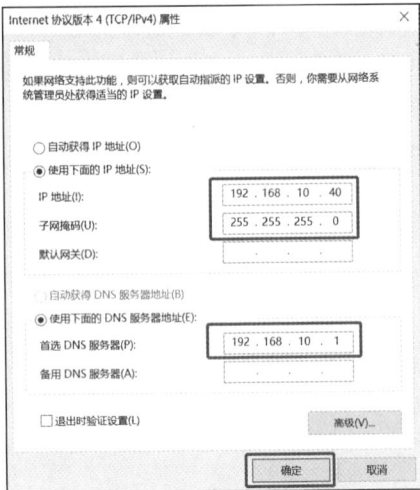

图 12-5　设置首选 DNS 服务器

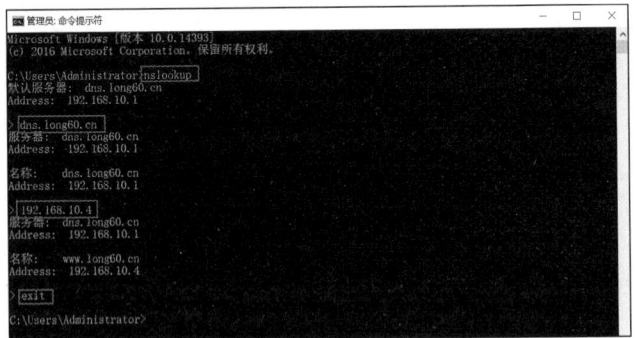

图 12-6　在 Windows Server 2016 中的测试结果

其中，nameserver 指明 DNS 服务器的 IP 地址，可以设置多个 DNS 服务器，查询时按照文件中指定的顺序解析域名。只有当第一个 DNS 服务器没有响应时，才向下面的 DNS 服务器发出域名解析请求。search 用于指明域名查询顺序，当查询没有域名后缀的主机名时，将自动附加由 search 指定的域名。

在统信 UOS V20 操作系统中，还可以通过系统菜单设置 DNS，相关内容前面已介绍，不赘述。

② 使用 nslookup 测试 DNS。

BIND 软件包提供了 3 个 DNS 测试工具：nslookup、dig 和 host。其中 dig 和 host 使用命令行模式；nslookup 既可以使用命令行模式，也可以使用交互模式。下面在客户端 Client1（192.168.10.20）上测试，前提是必须保证其与 Server01 服务器的通信畅通。

```
[root@Client1 ~]# vim /etc/resolv.conf
   nameserver 192.168.10.1
   nameserver 192.168.10.2
   search  long60.cn
[root@Client1 ~]# nslookup            # 运行 nslookup 命令
> server
Default server: 192.168.10.1
Address: 192.168.10.1#53
> www.long60.cn                       # 正向解析，查询域名 www.long60.cn 对应的 IP 地址
Server:      192.168.10.1
Address:     192.168.10.1#53

Name:  www.long60.cn
Address: 192.168.10.4
> 192.168.10.2                        # 反向解析，查询 IP 地址 192.168.10.2 对应的域名
2.10.168.192.in-addr.arpa    name = mail.long60.cn.
> set all                             # 显示当前设置的所有值
Default server: 192.168.10.1
Address: 192.168.10.1#53

Set options:
  novc              nodebug           nod2
```

```
    search                      recurse
    timeout = 0                 retry = 3          port = 53         ndots = 1
    querytype = A               class = IN
    srchlist =
# 查询 long60.cn 域的 NS 资源记录配置
> set type=NS    # 此行中 type 的取值还可以为 SOA、MX、CNAME、A、PTR 及 any 等
> long60.cn
Server:         192.168.10.1
Address:        192.168.10.1#53

long60.cn       nameserver = dns.long60.cn.
> exit
[root@Client1 ~]#
```

> **特别说明** 如果某企业要求所有员工均可以访问外网地址,则还需要设置根域,并建立根域对应的区域文件。

下载根 DNS 服务器的最新版本。下载完毕,将该文件改名为 named.ca,然后复制到 /var/named 下。

任务 12-4　配置辅助 DNS 服务器实例

1. 辅助 DNS 服务器

DNS 服务器划分为若干区域进行管理,每个区域由一个或多个 DNS 服务器负责解析。如果使用单独的 DNS 服务器而该服务器没有响应,则该区域的域名解析会失败。因此每个区域建议使用多个 DNS 服务器来提供域名解析容错功能。使用多个 DNS 服务器的区域,必须选择一台主 DNS 服务器,保存并管理整个区域的信息,其他服务器称为辅助 DNS 服务器。

管理区域时,使用辅助 DNS 服务器有如下优点。

(1)辅助 DNS 服务器提供区域冗余,能够在该区域的主 DNS 服务器停止响应时,为客户端解析该区域的 DNS 名称。

(2)创建辅助 DNS 服务器可以减少 DNS 网络通信量。采用分布式结构,在低速广域网链路中添加 DNS 服务器能有效管理和减少 DNS 网络通信量。

(3)辅助 DNS 服务器可以降低区域的主 DNS 服务器的负载。

2. 区域传输

为了保证 DNS 数据相同,所有服务器必须进行数据同步,辅助 DNS 服务器从主 DNS 服务器处获取区域副本,这个过程称为区域传输。区域传输存在两种方式:完全区域传输(Full Zone Transfer,AXFR)和增量区域传输(Incremental Zone Transfer,IXFR)。当新的 DNS 服务器添加到区域中,并且配置为新的辅助 DNS 服务器时,它会执行 AXFR,从主 DNS 服务器处获取一份完整的资源记录副本。主 DNS 服务器上的区域文件再次变动后,辅助 DNS 服务器会执行 IXFR,完成资源记录的更新,始终保持 DNS 数据同步。

满足发生区域传输的条件时,辅助 DNS 服务器向主 DNS 服务器发送查询请求,更新其区域

文件，如图 12-7 所示。

① AXFR请求
② AXFR
③ SOA查询
④ SOA应答
⑤ 区域AXFR或IXFR查询
⑥ 区域AXFR或IXFR应答

辅助DNS服务器　　　　　　　　　主DNS服务器

图 12-7　区域传输

① 区域传输初始阶段，辅助 DNS 服务器向主 DNS 服务器发送 AXFR 请求。

② 主 DNS 服务器做出响应，并将此区域完全传输到辅助 DNS 服务器。该区域传输时会一并发送 SOA 资源记录。SOA 中的"序列号"（serial）字段表示区域数据的版本，"刷新时间"（refresh）字段表示辅助 DNS 服务器下一次发送查询请求的时间间隔。

③ 刷新时间到期时，辅助 DNS 服务器使用 SOA 查询来请求从主 DNS 服务器续订此区域。

④ 主 DNS 服务器应答 SOA 查询。该应答包括主 DNS 服务器中该区域的当前序列号。

⑤ 辅助 DNS 服务器检查应答中的 SOA 资源记录的序列号，并确定续订该区域的方法，如果辅助 DNS 服务器确认区域文件已经更改，则它会把 IXFR 查询发送到主 DNS 服务器。

若 SOA 应答中的序列号等于其当前的本地序列号，那么两个服务器区域数据都相同，并且不需要区域传输。这时，辅助 DNS 服务器根据主 DNS 服务器 SOA 应答中的该字段值重新设置其刷新时间，续订该区域。

如果 SOA 应答中的序列号比其当前的本地序列号要大，则可以确定此区域已更新并需要区域传输。

⑥ 主 DNS 服务器通过区域的 IXFR 或 AXFR 做出应答。如果主 DNS 服务器可以保存修改的资源记录的历史记录，则它可以通过 IXFR 做出应答。如果主 DNS 服务器不支持 IXFR 或没有区域变化的历史记录，则它可以通过 AXFR 做出应答。

3. 配置辅助 DNS 服务器

【例 12-2】承接任务 12-3，主 DNS 服务器的 IP 地址是 192.168.10.1，辅助 DNS 服务器的 IP 地址是 192.168.10.2，区域是"long60.cn"，测试客户端是 Client1（192.168.10.20）。请给出配置这两个服务器的过程。

（1）配置主 DNS 服务器。

具体过程参见任务 12-3。

（2）配置辅助 DNS 服务器。

① 在 IP 地址为 192.168.10.2 的服务器上安装 DNS（略）。

② 修改主配置文件 named.conf，添加 long60.cn 区域的内容如下（注释内容不要写到主配置文件中）。

特别注意 本例中 named.conf 集成了 named.zones 的内容，所以对 named.zones 文件的配置可以省略。

```
[root@Server02 ~]# vim  /etc/named.conf
options {
        listen-on port 53 { any; };
listen-on-v6 port 53 { ::1; };
        directory        "/var/named";
        dump-file        "/var/named/data/cache_dump.db";
        statistics-file "/var/named/data/named_stats.txt";
        memstatistics-file "/var/named/data/named_mem_stats.txt";
        allow-query     { any; };
        recursion yes;
        dnssec-enable yes;
        dnssec-validation no;
        ......
};
......
zone "." IN {
        type      hint;
        file      "name.ca";
};

zone "long60.cn" IN {
        type    slave;                        # 区域的类型为 slave
        file    "slaves/long60.cn.zone";      # 正向解析区域声明文件在/var/named/slaves 下
        masters { 192.168.10.1; };            # 主 DNS 服务器地址
};

zone "10.168.192.in-addr.arpa" IN {
        type    slave;                        # 区域的类型为 slave
        file    "slaves/2.10.168.192.zone";# 反向解析区域声明文件在/var/named/slaves 下
        masters { 192.168.10.1; };            # 主 DNS 服务器地址
};
```

③ 重启 named 服务，设置主配置文件和正、反向解析区域声明文件的属组为 named。

```
[root@Server02 ~]# systemctl restart named
[root@Server02 ~]# chgrp named /etc/named.conf
[root@Server02 ~]# chgrp named /var/named/slaves/long60.cn.zone
[root@Server02 ~]# chgrp named /var/named/slaves/2.10.168.192.zone
```

> **说明** 辅助 DNS 服务器只需要设置主配置文件（集成区域配置文件），正、反向解析区域声明
> 文件会在辅助 DNS 服务器设置完成主配置文件，重启 DNS 服务时，由主 DNS 服务器同
> 步到辅助 DNS 服务器，只不过路径是/var/named/slaves 而已。

（3）数据同步测试。

① 开放防火墙，重启辅助 DNS 服务器的 named 服务，使其与主 DNS 服务器数据同步。

```
[root@Server02 ~]# firewall-cmd --permanent --add-service=dns
[root@Server02 ~]# firewall-cmd --reload
[root@Server02 ~]# systemctl restart named
[root@Server02 ~]# systemctl enable named
```

② 在主 DNS 服务器上执行 tail 命令查看系统日志，辅助 DNS 服务器通过 AXFR 获取

long60.cn 区域数据。

```
[root@Server01 ~]# tail    /var/log/messages
```

③ 通过 ll 命令查看辅助 DNS 服务器的/var/named/slaves 目录，说明区域文件 long60.cn.zone 复制完毕。

```
[root@Server02 ~]# ll    /var/named/slaves/
总用量 8.0K
-rw-r--r-- 1 named named 582  5月 20 14:01 2.10.168.192.zone
-rw-r--r-- 1 named named 463  5月 20 14:01 long60.cn.zone
[root@Server02 ~]#
```

注意 在不同的 DNS 服务器之间同步 DNS 区域数据时，需确保服务器能够相互通信。

④ 在客户端测试辅助 DNS 服务器。将客户端的首要 DNS 服务器地址设为 192.168.10.2，然后利用 nslookup 进行测试，其过程如下。

```
[root@Client1 ~]# nslookup
> server
Default server: 192.168.10.2
Address: 192.168.10.2#53
> www.long60.cn
Server:        192.168.10.2
Address:        192.168.10.2#53

Name:   www.long60.cn
Address: 192.168.10.4
> 192.168.10.4
4.10.168.192.in-addr.arpa      name = www.long60.cn.
>
```

说明 配置完成后，请将辅助 DNS 服务器恢复原状，避免影响后续实训。

12.4 拓展阅读 IPv4 的根服务器

你知道 IPv4 的根服务器有几台吗？在我国部署了几台？

根服务器主要用来管理互联网的主目录，最早使用的是 IPv4 根服务器。全球只有 13 台（这 13 台 IPv4 根服务器名字分别为 "A" ~ "M"）：1 台为主根服务器，在美国；其余 12 台也都不在我国。那么我国的网络是否有可能断掉呢？

为了国家的网络安全，我国早在 2003 年就使用了镜像服务器，即使我们的网络中断，也有备用的服务器。而且在 2016 年，我国和其他国家共同建立了一台新的根服务器，目前我国已经有 4 台根服务器。

12.5　项目实训　配置与管理 DNS 服务器

1. 项目背景

某企业有一个局域网（192.168.10.0/24），其 DNS 服务器搭建网络拓扑如图 12-8 所示。该企业已经有自己的网站，员工需要通过域名来访问该网站，同时员工也需要访问 Internet 上的网站。该企业已经申请了域名 long60.cn，企业需要 Internet 上的用户通过域名访问企业的网站。该企业要求保证可靠性，不能因为一台 DNS 服务器的故障导致网站不能访问。

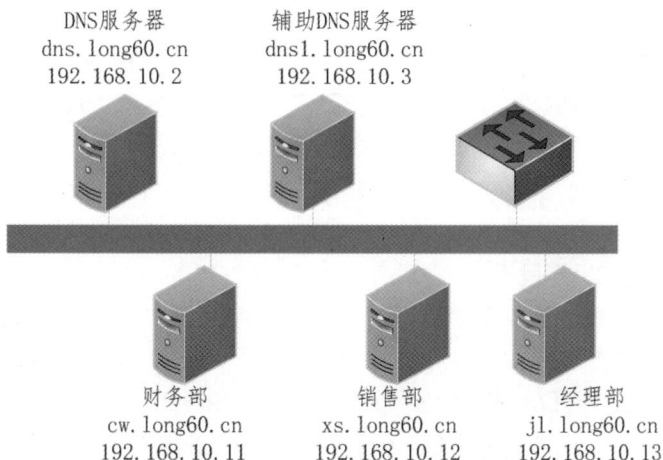

图 12-8　某企业 DNS 服务器搭建网络拓扑

要求在企业内部搭建一台 DNS 服务器，为局域网中的计算机提供域名解析服务。DNS 服务器管理 long60.cn 域的域名解析，DNS 服务器的域名为 dns.long60.cn，IP 地址为 192.168.10.2。辅助 DNS 服务器的 IP 地址为 192.168.10.3。同时还必须为用户提供 Internet 上的主机的域名解析服务，要求分别能解析以下域名：财务部（cw.long60.cn，192.168.10.11）、销售部（xs.long60.cn，192.168.10.12）、经理部（jl.long60.cn，192.168.10.13）。

2. 做一做

完成项目实训，检查学习效果。

12.6　练习题

一、填空题

1. 因为在 Internet 中，计算机之间直接利用 IP 地址进行寻址，所以需要将用户提供的主机名转换成 IP 地址，我们把这个过程称为_____。

2. DNS 提供了一个_____的命名方案。

3. DNS 顶级域名中表示商业机构组织的是_____。

4. _____表示主机的资源记录，_____表示别名的资源记录。

5. 可以用来测试 DNS 的 3 个工具是_____、_____、_____。

6. DNS 服务器的查询模式有：_____、_____。

7. DNS 服务器分为 4 类：_____、_____、_____、_____。

8. 一般在 DNS 服务器之间的查询请求属于_____查询。

二、选择题

1. 在统信 UOS V20 环境下，能实现域名解析功能的软件包是（　　）。

A. apache   B. dhcpd   C. BIND   D. Squid

2. www.ryjiaoyu.com 是 Internet 中主机的（　　）。

A. 用户名   B. 密码   C. 别名   D. IP 地址

3. 在 DNS 服务器配置文件中，A 资源记录是什么意思？（　　）

A. 官方信息   B. IP 地址到域名的映射

C. 域名到 IP 地址的映射   D. 一个域名服务器的规范

4. 在统信 UOS V20 系统的 DNS 中，根服务器提示文件是（　　）。

A. /etc/named.ca   B. /var/named/named.ca

C. /var/named/named.local   D. /etc/named.local

5. DNS 指针记录的标志是（　　）。

A. A   B. PTR   C. CNAME   D. NS

6. DNS 服务使用的端口是（　　）。

A. TCP 53   B. UDP 53   C. TCP 54   D. UDP 54

7. 下列哪个命令可以使用命令行和交互两种模式测试 DNS？（　　）

A. dig   B. host   C. nslookup   D. named-checkzone

8. 下列哪个命令可以启动 DNS 服务？（　　）

A. systemctl start named

B. systemctl restart named

C. service dns start

D. /etc/init.d/dns start

9. 指定 DNS 服务器位置的文件是（　　）。

A. /etc/hosts   B. /etc/networks

C. /etc/resolv.conf   D. /.profile

三、简答题

1. 描述域名空间的有关内容。

2. 简述 DNS 域名解析过程。

3. 简述常用的资源记录。

4. 如何排除 DNS 故障？

12.7　实践习题

1. 某企业采用多个域管理各部门网络，技术部属于"tech.org"域，市场部属于"mart.org"域，其他部门属于"freedom.org"域。技术部共有 200 名员工，采用的 IP 地址范围为

192.168.10.1~192.168.10.200。市场部共有 100 名员工，采用的 IP 地址范围为 192.168.2.1~192.168.2.100。其他部门共有 50 名员工，采用的 IP 地址范围为 192.168.3.1~192.168.3.50。现采用一台统信 UOS V20 主机搭建 DNS 服务器，其 IP 地址为 192.168.10.254，要求这台 DNS 服务器可以完成内网所有区域的正、反向解析，并且所有员工均可以访问外网地址。

请写出详细解决方案，并上机实现。

2．建立辅助 DNS 服务器，并让主 DNS 服务器与辅助 DNS 服务器数据同步。

项目13
配置与管理Apache服务器

13

项目导入

　　某学院组建了校园网，建设了学院网站。该学院现需要架设 Web 服务器来为学院网站提供服务，同时在网站中进行上传和更新时，需要用到文件上传和下载功能，因此还需要架设 FTP 服务器，为学院内部和互联网用户提供 Web、FTP 等服务。本项目实现配置与管理 Apache 服务器。

职业能力目标

- 认识 Apache。
- 掌握 Apache 服务器的安装与启动。
- 掌握 Apache 服务器的主配置文件。

- 掌握各种 Apache 服务器的配置。
- 学会创建虚拟主机。

素养提示

- "雪人计划"同样服务国家的"信创产业"。最为关键的是，我国可以借助 IPv6 的技术升级，改变自己在国际互联网治理体系中的地位。这样的事件可以大大激发学生的爱国情怀和求知、求学的斗志。

- "靡不有初，鲜克有终。""莫等闲，白了少年头，空悲切！"青年学生为人做事要有头有尾、善始善终、不负韶华。

▨ 13.1　项目知识准备

　　由于能够提供图形、声音等多媒体数据，再加上可以实现交互效果的动态 Web 语言的广泛普及，万维网（World Wide Web，WWW，Web）早已成为 Internet 用户最喜欢的访问方式之一。一个最重要的证明就是，当前的绝大部分 Internet 流量都是由 Web 浏览产生的。

13.1.1　Web 服务概述

Web 服务是实现应用程序之间相互通信的一项技术。严格地说，Web 服务是描述一系列操作的接口，它使用标准的、规范的 XML（eXtensible Markup Language，可扩展标记语言）描述接口。这一描述包括与服务进行交互所需的全部细节：消息格式、传输协议和服务位置。对外的接口隐藏了服务实现的细节，仅提供一系列可执行的操作，这些操作独立于软、硬件平台和编写服务所用的编程语言。Web 服务既可单独使用，也可同其他 Web 服务一起使用，实现复杂的商业功能。

1. Web 服务简介

Web 服务是 Internet 上被广泛应用的一项信息服务技术。Web 服务采用客户端/服务器结构，整理和存储各种资源，并响应客户端软件的请求，把所需的信息资源通过浏览器传送给用户。

Web 服务通常可以分为两种：静态 Web 服务和动态 Web 服务。

2. HTTP

超文本传送协议（Hypertext Transfer Protocol，HTTP）可以算得上是目前国际互联网基础的一个重要组成部分。Apache、IIS 服务器是 HTTP 的服务器软件，微软公司的 Internet Explorer 和 Mozilla 的 Firefox 则是 HTTP 的客户端实现。

（1）客户端访问服务器的过程。

一般客户端访问服务器要经过 3 个阶段：在客户端和服务器之间建立连接、进行数据传输、关闭连接。

① 客户端使用 HTTP 命令向服务器发出请求（一般使用 GET 命令要求返回一个页面，但也可以使用 POST 等命令）。

② 服务器接收到请求后，发送一个应答并在客户端和服务器之间建立连接。图 13-1 所示为在客户端与服务器之间建立连接。

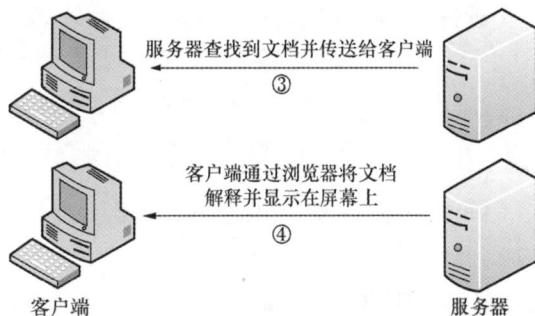

③ 服务器查找客户端请求的文档，若服务器查找到请求的文档，就将请求的文档传送给客户端。若该文档不存在，则服务器传送一个相应的错误提示文档给客户端。

④ 客户端接收到文档后，通过浏览器将它解释并显示在屏幕上。图 13-2 所示为在客户端与服务器之间进行数据传输。

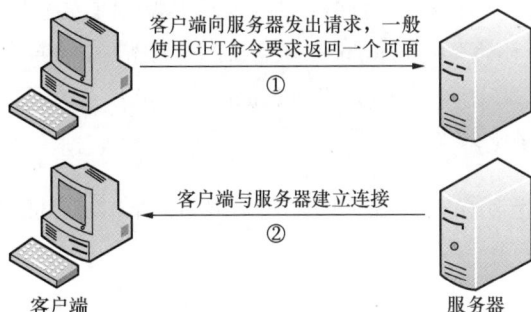

图 13-1　在客户端与服务器之间建立连接　　图 13-2　在客户端与服务器之间进行数据传输

⑤ 客户端浏览完成后，关闭与服务器的连接。图 13-3 所示为在客户端与服务器之间关闭连接。

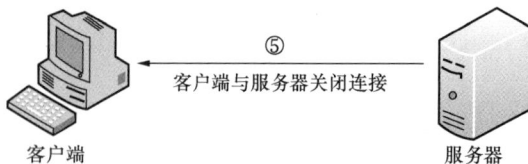

图 13-3　在客户端与服务器之间关闭连接

（2）端口。

HTTP 请求的默认端口是 80，但是也可以配置某个 Web 服务器使用其他端口（如 8080）。这能在同一台服务器上运行多个 Web 服务器，每个服务器监听不同的端口。但是要注意，若访问端口是 80 的 Web 服务器，由于访问的是默认端口，所以不需要写明端口号；若访问端口是 8080 的 Web 服务器，端口号就不能省略，对它的访问方式就变成：

```
http://www.smile60.cn:8080/
```

13.1.2　Apache 服务器简介

Apache HTTP Server（简称 Apache）是 Apache 软件基金会维护并开发的一个开放源代码的网页服务器，可以在大多数计算机操作系统中运行。其由于多平台和安全性被广泛使用，Apache 是最流行的 Web 服务器之一。它快速、可靠，并且可通过简单的 API 扩展，将 Perl/Python 等解释器编译到服务器中。

13-1　微课

配置与管理
Apache 服务器

1. Apache 的历史

Apache 起初是由美国伊利诺伊大学香槟分校的国家超级计算机应用中心（National Center for Supercomputer Application，NCSA）开发的，此后，Apache 被开放源代码团体的成员不断发展和加强。Apache 服务器拥有可靠、可信的美誉，已用在超半数的 Internet 网站中，应用范围几乎包含所有热门和访问量较大的网站。

起初，Apache 只是 Netscape 网页服务器（现在是 Sun ONE）之外的开放源代码选择，渐渐地，它开始在功能和速度上超越其他基于 UNIX 的 HTTP 服务器。1996 年 4 月以来，Apache 一直是 Internet 上十分流行的 Web 服务器。

> **小资料**　Apache 在 1995 年初开发的时候，是由当时十分流行的 HTTP 服务器 NCSA HTTPd 1.3 的代码修改而成的，因此它是"一个修补的"（a patchy）服务器。然而在 Apache 服务器官方网站的 FAQ 中对"Apache"是这么解释的："Apache"这个名字是为了纪念名为 Apache（印地语）的一支美洲印第安人土著。

读者如果感兴趣，可以上网查询 Apache 最新的市场份额和占有率，还可以查询某个站点使用的服务器情况。

2. Apache 的功能

Apache 支持众多功能，这些功能绝大部分都是通过编译模块实现的，包括服务器的编程语言支持、身份认证等。

一些通用的语言接口支持 Perl、Python、TCL 和 PHP，流行的认证模块包括 mod_access、rood_auth 和 rood_digest，还有 SSL（Secure Socket Layer，安全套接字层）和 TLS（Transport

Layer Security，传输层安全协议）支持（mod_ssl）、代理服务器（proxy）模块、很有用的 URL（Uniform Resource Locator，统一资源定位符）重写（由 rood_rewrite 实现）、定制日志文件（mod_log_config），以及过滤支持（mod_include 和 mod_ext_filter）。

Apache 日志可以通过网页浏览器使用免费的脚本 AWStats 或 Visitors 来分析。

13.2 项目设计与准备

13-2 课堂慕课

配置与管理
Apache 服务器

13.2.1 项目设计

本项目利用 Apache 服务器建立普通 Web 站点、基于主机和用户认证的访问控制。

13.2.2 项目准备

本项目需准备安装有统信 UOS V20 操作系统的计算机 1 台，测试用计算机 2 台（Windows Server 2016、统信 UOS V20），并且这 2 台计算机都连入局域网。该环境也可以用虚拟机实现。规划好各台主机的 IP 地址，Linux 服务器和客户端信息如表 13-1 所示。

表 13-1　Linux 服务器和客户端信息

主机名	操作系统	IP 地址	网络连接模式
Web 服务器：Server01	统信 UOS V20	192.168.10.1/24 192.168.10.10/24	VMnet1
统信 UOS 客户端：Client1	统信 UOS V20	192.168.10.20/24	VMnet1
Windows 客户端：Client3	Windows Server 2016	192.168.10.40/24	VMnet1

13.3 项目实施

任务 13-1　安装、启动与停止 Apache 服务

1. 安装 Apache 服务

```
[root@Server01 ~]# rpm -q httpd
[root@Server01 ~]# mount /dev/cdrom /media
[root@Server01 ~]# dnf clean all                    # 安装前先清除缓存
[root@Server01 ~]# dnf install httpd -y
[root@Server01 ~]# rpm -qa|grep httpd                # 检查安装是否成功
```

> **注意**　一般情况下，Firefox 默认已经安装，请读者根据系统的实际情况决定是否安装 Firefox。

启动 Apache 服务的命令如下（重新启动和停止服务的命令分别是 restart 和 stop）。

```
[root@Server01 ~]# systemctl start  httpd
```

2. 让防火墙放行，并设置 SELinux 为允许

需要注意的是，统信 UOS V20 采用了 SELinux 这种增强的安全模式，在默认的配置下，只有 SSH 服务可以通过。Apache 服务安装、配置、启动完毕，还需要为它放行。

（1）使用防火墙命令放行 http 服务。

```
[root@Server01 ~]# firewall-cmd --list-all
[root@Server01 ~]# firewall-cmd --permanent --add-service=http
[root@Server01 ~]# firewall-cmd --reload
[root@Server01 ~]# firewall-cmd --list-all
public (active)
 ......
  sources:
  services: dhcpv6-client http mdns ssh
 ......
```

（2）当前的 SELinux 值默认为 Disabled，不需要修改。

```
[root@Server01 ~]# getenforce
Disabled
```

3. 测试 httpd 服务是否安装成功

（1）安装完 Apache 服务器后，启动并设置开机自动加载 Apache 服务。

```
[root@Server01 ~]# systemctl start httpd
[root@Server01 ~]# systemctl enable httpd
[root@Server01 ~]# firefox http://127.0.0.1
```

（2）如果看到图 13-4 所示的提示信息，则表示 Apache 服务器已安装成功，可以正常运行。

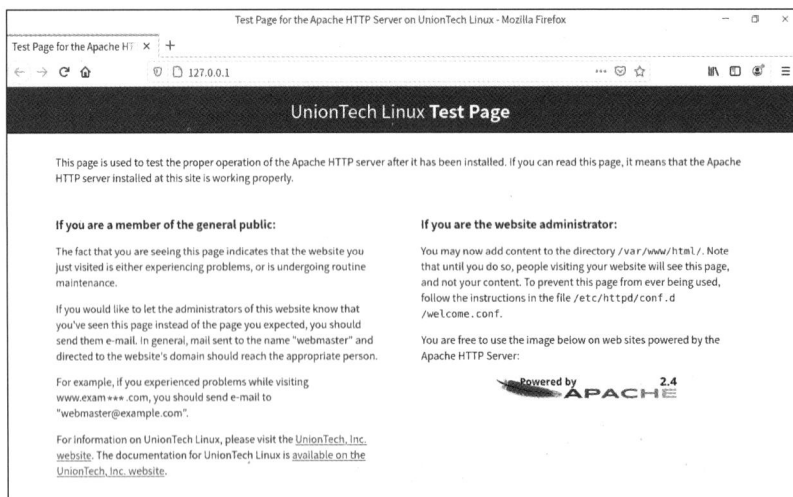

图 13-4　Apache 服务器运行正常

任务 13-2　认识 Apache 服务器的配置文件

在统信 UOS V20 系统中配置服务其实就是修改服务的配置文件。httpd 服务程序的配置文件及存放位置如表 13-2 所示。

表 13-2　httpd 服务程序的配置文件及存放位置

配置文件	存放位置	配置文件	存放位置
服务目录	/etc/httpd	访问日志	/var/log/httpd/access_log
主配置文件	/etc/httpd/conf/httpd.conf	错误日志	/var/log/httpd/error_log
网站数据目录	/var/www/html		

Apache 服务器的主配置文件是 httpd.conf，该文件通常存放在/etc/httpd/conf 目录下。该文件看起来很复杂，其实它的很多内容都是注释。本任务简单介绍该文件，后续任务将给出实例，便于读者理解。

httpd.conf 文件不区分大小写，在该文件中以"#"开头的行为注释行。除了注释行和空行外，服务器把其他行认为是完整的或部分的命令。命令分为类似于 shell 的命令和伪 HTML 标记。命令的格式为：

配置参数名称　参数值

伪 HTML 标记的格式为：

```
<Directory />
    Options FollowSymLinks
    AllowOverride None
</Directory>
```

在 httpd 服务程序的主配置文件中，存在 3 种类型的信息：注释行信息、全局配置、区域配置。配置 httpd 服务程序常用的参数以及用途如表 13-3 所示。

表 13-3　配置 httpd 服务程序常用的参数以及用途

参　数	用　途	参　数	用　途
ServerRoot	服务目录	Directory	网站数据目录的权限
ServerAdmin	管理员邮箱	Listen	监听的 IP 地址与端口号
User	运行服务的用户	DirectoryIndex	默认的索引页面
Group	运行服务的用户组	ErrorLog	错误日志文件
ServerName	网站服务器的域名	CustomLog	访问日志文件
DocumentRoot	文档根目录（网站数据目录）	Timeout	网页超时时间，默认为 300s

从表 13-3 中可知，DocumentRoot 参数用于定义网站数据的保存路径，其默认值是把网站数据保存到/var/www/html 目录中；当前网站首页的名称一般为 index.html，因此可以向/var/www/html 目录中写入一个文件，替换掉 httpd 服务程序的默认首页，该操作会立即生效（在本机上测试）。

```
[root@Server01 ~]# echo "Welcome To MyWeb" > /var/www/html/index.html
[root@Server01 ~]# firefox http://127.0.0.1
```

首页内容已经发生了改变，如图 13-5 所示。

提示　如果没有出现希望的页面，一定是 SELinux 的问题。详细解决方案见后文。

图 13-5　首页内容已发生改变

任务 13-3　设置文档根目录和首页文件的实例

【例 13-1】默认情况下，网站的文档根目录保存在/var/www/html 中，如果想把保存的网站的文档根目录设置为/home/www，并且将首页文件设置为 myweb.html，该如何操作呢？

（1）分析。

文档根目录设置是一个较为重要的设置，一般来说，网站上的内容都保存在文档根目录中。在默认情况下，除了记号和别名将指向他处以外，所有的请求都从文档根目录处开始。打开网站时所显示的页面即该网站的首页（主页）。首页文件名是由 DirectoryIndex 参数定义的。在默认情况下，Apache 的默认首页名称为 index.html，当然也可以根据实际情况进行设置。

（2）解决方案。

① 在 Server01 上设置文档根目录为/home/www，并创建首页文件 myweb.html。

```
[root@Server01 ~]# mkdir /home/www
[root@Server01 ~]# echo "The Web's DocumentRoot Test " > /home/www/myweb.html
```

② 在 Server01 上先备份主配置文件，然后打开 httpd 服务程序的主配置文件，将第 119 行用于定义网站数据保存路径的参数 DocumentRoot 修改为/home/www，同时将第 124 行用于定义目录权限的参数 Directory 后面的路径也修改为/home/www，将第 164 行修改为 DirectoryIndex myweb.html index.html。配置文件修改完毕即可保存并退出。

```
[root@Server01 ~]# vim /etc/httpd/conf/httpd.conf
......
119 DocumentRoot "/home/www"
120
121 #
122 # Relax access to content within /var/www.
123 #
124 <Directory "/home/www">
125     AllowOverride None
126     # Allow open access:
127     Require all granted
128 </Directory>
......
163 <IfModule dir_module>
164     DirectoryIndex myweb.html index.html
165 </IfModule>
......
```

③ 让防火墙放行 HTTP，重启 httpd 服务。

```
[root@Server01 ~]# firewall-cmd --permanent --add-service=http
[root@Server01 ~]# firewall-cmd --reload
```

```
[root@Server01 ~]# firewall-cmd --list-all
[root@Server01 ~]# systemctl restart httpd
```

④ 在 Client1 上测试（Server01 和 Client1 采用的网络连接模式都是 VMnet1，保证互相通信）。

```
[root@Client1 ~]# firefox http:# 192.168.10.1
```

结果如图 13-6 所示，说明在客户端测试成功。

⑤ 可能的故障。

在不同的版本中，SELinux 的默认设置可能不同。如果在客户端测试失败，如图 13-7 所示，这是谁的问题呢？是 SELinux 的问题！解决方法是在**服务器 Server01** 上运行 setenforce 0，设置 SELinux 为允许。

```
[root@Server01 ~]# getenforce
Enforcing
[root@Server01 ~]# setenforce 0
[root@Server01 ~]# getenforce
Permissive
```

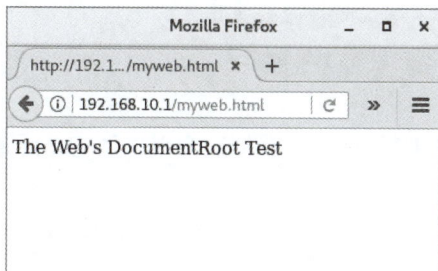

图 13-6　在客户端测试成功

图 13-7　在客户端测试失败

任务 13-4　用户个人主页实例

现在许多网站（如网易）都允许用户拥有自己的个人主页，用户也可以很容易地管理自己的个人主页。Apache 可以实现用户的个人主页。在客户端浏览器中浏览个人主页的 URL 地址的格式一般为：

```
http:# 域名/~username
```

其中，"~username" 在利用 Linux 系统中的 Apache 服务器来实现时，username 是 Linux 系统的合法用户名（该用户必须在 Linux 系统中存在）。

【例 13-2】在 IP 地址为 192.168.10.1 的 Apache 服务器中，为系统中的 long 用户设置个人主页。该用户的主目录为/home/long，个人主页所在的目录为 public_html。

实现步骤如下。

（1）修改用户的主目录权限，使其他用户具有读取和执行的权限。

```
[root@Server01 ~]# useradd long
[root@Server01 ~]# passwd long
[root@Server01 ~]# chmod  705  /home/long
```

（2）创建存放用户个人主页的目录。

```
[root@Server01 ~]# mkdir  /home/long/public_html
```

（3）创建个人主页的默认首页文件。

```
[root@Server01 ~]# cd  /home/long/public_html
[root@Server01 public_html]# echo "this is long's web.">>index.html
```

（4）在 httpd 服务程序中，默认没有开启个人主页功能。为此，需要先编辑配置文件 /etc/httpd/conf.d/userdir.conf，然后在第 17 行的 UserDir disabled 参数前面加上 "#"，表示让 httpd 服务程序开启个人主页功能。同时，需要把第 24 行的 UserDir public_html 参数前面的 "#" 删除（UserDir 参数表示网站数据在用户主目录中的保存目录，即 public_html 目录）。修改完毕，保存并退出。（在 vim 编辑状态下记得使用 ": set nu" 显示行号。）

```
[root@Server01 ~]# vim /etc/httpd/conf.d/userdir.conf
  ......
 17 # UserDir disabled
  ......
 24    UserDir public_html
  ......
```

（5）将 SELinux 设置为允许，让防火墙放行 httpd 服务，重启 httpd 服务。

```
[root@Server01 ~]# setenforce 0
[root@Server01 ~]# firewall-cmd --permanent --add-service=http
[root@Server01 ~]# firewall-cmd --reload
[root@Server01 ~]# firewall-cmd --list-all
[root@Server01 ~]# systemctl restart httpd
```

（6）在客户端的浏览器中输入 http://192.168.10.1/~long，看到的个人主页的访问效果如图 13-8 所示。

图 13-8　个人主页的访问效果

任务 13-5　虚拟目录实例

要从 Web 站点主目录之外的其他目录发布站点，可以使用虚拟目录实现。虚拟目录是一个位于 Apache 服务器主目录之外的目录，它不包含在 Apache 服务器的主目录中，但在访问 Web 站点的用户看来，它与位于主目录中的子目录是一样的。每一个虚拟目录都有一个别名，客户端可以通过别名来访问虚拟目录。

由于每个虚拟目录都可以分别设置不同的访问权限，所以虚拟目录非常适合用于不同用户对不同目录拥有不同权限的情况。另外，只有知道虚拟目录名的用户才可以访问此虚拟目录，除此之外的其他用户将无法访问此虚拟目录。

在 Apache 服务器的主配置文件 httpd.conf 文件中，我们可以通过 Alias 命令设置虚拟目录。

【例 13-3】在 IP 地址为 192.168.10.1 的 Apache 服务器中，创建名为/test/的虚拟目录，它对应的物理路径是/virdir/，并在客户端测试虚拟目录的访问效果。

（1）创建物理路径/virdir/。

```
[root@Server01 ~]# mkdir -p /virdir/
```
（2）创建虚拟目录中的默认首页文件。

```
[root@Server01 ~]# cd /virdir/
[root@Server01 virdir]# echo "This is Virtual Directory sample。">>index.html
```
（3）修改默认首页文件的权限，使其他用户具有读取和执行权限。

```
[root@Server01 virdir]# chmod 705 index.html
```
   或者：

```
[root@Server01 ~]# chmod 705 /virdir -R
```
（4）修改/etc/httpd/conf/httpd.conf 文件，添加下面的语句。

```
Alias /test "/virdir"
<Directory "/virdir">
  AllowOverride None
  Require all granted
</Directory>
```
（5）将 SELinux 设置为允许，让防火墙放行 httpd 服务，重启 httpd 服务。

```
[root@Server01 ~]# setenforce 0
[root@Server01 ~]# firewall-cmd --permanent --add-service=http
[root@Server01 ~]# firewall-cmd --reload
[root@Server01 ~]# firewall-cmd --list-allt
[root@Server01 ~]# systemctl restart httpd
```
（6）在客户端 Client1 的浏览器中输入"http://192.168.10.1/test"后，看到的虚拟目录的访问效果如图 13-9 所示。

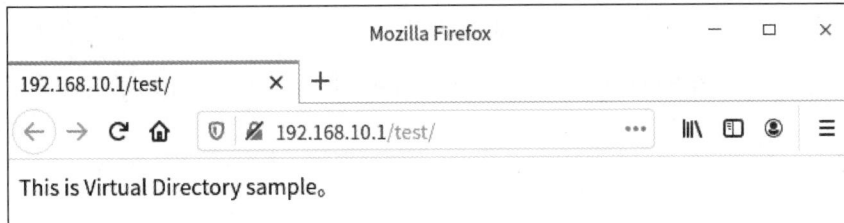

图 13-9　虚拟目录的访问效果

任务 13-6　配置基于 IP 地址的虚拟主机

虚拟主机在一台 Web 服务器上可以为多个独立的 IP 地址、域名或端口号提供不同的 Web 站点。对于访问量不大的站点来说，这样做可以降低单个站点的运营成本。

本任务、任务 13-7 和任务 13-8 分别配置基于 IP 地址的虚拟主机、基于域名的虚拟主机和基于端口号的虚拟主机。

基于 IP 地址的虚拟主机的配置需要在服务器上绑定多个 IP 地址，然后配置 Apache。把多个网站绑定在不同的 IP 地址上，访问服务器上不同的 IP 地址，就可以看到不同的网站。

【例 13-4】假设 Apache 服务器具有 192.168.10.1 和 192.168.10.10 两个 IP 地址（提前在服务器中配置这两个 IP 地址）。现需要利用这两个 IP 地址分别创建两个基于 IP 地址的虚拟主机，要求不同的虚拟主机对应的主目录不同，默认文档的内容也不同。配置步骤如下。

（1）在 Server01 的桌面任务栏中依次单击"控制中心"→"网络"→"用网络管理器配置"，

双击"ens32"，选择"IPv4 设置"，打开图 13-10 所示的 IP 地址设置对话框，在对话框中将"Method"设置为"手动"，添加一个 IP 地址（192.168.10.10/24），完成后单击"保存"按钮。最后先禁用该网卡再启用，则刚才的配置才会生效。这样可以在一块网卡上配置多个 IP 地址，当然也可以直接在多块网卡上配置多个 IP 地址。

（2）分别创建/var/www/ip1 和/var/www/ip2 两个主目录和默认首页文件。

```
[root@Server01 ~]# mkdir   /var/www/ip1
/var/www/ip2
[root@Server01 ~]# echo "this is 192.168.10.1's
web.">/var/www/ip1/index.html
[root@Server01 ~]# echo "this is 192.168.10.10's
web.">/var/www/ip2/index.html
```

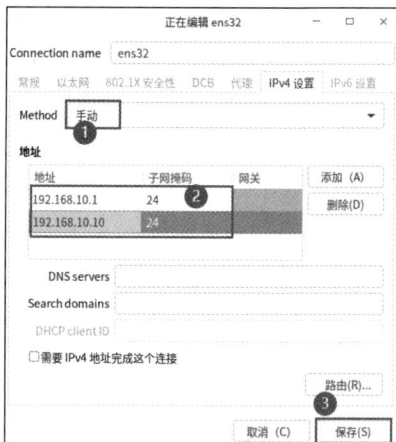

图 13-10　IP 地址设置对话框

（3）添加/etc/httpd/conf.d/vhost.conf 文件。该文件的内容如下。

```
#设置基于 IP 地址 192.168.10.1 的虚拟主机
<Virtualhost 192.168.10.1>
    DocumentRoot  /var/www/ip1
</Virtualhost>

#设置基于 IP 地址 192.168.10.10 的虚拟主机
<Virtualhost 192.168.10.10>
    DocumentRoot /var/www/ip2
</Virtualhost>
```

（4）将 SELinux 设置为允许，让防火墙放行 httpd 服务，重启 httpd 服务（见任务 13-5 的操作）。

（5）在客户端中可以看到 http://192.168.10.1 和 http://192.168.10.10 两个网站的浏览效果，分别如图 13-11 和图 13-12 所示。

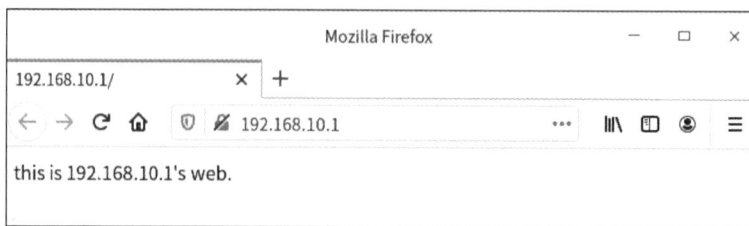

图 13-11　浏览效果 1

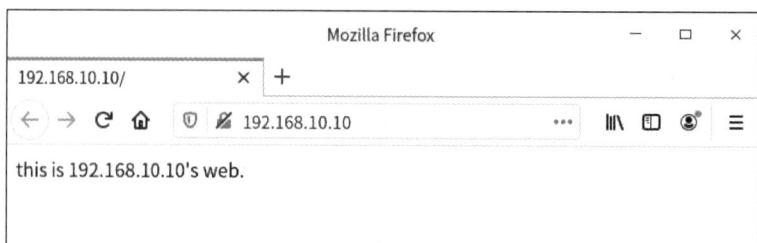

图 13-12　浏览效果 2

> **注意** 为了不使后面的实训受到前面虚拟主机配置的影响，做完一个实训后，请将配置文件中添加的内容删除，然后继续做下一个实训。

任务 13-7　配置基于域名的虚拟主机

基于域名的虚拟主机的配置只需服务器有一个 IP 地址即可，所有的虚拟主机共享同一个 IP 地址，各虚拟主机之间通过域名进行区分。

要创建基于域名的虚拟主机，DNS 服务器中应创建多个 A 资源记录，使它们解析到同一个 IP 地址（**请读者参考前文自行完成**）。例如：

```
www1.long60.cn.          IN   A    192.168.10.1
www2.long60.cn.          IN   A    192.168.10.1
```

【例 13-5】假设 Apache 服务器的 IP 地址为 192.168.10.1。在本地 DNS 服务器中，该 IP 地址对应的域名分别为 www1.long60.cn 和 www2.long60.cn。现需要创建基于这两个域名的虚拟主机，要求不同的虚拟主机对应的主目录不同，默认文档的内容也不同。配置步骤如下。

（1）分别创建/var/www/www1 和/var/www/www2 两个主目录和默认首页文件。

```
[root@Server01 ~]# mkdir    /var/www/www1    /var/www/www2
[root@Server01 ~]# echo "www1.long60.cn's web.">/var/www/www1/index.html
[root@Server01 ~]# echo "www2.long60.cn's web.">/var/www/www2/index.html
```

（2）修改 httpd.conf 文件。添加目录权限内容如下。

```
<Directory "/var/www">
    AllowOverride None
    Require all granted
</Directory>
```

（3）修改/etc/httpd/conf.d/vhost.conf 文件。该文件的内容如下（清空原来的内容）。

```
<Virtualhost 192.168.10.1>
    DocumentRoot  /var/www/www1
    ServerName  www1.long60.cn
</Virtualhost>

<Virtualhost 192.168.10.1>
    DocumentRoot /var/www/www2
    ServerName  www2.long60.cn
</Virtualhost>
```

（4）将 SELinux 设置为允许，让防火墙放行 httpd 服务，重启 httpd 服务。在客户端 Client1 上测试。要确保 DNS 服务器解析正确，确保为 Client1 设置正确的 DNS 服务器地址（etc/resolv.conf）。

> **注意** 在本例的配置中，DNS 的正确配置至关重要，一定要确保 long60.cn 域名及主机的正确解析，否则无法解析成功。正向解析区域声明文件如下（参考前文，其他配置都与前文相同）。别忘记 DNS 特殊配置及重启操作！

```
[root@Server01 long]# vim /var/named/long60.cn.zone
```

```
$TTL 1D
@          IN SOA   dns.long60.cn. mail.long60.cn. (
                                   0        # serial
                                   1D       # refresh
                                   1H       # retry
                                   1W       # expire
                                   3H )     # minimum

@              IN    NS                dns.long60.cn.
@              IN    MX         10     mail.long60.cn.

dns            IN    A                 192.168.10.1
www1           IN    A                 192.168.10.1
www2           IN    A                 192.168.10.1
```

思考 为了测试方便，在 Client1 上直接设置/etc/hosts 为如下内容，可否代替 DNS 服务器？

```
192.168.10.1  www1.long60.cn
192.168.10.1  www2.long60.cn
```

（5）在客户端中可以看到 http://www1.long60.cn/和 http://www2.long60.cn/的效果分析如图 13-13 和图 13-14 所示。

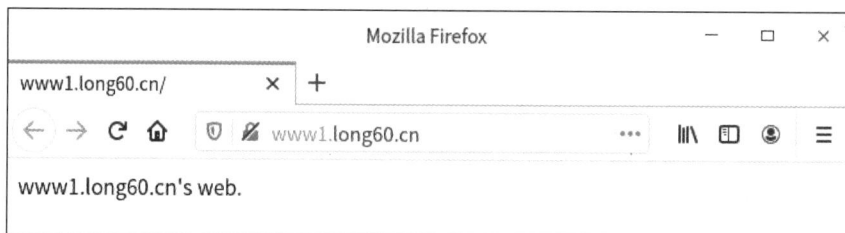

图 13-13　效果 1

图 13-14　效果 2

任务 13-8　配置基于端口号的虚拟主机

基于端口号的虚拟主机的配置只需服务器有一个 IP 地址即可，所有的虚拟主机共享同一个 IP 地址，各虚拟主机之间通过不同的端口号进行区分。在设置基于端口号的虚拟主机的配置时，需要利用 Listen 语句设置所监听的端口。

【例 13-6】假设 Apache 服务器的 IP 地址为 192.168.10.1。现需要创建基于 8088 和 8089 两个不同端口号的虚拟主机，要求不同的虚拟主机对应的主目录不同，默认文档的内容也不同，如何配置？配置步骤如下。

（1）分别创建/var/www/8088 和/var/www/8089 两个主目录和默认首页文件。

```
[root@Server01 ~]# mkdir   /var/www/8088   /var/www/8089
[root@Server01 ~]# echo "8088 port's web.">/var/www/8088/index.html
[root@Server01 ~]# echo "8089 port's web.">/var/www/8089/index.html
```

（2）修改/etc/httpd/conf/httpd.conf 文件。该文件的内容如下。

```
......
42 Listen 80
43 Listen 8088
44 Listen 8089
......
124 <Directory "/var/www">
125    AllowOverride None
126    # Allow open access:
127    Require all granted
128 </Directory>
......
```

（3）修改/etc/httpd/conf.d/vhost.conf 文件。该文件的内容如下（清空原来的内容）。

```
<Virtualhost 192.168.10.1:8088>
     DocumentRoot   /var/www/8088
</Virtualhost>

<Virtualhost 192.168.10.1:8089>
     DocumentRoot /var/www/8089
</Virtualhost>
```

（4）关闭防火墙并允许 SELinux，重启 httpd 服务，然后在客户端 Client1 上测试。测试结果令人大失所望！如图 13-15 所示。

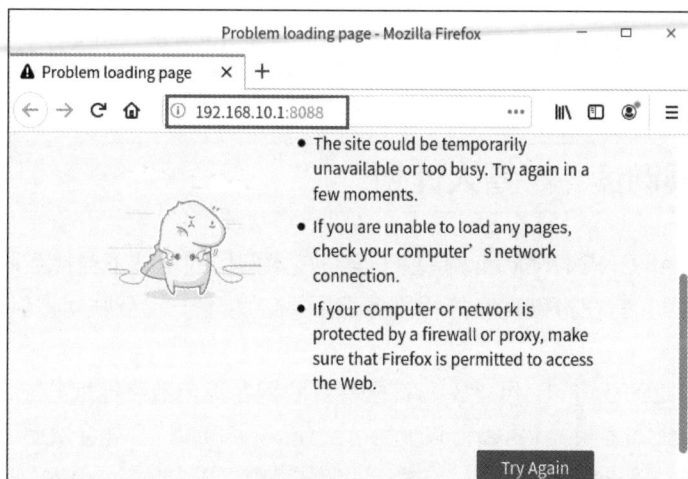

图 13-15　测试结果

（5）处理故障。这是因为防火墙检测到 8088 和 8089 端口原本不属于 Apache 服务器应该需要的资源，但现在却以 httpd 服务程序的名义监听使用了，所以防火墙会拒绝 Apache 服务器监听使用这两个端口。我们可以使用 firewall-cmd 命令永久添加需要的端口到 public 区域，并重启防火墙。

```
[root@Server01 ~]# firewall-cmd --list-all
public (active)
  ......
  services: dhcpv6-client http mdns ssh
  ports:
  ......
[root@Server01 ~]# firewall-cmd --permanent --zone=public --add-port=8088/tcp
[root@Server01 ~]# firewall-cmd --permanent --zone=public --add-port=8089/tcp
[root@Server01 ~]# firewall-cmd --reload
[root@Server01 ~]# firewall-cmd --list-all
public (active)
  ......
  services: dhcpv6-client http mdns ssh
  ports: 8088/tcp 8089/tcp
  ......
```

（6）再次在 Client1 上测试，不同端口虚拟主机的测试结果如图 13-16 所示。

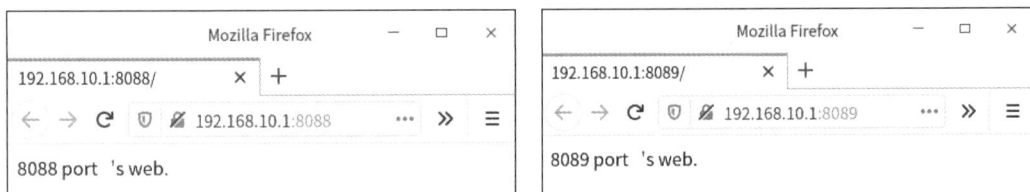

图 13-16　不同端口虚拟主机的测试结果

技巧　在终端窗口可直接输入"firewall-config"打开图形界面的防火墙配置窗口，详尽地配置防火墙，包括配置 public 区域的端口等，读者不妨多试试，一定会有惊喜。默认已经安装，如果没有安装，读者需要使用"dnf install firewall-config -y"命令先安装，安装完成后，在"活动"菜单中会单独有防火墙的配置菜单，非常方便。

13.4　拓展阅读　"雪人计划"

"雪人计划"（Yeti DNS Project）是基于全新技术架构的全球下一代互联网 IPv6 根服务器测试和运营试验项目，旨在打破现有的根服务器困局，为下一代互联网提供更多的根服务器解决方案。

"雪人计划"是 2015 年 6 月 23 日在国际互联网名称与数字地址分配机构（the Internet Corporation for Assigned Names and Numbers，ICANN）第 53 届会议上正式对外发布的。

发起者包括中国"下一代互联网关键技术和评测北京市工程中心"、日本 WIDE 机构（M 根运营者）、国际互联网名人堂入选者保罗·维克西（Paul Vixie）博士等组织和个人。

2019 年 6 月 26 日，工业和信息化部同意中国互联网络信息中心设立域名根服务器及运行机构。"雪人计划"于 2016 年在中国、美国、日本、印度、俄罗斯、德国、法国等全球 16 个国家完成 25 台 IPv6 根服务器架设，其中 1 台主根服务器和 3 台辅根服务器被部署在中国，事实上形成了 13 台原有根服务器加 25 台 IPv6 根服务器的新格局，为建立多边、透明的国际互联网治理体系打下坚实基础。

13.5 项目实训　配置与管理 Web 服务器

1. 项目背景

假如你是某学校的网络管理员，学校的域名为 www.long60.cn，学校计划为每位教师开通个人主页服务，为教师与学生建立沟通的平台。该学校的 Web 服务器搭建与配置网络拓扑如图 13-17 所示。

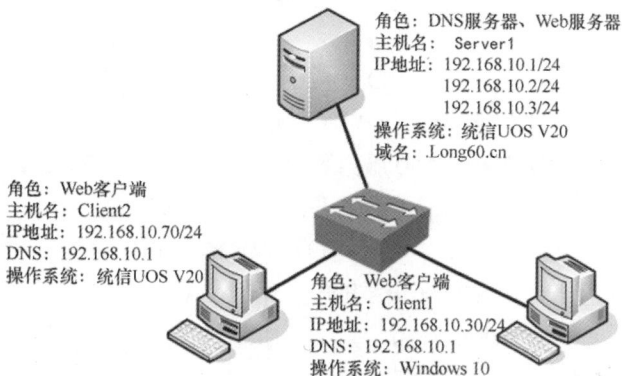

图 13-17　Web 服务器搭建与配置网络拓扑

学校计划为每位教师开通个人主页服务，要求实现如下功能。

（1）网页文件上传完成后，立即自动发布 URL 为 http://www. long60.cn/~的用户名。

（2）在 Web 服务器中建立一个名为 private 的虚拟目录，其对应的物理路径是/data/private，并配置 Web 服务器对该虚拟目录启用用户身份认证，只允许 yun90 用户访问。

（3）在 Web 服务器中建立一个名为 private 的虚拟目录，其对应的物理路径是/dir1/test，并配置Web 服务器，仅允许来自网络 long60.cn 域和 192.168.10.0/24 网段的客户端访问该虚拟目录。

（4）使用 192.168.10.2 和 192.168.10.3 两个 IP 地址，创建基于 IP 地址的虚拟主机，其中，基于 IP 地址 192.168.10.2 的虚拟主机对应的主目录为/var/www/ip2，基于 IP 地址 192.168.10.3 的虚拟主机对应的主目录为/var/www/ip3。

（5）创建基于 www1.long60.cn 和 www2.long60.cn 两个域名的虚拟主机，基于域名 www1. long60.cn 的虚拟主机对应的主目录为/var/www/lon601，基于域名 www2.long60.cn 的虚拟主机对应的主目录为/var/www/lon602。

2. 深度思考

思考以下问题。

（1）使用虚拟目录有何好处？

（2）基于域名的虚拟主机的配置要注意什么？

（3）如何启用用户身份认证？

3. 做一做

完成项目实训，检验学习效果。

13.6　练习题

一、填空题

1. Web 服务器使用的协议是＿＿＿＿＿，英文全称是＿＿＿＿＿，中文名称是＿＿＿＿＿。

2. HTTP 请求的默认端口是＿＿＿＿＿。

3. 统信 UOS V20 采用了 SELinux 这种增强的安全模式，在默认的配置下，只有＿＿＿＿＿服务可以通过。

4. 在命令行控制台窗口，输入＿＿＿＿＿命令打开 Linux 配置工具选择窗口。

二、选择题

1. 下面哪个命令可以用于配置统信 UOS V20 启动时自动启动 httpd 服务？（　　　）

A. service　　　　　　B. ntsysv　　　　　C. useradd　　　　　　D. startx

2. 在统信 UOS 中手动安装 Apache 服务器时，默认的 Web 站点的目录为（　　　）。

A. /etc/httpd　　　　　　　　　　　B. /var/www/html

C. /etc/home　　　　　　　　　　　D. /home/httpd

3. 对于 Apache 服务器，提供的子进程的默认用户是（　　　）。

A. root　　　　　　　B. apached　　　　C. httpd　　　　　　D. nobody

4. Apache 服务器默认的工作方式是（　　　）。

A. inetd　　　　　　　B. xinetd　　　　　C. standby　　　　　D. standalone

5. 用户的主页存放的目录由文件 httpd.conf 的（　　　）参数设定。

A. UserDir　　　　　　B. Directory　　　　C. public_html　　　D. DocumentRoot

6. 配置 Apache 服务器时，一般将服务的端口绑定到系统的（　　　）端口上。

A. 10000　　　　　　　B. 23　　　　　　　C. 80　　　　　　　D. 53

7. 下面不是 Apache 基于主机的访问控制命令的是（　　　）。

A. allow　　　　　　　B. deny　　　　　　C. order　　　　　　D. all

8. 用来设定当服务器产生错误时，显示在浏览器上的管理员邮箱的是（　　　）。

A. ServerName　　　　B. ServerAdmin　　C. ServerRoot　　　D. DocumentRoot

9. 在 Apache 基于用户名的访问控制中，生成用户密码文件的命令是（　　　）。

A. smbpasswd　　　　B. htpasswd　　　　C. passwd　　　　　D. password

13.7　实践习题

1. 建立 Web 服务器，同时建立一个名为/mytest 的虚拟目录，并完成以下设置。

（1）设置 Apache 根目录为/etc/httpd。

（2）设置首页名称为 test.html。

（3）设置超时时间为 240s。

（4）设置客户端连接数为 500。

（5）设置管理员的电子邮箱为 root@smile60.cn。

（6）虚拟目录对应的实际目录为/linux/apache。

（7）将虚拟目录设置为仅允许 192.168.0.0/24 网段的客户端访问。

（8）分别测试 Web 服务器和虚拟目录。

2．在文档目录中建立 security 目录，并完成以下设置。

（1）对该目录启用用户身份认证功能。

（2）仅允许 user1 和 user2 账号访问。

（3）更改 Apache 默认监听的端口，将其设置为 8080。

（4）将允许 Apache 服务的用户和组设置为 nobody。

（5）禁用目录浏览功能。

3．建立虚拟主机，并完成以下设置。

（1）建立基于 IP 地址 192.168.10.1 的虚拟主机 1，对应的文档目录为/usr/local/www/web1。

（2）仅允许来自.smile60.cn 域的客户端访问虚拟主机 1。

（3）建立基于 IP 地址 192.168.10.2 的虚拟主机 2，对应的文档目录为/usr/local/www/web2。

（4）仅允许来自.long60.cn 域的客户端访问虚拟主机 2。

4．配置用户身份认证。

项目14
配置与管理FTP服务器

14

项目导入

某学院组建了校园网，建设了学院网站，并架设了 Web 服务器来为学院网站提供服务，但在网站中进行上传和更新时，需要用到文件上传和下载功能，因此还要架设 FTP 服务器，为学院内部和互联网用户提供 FTP 等服务。本项目介绍配置与管理 FTP 服务器。

职业能力目标

- 掌握 FTP 服务的工作原理。
- 学会配置 vsftpd 服务器。

- 掌握配置基于虚拟用户的 FTP 服务器。
- 实践典型的 FTP 服务器配置案例。

素养提示

- "龙芯"让中国人自豪！为中华之崛起而读书，从来都不仅限于纸上。

- 如果人生是一场奔赴，则青春最好的"模样"是昂首笃行、步履铿锵。"人无刚骨，安身不牢。"骨气是人的脊梁，是前行的支柱。新时代的弄潮儿要有"富贵不能淫，贫贱不能移，威武不能屈"的气节，要有"自信人生二百年，会当水击三千里"的勇气，还要有"我将无我，不负人民"的担当。

14.1 项目知识准备

以 HTTP 为基础的 Web 服务功能虽然强大，但对于文件传送来说却略显不足。一种专门用于文件传送的服务——FTP 服务应运而生。

FTP 服务就是文件传送服务，FTP 的全称是 File Transfer Protocol，即文件传送协议。相比

Web 服务，FTP 服务具备更强的文件传送可靠性和更高的效率。

14.1.1 FTP 工作原理

FTP 大大降低了文件传送的复杂性，它能够使文件通过网络从一台计算机传送到另一台计算机，却不受计算机和操作系统类型的限制。无论是计算机、服务器，还是 macOS、Linux、Windows 操作系统，只要双方都支持 FTP，就可以方便、可靠地传送文件。

FTP 服务的工作过程（见图 14-1）如下。

（1）FTP 客户端向 FTP 服务器发送连接请求，同时 FTP 客户端动态地打开一个端口号大于 1024 的端口（如 1031 端口）等候 FTP 服务器连接。

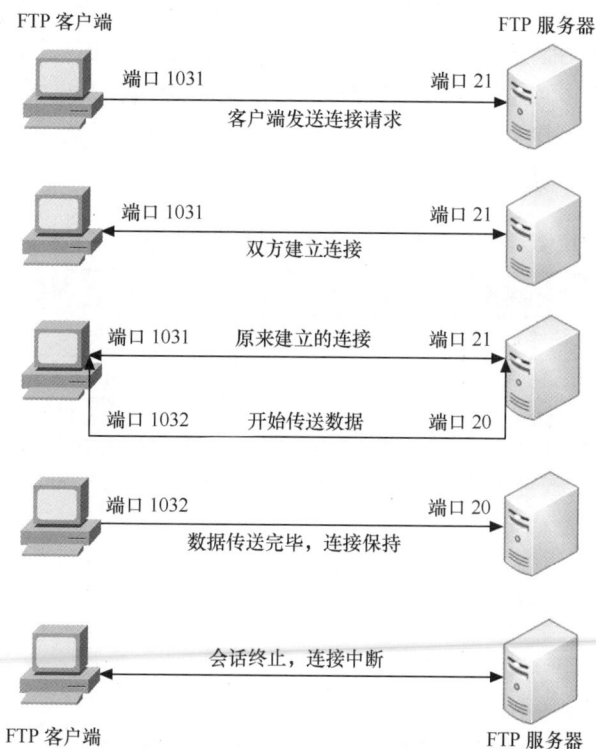

图 14-1　FTP 服务的工作过程

（2）若 FTP 服务器在端口 21 监听到该请求，则会在 FTP 客户端的 1031 端口和 FTP 服务器的 21 端口之间建立一个 FTP 会话连接。

（3）当需要传送数据时，FTP 客户端再动态地打开一个端口号大于 1024 的端口（如 1032 端口）连接到 FTP 服务器的 20 端口，并在这两个端口之间传送数据。当数据传送完毕，这两个端口会自动关闭。

（4）数据传送完毕，如果 FTP 客户端不向 FTP 服务器发送中断连接的请求，则连接保持。

（5）当 FTP 客户端向 FTP 服务器发送中断连接的请求并确认后，FTP 客户端将终止会话并中断与 FTP 服务器的连接，FTP 客户端上动态分配的端口将自动释放。

FTP 服务有两种工作模式：主动传输模式（Active FTP）和被动传输模式（Passive FTP）。

14.1.2　匿名用户

FTP 服务不同于 Web 服务，它要求先登录服务器，再传输文件。这对于很多公开提供软件下载的服务器来说十分不便，于是匿名用户访问诞生了。使用一个共同的用户名 anonymous 和密码不限的管理策略（一般使用用户的邮箱作为密码即可），让任何用户都可以很方便地从这些服务器上下载软件。

14.2　项目设计与准备

本项目一共准备 3 台计算机，网络连接模式都设为 VMnet1。两台计算机安装了统信 UOS V20，其中一台作为服务器，一台作为客户端；另一台计算机安装了 Windows Server 2016，也作为客户端。统信 UOS V20 服务器和客户端的配置信息如表 14-1 所示（可以使用 VMware Workstation 的"克隆"技术快速安装需要的统信 UOS V20 客户端）。

14-2　课堂慕课

配置与管理 FTP 服务器

表 14-1　统信 UOS V20 服务器和客户端的配置信息

主机名	操作系统	IP 地址	网络连接模式
FTP 服务器：Server01	统信 UOS V20	192.168.10.1/24	VMnet1
统信 UOS 客户端：Client1	统信 UOS V20	192.168.10.20/24	VMnet1
Windows 客户端：Client3	Windows Server 2016	192.168.10.40/24	VMnet1

14.3　项目实施

任务 14-1　安装、启动 vsftpd 服务

1. 安装 vsftpd 服务

```
[root@Server01 ~]# rpm -q vsftpd
[root@Server01 ~]# mount /dev/cdrom /media
[root@Server01 ~]# dnf clean all          # 安装前先清除缓存
[root@Server01 ~]# dnf install vsftpd -y
[root@Server01 ~]# dnf install ftp -y     # 同时安装 FTP 软件包，但要注意，本地 yum
源没有 FTP 软件包，请切换在线 yum 源安装
[root@Server01 ~]# rpm -qa|grep vsftpd    # 检查安装组件是否成功
```

2. vsftpd 服务启动、重启、随系统启动

安装完 vsftpd 服务后，下一步就是启动了。vsftpd 服务可以以独立或被动方式启动。在统信 UOS V20 中，默认以独立方式启动。

在此需要提醒读者，在生产环境中或者在 RHCSA、RHCE、RHCA 认证考试中，一定要把配置过的服务程序加入开机启动项，以保证服务器在重启后依然能够正常提供传送服务。

重启 vsftpd 服务、随系统启动，开放防火墙、开启对 SELinux 完全访问权限，输入下面的命令。

```
[root@Server01 ~]# systemctl restart vsftpd
```

```
[root@Server01 ~]# systemctl enable vsftpd
[root@Server01 ~]# firewall-cmd --permanent --add-service=ftp
[root@Server01 ~]# firewall-cmd --reload
[root@Server01 ~]# setsebool -P ftpd_full_access=on
```

任务 14-2　认识 vsftpd 的配置文件

vsftpd 的配置主要通过以下文件来完成。

1. 主配置文件

vsftpd 服务程序的主配置文件（/etc/vsftpd/vsftpd.conf）的内容总长度达到 126 行，但其中大多数参数在开头都添加了 "#"，从而成为注释信息。

> **注意**　使用 cat /etc/vsftpd/vsftpd.conf 可以查看配置文件的说明，特别是以 "#" 开头的部分，这非常重要。

可以使用 grep 命令并添加-v 选项，过滤并反选出没有包含 "#" 的行（过滤所有的注释信息），然后将过滤后的行通过输出重定向符写回原始的主配置文件中（为了保证安全，请先备份主配置文件）。

```
[root@Server01 ~]# mv /etc/vsftpd/vsftpd.conf /etc/vsftpd/vsftpd.conf.bak
[root@Server01 ~]# grep -v "#" /etc/vsftpd/vsftpd.conf.bak > /etc/vsftpd/vsftpd.conf
[root@Server01 ~]# cat /etc/vsftpd/vsftpd.conf -n
     1  anonymous_enable=NO
     2  local_enable=YES
     3  write_enable=YES
     4  local_umask=022
     5  dirmessage_enable=YES
     6  xferlog_enable=YES
     7  connect_from_port_20=YES
     8  xferlog_std_format=YES
     9  listen=NO
    10  listen_ipv6=YES
    11
    12  pam_service_name=vsftpd
    13  userlist_enable=YES
```

> **注意**　使用 "man vsftpd" 命令可以查看 vsftpd 的详细配置说明。

表 14-2 所示为 vsftpd 服务程序常用的参数以及作用。后续的任务将演示重要参数的用法，以帮助读者熟悉并掌握。

表 14-2　vsftpd 服务程序常用的参数以及作用

参数	作用
listen=[YES|NO]	是否以独立运行的方式监听服务
listen_address=IP 地址	设置要监听的 IP 地址
listen_port=21	设置 FTP 服务的监听端口
download_enable = [YES|NO]	是否允许下载文件

续表

参数	作用
userlist_enable=[YES|NO] userlist_deny=[YES|NO]	设置用户列表为"允许"还是"禁止"操作
max_clients=0	最大客户端连接数，0 表示不限制
max_per_ip=0	同一 IP 地址的最大连接数，0 表示不限制
anonymous_enable=[YES|NO]	是否允许匿名用户访问
anon_upload_enable=[YES|NO]	是否允许匿名用户上传文件
anon_umask=022	匿名用户上传文件的 umask 值
anon_root=/var/ftp	匿名用户的 FTP 根目录
anon_mkdir_write_enable=[YES|NO]	是否允许匿名用户创建目录
anon_other_write_enable=[YES|NO]	是否开放匿名用户的其他写入权限（包括重命名、删除等操作权限）
anon_max_rate=0	匿名用户的最大传输速率（B/s），0 表示不限制
local_enable=[YES|NO]	是否允许本地用户登录 FTP
local_umask=022	本地用户上传文件的 umask 值
local_root=/var/ftp	本地用户的 FTP 根目录
chroot_local_user=[YES|NO]	是否将用户权限禁锢在 FTP 目录，以确保安全
local_max_rate=0	本地用户最大传输速率（B/s），0 表示不限制

2. /etc/pam.d/vsftpd

vsftpd 的可插拔认证模块（Pluggable Authentication Module，PAM）配置文件主要用来加强 vsftpd 服务器的用户认证功能。

3. /etc/vsftpd/ftpusers

所有位于此文件内的用户都不能访问 vsftpd 服务。当然，为了确保安全，此文件中默认已经包括 root、bin 和 daemon 等系统账户。

4. /etc/vsftpd/user_list

这个文件中包括的用户可能是被拒绝访问 vsftpd 服务的，也可能是被允许访问的，这主要取决于 vsftpd 的主配置文件/etc/vsftpd/vsftpd.conf 中的"userlist_deny"参数是设置为"YES"（默认值）还是"NO"。

- 当 userlist_deny=NO 时，仅允许文件列表中的用户访问 FTP 服务器。
- 当 userlist_deny=YES 时，即为默认值时，拒绝文件列表中的用户访问 FTP 服务器。

5. /var/ftp 目录

该目录是 vsftpd 提供服务的文件集散地，它包括一个 pub 子目录。在默认配置下，所有的目录都是只读的，只有 root 用户有写权限。

任务 14-3　配置匿名用户 FTP 实例

1. vsftpd 的认证模式

vsftpd 允许用户以如下 3 种认证模式登录 FTP 服务器。

（1）**匿名开放模式**：是一种极不安全的认证模式，任何人都无须密码验证，即可直接登录 FTP 服务器。

（2）**本地用户模式**：是通过统信 UOS V20 系统本地的账户密码信息进行认证的模式。与匿名开放模式相比，该模式更安全，而且配置起来也很简单。但是如果入侵者破解了账户的信息，就可以畅通无阻地登录 FTP 服务器，从而完全控制整台服务器。

（3）**虚拟用户模式**：是这 3 种模式中最安全的一种认证模式。它需要为 FTP 服务单独建立用户数据库文件，虚拟映射用来进行口令验证的账户信息在服务器系统中实际上是不存在的，仅供 FTP 服务程序进行认证使用。这样，即使入侵者破解了账户信息，也无法登录服务器，从而有效缩小了破坏范围，降低了影响。

2. 匿名用户登录的参数说明

表 14-3 所示为可以向匿名用户开放的权限参数以及作用。

表 14-3　可以向匿名用户开放的权限参数以及作用

权限参数	作用
anonymous_enable=YES	允许匿名用户访问
anon_umask=022	匿名用户上传文件的 umask 值
anon_upload_enable=YES	允许匿名用户上传文件
anon_mkdir_write_enable=YES	允许匿名用户创建目录
anon_other_write_enable=YES	允许匿名用户修改目录名或删除目录

3. 配置匿名用户登录 FTP 服务器实例

【例 14-1】搭建一台 FTP 服务器，允许匿名用户上传和下载文件，并将匿名用户的根目录设置为 /var/ftp。

（1）新建测试文件，编辑/etc/vsftpd/vsftpd.conf。

```
[root@Server01 ~]# touch /var/ftp/pub/sample.tar
[root@Server01 ~]# vim /etc/vsftpd/vsftpd.conf
```

在文件末尾添加如下 4 行（**语句前后一定不要带空格**，若有重复的语句请删除或直接在其上更改，"#"及后面的内容不要添加到文件里）。

```
anonymous_enable=YES
# 允许匿名用户访问
anon_root=/var/ftp
# 设置匿名用户的根目录为/var/ftp
anon_upload_enable=YES
# 允许匿名用户上传文件
anon_mkdir_write_enable=YES
# 允许匿名用户创建目录
```

> **提示**　anon_other_write_enable=YES 表示允许匿名用户修改目录名或删除目录。

（2）允许 SELinux，让防火墙放行 ftp 服务，重启 vsftpd 服务。

```
[root@Server01 ~]# setenforce 0                    # 默认 SELinux 为关闭状态
[root@Server01 ~]# firewall-cmd --permanent --add-service=ftp
```

```
[root@Server01 ~]# firewall-cmd --reload
[root@Server01 ~]# firewall-cmd --list-all
[root@Server01 ~]# systemctl restart vsftpd
```

在 Windows Server 2016 客户端的资源管理器中输入 ftp://192.168.10.1，打开 pub 目录，新建一个文件夹，结果出错了，如图 14-2 所示。

为什么呢？这是因为系统的本地权限没有设置！

（3）设置系统的本地权限，将属主设置为 ftp，或者对 pub 目录赋予其他用户写权限。

```
 [root@Server01 ~]# ll -ld /var/ftp/pub
drwxr-xr-x 2 root root 24  5月 24 19:46 /var/ftp/pub         # 其他用户没有写权限
[root@Server01 ~]# chown ftp /var/ftp/pub                    # 将属主设置为匿名用户 ftp
或者：
[root@Server01 ~]# chmod o+w /var/ftp/pub                    # 对 pub 目录赋予其他用户写权限
[root@Server01 ~]# ll -ld /var/ftp/pub
drwxr-xrwx 2 ftp root 24  5月 24 19:46 /var/ftp/pub          # 已将属主设置为匿名用户 ftp
[root@Server01 ~]# systemctl  restart vsftpd
```

图 14-2　测试 FTP 服务器 192.168.10.1 出错

（4）在 Windows Server 2016 客户端再次测试，在 pub 目录下能够新建文件夹。

提示　如果在 Linux 上测试，则在终端执行"ftp 192.168.10.1"命令后，在用户名处输入"ftp"，然后在密码处直接按"Enter"键即可。

注意　如果要实现匿名用户创建文件等功能，仅仅在配置文件中开启这些功能是不够的，还需要注意开放本地文件系统权限，使匿名用户拥有写权限，或者改变属主为 ftp。项目实录中有针对此问题的解决方案。另外，读者也要特别注意防火墙和 SELinux 设置，否则也会出错！切记！SELinux 及其 FTP 布尔值的设置见电子活页。

任务 14-4　配置本地模式的常规 FTP 服务器案例

1. FTP 服务器配置要求

某企业内部现有一台 FTP 服务器和 Web 服务器，FTP 服务器主要用于维护企业的网站内容，包括上传文件、创建目录、更新网页等。该企业现有两个部门负责维护任务，两者分别用 team1

和 team2 账号进行维护。现要求仅允许 team1 和 team2 账号登录 FTP 服务器，但不能登录本地系统，并将这两个账号的根目录限制为/web/www/html，不能进入该目录以外的任何目录。

2．需求分析

将 FTP 服务器和 Web 服务器放在一起是企业经常采用的方法，这样方便实现对网站的维护。为了增强安全性，我们首先需要仅允许本地用户访问，并禁止匿名用户登录。其次，使用 chroot 功能将 team1 和 team2 限制在/web/www/html 目录下。如果需要删除文件，则还需要注意本地权限。

3．解决方案

（1）建立维护网站内容的账号 team1、team2，并为其设置密码。

```
[root@Server01 ~]# useradd   team1; useradd team2; useradd   user1
[root@Server01 ~]# passwd   team1
[root@Server01 ~]# passwd   team2
[root@Server01 ~]# passwd   user1
```

（2）配置 vsftpd.conf 主配置文件，如下所示。配置该文件时，下面的注释语句一定要删除，**语句前后不要加空格**，切记！另外，要把任务 14-3 的配置文件恢复到最初状态后再做实训（**可在语句前面加上"#"**），以免实训间互相影响。

```
[root@Server01 ~]# vim  /etc/vsftpd/vsftpd.conf
anonymous_enable=NO
#禁止匿名用户登录
local_enable=YES
#允许本地用户登录
local_root=/web/www/html
#设置本地用户的根目录为/web/www/html
chroot_local_user=NO
#是否限制本地用户，这也是默认值，可以省略
chroot_list_enable=YES
#激活 chroot 功能
chroot_list_file=/etc/vsftpd/chroot_list
#设置限制用户在根目录中的例外列表文件
allow_writeable_chroot=YES
#只要启用 chroot 就一定加入这条语句：允许 chroot 限制，否则出现连接错误。切记
```

特别提示 chroot_local_user=NO 是默认设置，即如果不做任何 chroot 设置，则对 FTP 登录目录是不做限制的。另外，只要启用 chroot，就一定要增加 allow_writeable_chroot=YES 语句。

注意 chroot 是靠例外列表文件来实现的，列表内用户即例外的用户。例外列表文件为/etc/vsftpd/chroot_list。所以根据是否启用本地用户转换，可设置不同目的的例外列表文件，从而实现 chroot 功能。因此实现限制目录有如下两种方法。

① 第一种方法是除列表内的用户外，其他用户都被限制在固定目录内，即列表内用户自由，列表外用户受限制。这时启用 chroot_local_user=YES。

```
chroot_local_user=YES
chroot_list_enable=YES
```

```
chroot_list_file=/etc/vsftpd/chroot_list
allow_writeable_chroot=YES
```

② 第二种方法是除列表内的用户外，其他用户都可自由转换目录，即列表内用户受限制，列表外用户自由。这时启用 chroot_local_user=NO。**本例使用第二种方法**。

```
chroot_local_user=NO
chroot_list_enable=YES
chroot_list_file=/etc/vsftpd/chroot_list
allow_writeable_chroot=YES
```

（3）建立/etc/vsftpd/chroot_list 文件，添加 team1 和 team2 账号。

```
[root@Server01 ~]# vim  /etc/vsftpd/chroot_list
team1
team2
```

（4）默认 SELinux 是关闭的，只设置防火墙放行即可！重启 FTP 服务。

```
[root@Server01 ~]# firewall-cmd --permanent --add-service=ftp
[root@Server01 ~]# firewall-cmd --reload
[root@Server01 ~]# setenforce 0    # 默认 SELinux 关闭，该语句执行会提示 SELinux # is
disabled，如果 SELinux 是开启的，需要执行该命令
[root@Server01 ~]# systemctl restart vsftpd
```

思考　如果设置 setenforce 1，那么必须执行 setsebool -P ftpd_full_access=on。这样能保证目录的正常写入和删除等操作。

（5）修改本地权限。

```
[root@Server01 ~]# mkdir  /web/www/html -p
[root@Server01 ~]# touch  /web/www/html/test.sample
[root@Server01 ~]# ll  -d  /web/www/html
drwxr-xr-x 2 root root 25  5月 24 20:56 /web/www/html
[root@Server01 ~]# chmod  -R  o+w  /web/www/html    # 其他用户可以写入
[root@Server01 ~]# ll  -d  /web/www/html
drwxr-xrwx 2 root root 25  5月 24 20:56 /web/www/html
```

（6）在统信 UOS 客户端 Client1 上先安装 FTP 工具，然后测试。

```
[root@Client1 ~]# mount /dev/cdrom /so
[root@Client1 ~]# dnf clean all
[root@Client1 ~]# dnf install ftp -y    # 需要联网在线安装
```

① 使用 team1 和 team2 账号不能转换目录，但能新建文件夹，显示的目录是"/"，其实是/web/www/html 文件夹！

```
[root@Client1 ~]# ftp 192.168.10.1
Connected to 192.168.10.1 (192.168.10.1).
220 (vsFTPd 3.0.3)
Name (192.168.10.1:root): team1          # 限制用户测试
331 Please specify the password.
Password:                                # 输入 team1 用户密码
230 Login successful.
Remote system type is UNIX.
Using binary mode to transfer files.
ftp> pwd
257 "/" is the current directory         # 显示的目录是"/"，其实是/web/www/html 文件夹
                                         # 从列出的文件中可以看出
```

```
ftp> mkdir testteam1
257 "/testteam1" created
ftp> ls
227 Entering Passive Mode (192,168,10,1,109,244).
150 Here comes the directory listing.
-rw-r--rw-    1 0          0                  0 May 24 12:56 test.sample
drwxr-xr-x    2 1001       1001               6 May 24 12:59 testteam1
226 Directory send OK.
ftp> get test.sample test1111.sample        # 下载 test.sample 到客户端的当前目录并改名
local: test1111.sample remote: test.sample
227 Entering Passive Mode (192,168,10,1,135,142).
150 Opening BINARY mode data connection for test.sample (0 bytes).
226 Transfer complete.
ftp> put test1111.sample  test00.sample     # 上传文件并改名为 test00.sample
local: test1111.sample remote: test00.sample
227 Entering Passive Mode (192,168,10,1,235,69).
150 Ok to send data.
226 Transfer complete.
ftp> ls
227 Entering Passive Mode (192,168,10,1,172,169).
150 Here comes the directory listing.
-rw-r--rw-    1 0          0                  0 May 24 12:56 test.sample
-rw-r--r--    1 1001       1001               0 May 24 13:00 test00.sample
drwxr-xr-x    2 1001       1001               6 May 24 12:59 testteam1
226 Directory send OK.
ftp> cd /etc
550 Failed to change directory.            # 不允许更改目录
ftp> exit
221 Goodbye.
```

② 使用 user1 用户能自由转换目录，可以将/etc/passwd 文件下载到主目录，何其危险！

```
[root@Client1 ~]# ftp 192.168.10.1
Connected to 192.168.10.1 (192.168.10.1).
220 (vsFTPd 3.0.3)
Name (192.168.10.1:root): user1        # 列表外的用户是自由的
331 Please specify the password.
Password:                               # 输入 user1 用户密码
230 Login successful.
Remote system type is UNIX.
Using binary mode to transfer files.
ftp> pwd
257 "/web/www/html" is the current directory
ftp> mkdir testuser1
257 "/web/www/html/testuser1" created
ftp> cd /etc                            # 成功转换到/etc 目录
250 Directory successfully changed.
ftp> get passwd
# 成功下载密码文件 passwd 到本地用户的当前目录（本例是/root），可以退出后查看。这样很不安全
local: passwd remote: passwd
227 Entering Passive Mode (192,168,10,1,163,94).
150 Opening BINARY mode data connection for passwd (2622 bytes).
226 Transfer complete.
```

```
2622 bytes received in 4.3e-05 secs (60976.74 Kbytes/sec)
ftp> cd /web/www/html
250 Directory successfully changed.
ftp> ls
227 Entering Passive Mode (192,168,10,1,84,192).
150 Here comes the directory listing.
-rw-r--rw-    1 0        0              0 May 24 12:56 test.sample
-rw-r--r--    1 1001     1001           0 May 24 13:00 test00.sample
drwxr-xr-x    2 1001     1001           6 May 24 12:59 testteam1
drwxr-xr-x    2 1003     1003           6 May 24 13:06 testuser1
226 Directory send OK.
ftp> exit
221 Goodbye.
[root@Client1 ~]#
```

（7）在 Server01 上，该任务的配置文件新增语句前面加上"#"。

任务 14-5　设置 vsftp 虚拟账户

FTP 服务器的搭建工作并不复杂，但需要按照服务器的用途合理规划相关配置。如果 FTP 服务器并不对互联网上的所有用户开放，则可以关闭匿名用户访问，开启实体账户或者虚拟账户的验证机制。但在实际操作中，如果使用实体账户访问，则 FTP 用户在拥有服务器真实用户名和密码的情况下，会对服务器产生潜在的危害。如果 FTP 服务器设置不当，则用户有可能使用实体账户进行非法操作。所以，为了 FTP 服务器的安全，可以使用虚拟账户验证方式，也就是将虚拟账户映射为服务器的实体账户，客户端使用虚拟账户访问 FTP 服务器。

要求：使用虚拟账户 user2、user3 登录 FTP 服务器，访问主目录/var/ftp/vuser，用户只允许查看文件，不允许进行上传、修改等操作。

对 vsftp 虚拟账户的配置主要有以下步骤。

1. 创建用户数据库

（1）使用 gdbmtool 工具创建用户数据库。

```
[root@Server01 ~]# mkdir   /vftp
[root@Server01 ~]# gdbmtool -n              # 创建一个用户数据库
Welcome to the gdbm tool. Type ? for help.
gdbmtool> open /vftp/vuser.pag              # 打开数据库文件 vuser.pag
gdbmtool> store user2 12345678             # 存储虚拟账户和密码信息
gdbmtool> store user3 12345678
gdbmtool> quit
```

（2）修改数据库文件访问权限。

数据库文件中保存着虚拟账户和密码信息，为了防止用户非法盗取，可以修改该文件的访问权限。

```
[root@Server01 ~]#chmod   700  /vftp/vuser.pag; ll  /vftp
总用量 16K
-rwx------ 1 root root 16K  5月 31 18:25 vuser.pag
```

2. 配置 PAM 文件

为了使服务器能够使用数据库文件，对客户端进行身份验证，需要调用系统的 PAM 模块，不必重新安装应用程序，通过修改指定的配置文件，调整对该程序的认证方式。PAM 模块配置文件的路径为/etc/pam.d。该目录下保存着大量与验证有关的配置文件，并以服务名称命名。

下面修改 vsftp 对应的 PAM 配置文件/etc/pam.d/vsftpd，添加相应字段，如下所示。

```
[root@Server01 ~]# vim  /etc/pam.d/vsftpd
auth        required    pam_userdb.so    db=/vftp/vuser
account     required    pam_userdb.so    db=/vftp/vuser
```

3. 创建虚拟账户对应系统账户，并建立测试文件和目录

```
[root@Server01 ~]# useradd  -d /var/ftp/vuser  vuser                    ①
[root@Server01 ~]# chown  vuser.vuser  /var/ftp/vuser                   ②
[root@Server01 ~]# chmod  555  /var/ftp/vuser                          ③
[root@Server01 ~]# touch /var/ftp/vuser/file1; mkdir /var/ftp/vuser/dir1
[root@Server01 ~]# ls  -ld  /var/ftp/vuser                             ④
dr-xr-xr-x 11 vuser vuser 208  5月 31 18:30 /var/ftp/vuser
```

以上代码中其后带序号的各行功能说明如下。

① 用 useradd 命令添加系统账户 vuser，并将其/home 目录指定为/var/ftp 下的 vuser。

② 变更 vuser 目录的所属用户和组，分别设定为 vuser 用户、vuser 组。

③ 当匿名账户登录时会映射为系统账户，并登录/var/ftp/vuser 目录，但其并没有访问该目录的权限，因此需要为 vuser 目录的属主、属组和其他用户和组添加读和执行权限。

④ 使用 ls 命令查看 vuser 目录的详细信息，系统账户主目录设置完毕。

4. 修改/etc/vsftpd/vsftpd.conf

```
[root@Server01 ~]# dnf install vsftpd -y
[root@Server01 ~]# mv /etc/vsftpd/vsftpd.conf /etc/vsftpd/vsftpd.conf.bak
[root@Server01 ~]# grep -v "#" /etc/vsftpd/vsftpd.conf.bak > /etc/vsftpd/vsftpd.conf
[root@Server01 ~]# vim /etc/vsftpd/vsftpd.conf
anonymous_enable=NO                                    ①
anon_upload_enable=NO
anon_mkdir_write_enable=NO
anon_other_write_enable=NO
local_enable=YES                                       ②
chroot_local_user=YES                                  ③
allow_writeable_chroot=YES
write_enable=NO                                        ④
guest_enable=YES                                       ⑤
guest_username=vuser                                   ⑥
listen=YES                                             ⑦
pam_service_name=vsftpd                                ⑧
listen_ipv6=NO                                         ⑨
```

> **注意** "="两边不要加空格；将该内容直接加到配置文件的尾部，但与原文件相同的配置选项前面需要加上"#"。

以上代码中其后带序号的各行功能说明如下。

① 为了保证服务器的安全，关闭匿名用户访问以及其他匿名相关设置。

② 因为虚拟账户会映射为服务器的系统账户，所以需要开启本地账户的支持。

③ 限制账户的根目录。

④ 关闭用户的写权限。

⑤ 开启虚拟账户访问功能。

⑥ 设置虚拟账户对应的系统账户为 vuser。

⑦ 设置 FTP 服务器为独立运行。

⑧ 配置 vsftpd 使用的 PAM 模块为 vsftpd。

⑨ 目前网络环境尚不支持 IPv6，将 listen_ipv6 设置为 YES 会出现错误导致无法启动，所以将其设置为 NO。

5. 设置防火墙放行和开启 FTP 服务器对 SELinux（默认关闭）完全访问权限，重启 vsftpd 服务

```
[root@Server01 ~]# firewall-cmd --permanent --add-service=ftp
[root@Server01 ~]# firewall-cmd --reload
[root@Server01 ~]# firewall-cmd --list-all
[root@Server01 ~]# setsebool -P ftpd_full_access=on
[root@Server01 ~]# systemctl restart vsftpd
[root@Server01 ~]# systemctl enable  vsftpd
```

6. 在 Client1 上测试

使用虚拟账户 user2 登录 FTP 服务器进行测试，会发现虚拟账户登录成功，并显示 FTP 服务器目录信息。

```
[root@Client1 ~]# ftp 192.168.10.1
Connected to 192.168.10.1 (192.168.10.1).
220 (vsFTPd 3.0.3)
Name (192.168.10.1:root): user2
331 Please specify the password.
Password:
230 Login successful.
Remote system type is UNIX.
Using binary mode to transfer files.
ftp> ls
227 Entering Passive Mode (192,168,10,1,102,115).
150 Here comes the directory listing.
drwxr-xr-x    2 1001       1001             59 May 13 12:51 Desktop
drwxr-xr-x    2 1001       1001              6 Oct 20  2022 Documents
drwxr-xr-x    2 1001       1001              6 Oct 20  2022 Downloads
drwxr-xr-x    2 1001       1001             32 May 13 12:51 Music
drwxr-xr-x    3 1001       1001             24 May 13 12:51 Pictures
drwxr-xr-x    2 1001       1001              6 Oct 20  2022 Videos
drwxr-xr-x    2 0          0                 6 May 31 10:30 dir1
-rw-r--r--    1 0          0                 0 May 31 10:30 file1
226 Directory send OK.
ftp> cd /etc                    # 不能更改主目录
550 Failed to change directory.
ftp> mkdir testuser1            # 仅能查看，不能写入
550 Permission denied.
ftp> quit
221 Goodbye.
```

> **特别提示**　匿名开放模式、本地用户模式和虚拟用户模式的配置文件，读者请在出版社网站下载，或向作者获取。

7. 补充关于 vsftpd 服务器的主动模式和被动模式配置

（1）主动模式配置。

```
Port_enable=YES                    # 开启主动模式
Connect_from_port_20=YES           # 指定当主动模式开启时，是否启用默认的 20 端口监听
Ftp_date_port=%portnumber%         # 上一参数设置为 NO 时指定数据传输端口
```

（2）被动模式配置。

```
connect_from_port_20=NO
PASV_enable=YES                    //开启被动模式
PASV_min_port=%number%             //被动模式最低端口
PASV_max_port=%number%             //被动模式最高端口
```

14.4 拓展阅读 "龙芯"

你知道"龙芯"吗？你知道"龙芯"的应用水平吗？

通用处理器是信息产业的基础部件，是电子设备的核心器件。通用处理器产业是关系到国家命运的战略产业之一，其发展直接关系到国家技术创新能力，关系到国家安全，是国家的核心利益所在。

"龙芯"是我国最早研制的高性能通用处理器系列，于 2001 年在中国科学院计算技术研究所开始研发，得到了"863""973""核高基"等项目的大力支持，完成了约 10 年的核心技术积累。2010 年，中国科学院和北京市政府共同牵头出资，龙芯中科技术股份有限公司正式成立，开始市场化运作，旨在将龙芯处理器的研发成果产业化。

龙芯中科技术股份有限公司研制的处理器产品包括龙芯 1 号、龙芯 2 号、龙芯 3 号等三大系列。为了将国家重大创新成果产业化，龙芯中科技术股份有限公司努力探索，在国防、教育、工业、物联网等行业取得了重大市场突破，龙芯产品取得了良好的应用效果。

目前龙芯处理器产品在各领域取得了广泛应用。在安全领域，龙芯处理器已经通过了严格的可靠性实验，作为核心元器件应用在几十种系统中。2015 年，龙芯处理器成功应用于北斗二代导航卫星。在通用领域，龙芯处理器已经应用在个人计算机、服务器及高性能计算机、行业计算机终端，以及云计算终端等方面。在嵌入式领域，基于龙芯 CPU 的防火墙等网安系列产品已实现规模销售；被应用于国产高端数控机床等系列工控产品显著提升了我国工控领域的自主化程度和产业化水平；龙芯提供了 IP 设计服务，在国产数字电视领域与国内多家知名厂家展开合作，其 IP 地址授权量已达百万片以上。

14.5 项目实训 配置与管理 FTP 服务器

1. 项目背景

某企业的 FTP 服务器搭建与配置网络拓扑如图 14-3 所示，该企业欲搭建一台 FTP 服务器，为企业局域网中的计算机提供文件传送服务，为财务部、销售部、管理部等提供异地数据备份。要求能够对 FTP 服务器设置连接限制、日志记录、消息、验证客户端身份等属性，并能创建用户隔离的 FTP 站点。

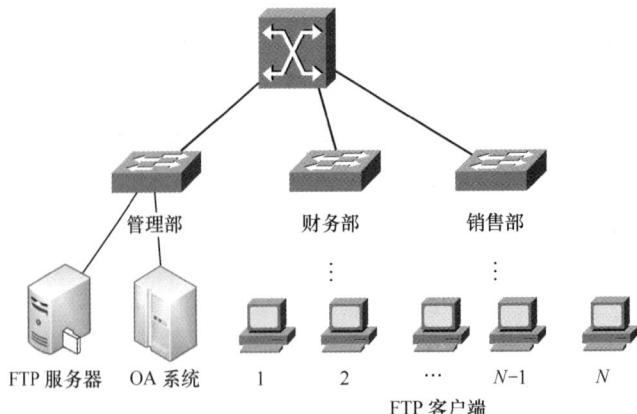

图 14-3　某企业的 FTP 服务器搭建与配置网络拓扑

2. 深度思考

思考以下问题。

（1）如何使用 service vsftpd status 命令检查 vsftp 的安装状态？

（2）FTP 权限和文件系统权限有何不同？如何设置？

（3）为何不建议对根目录设置写权限？

（4）如何设置进入目录后的欢迎信息？

（5）如何将 FTP 用户限制在其"宿主"目录中？

（6）user_list 和 ftpusers 文件都存有用户名列表，如果一个用户同时存在于这两个文件中，则最终的执行结果是怎样的？

3. 做一做

完成项目实训，检查学习效果。

14.6　练习题

一、填空题

1. FTP 服务就是＿＿＿＿服务，FTP 的英文全称是＿＿＿＿。

2. FTP 服务使用一个共同的用户名＿＿＿＿和密码不限的管理策略，让任何用户都可以很方便地从这些服务器上下载软件。

3. FTP 服务有两种工作模式：＿＿＿＿和＿＿＿＿。

4. ftp 命令的格式为＿＿＿＿。

二、选择题

1. ftp 命令的哪个参数可以与指定的机器建立连接？（　　　）

A. connect　　　　B. close　　　　C. cdup　　　　D. open

2. FTP 服务使用的端口是（　　　）。

A. 21　　　　　　B. 23　　　　　　C. 25　　　　　　D. 53

3. 从 Internet 上获得软件最常采用的是（　　　）。

A. Web　　　　　B. telnet　　　　C. FTP　　　　　D. DNS

4. 下面（　　）不是 FTP 用户的类别。

A. real　　　　　　B. anonymous　C. guest　　　　D. users

5. 修改文件 vsftpd.conf 的（　　）可以实现 vsftpd 服务独立启动。

A. listen=YES　　　　　　　　B. listen=NO

C. boot=standalone　　　　　　D. #listen=YES

6. 将用户加入（　　）文件中可能会阻止用户访问 FTP 服务器。

A. vsftpd/ftpusers　　　　　　B. vsftpd/user_list

C. ftpd/ftpusers　　　　　　　D. ftpd/userlist

三、简答题

1. 简述 FTP 的工作原理。

2. 简述 FTP 服务的传输模式。

3. 简述常用的 FTP 软件。

14.7　实践习题

1. 在 VMware Workstation 中启动一台统信 UOS V20 服务器作为 vsftpd 服务器，在该系统中添加用户 user1 和 user2。

（1）确保系统安装了 vsftpd 软件包。

（2）设置匿名账户具有上传、创建目录的权限。

（3）利用/etc/vsftpd/ftpusers 文件设置禁止本地 user1 用户登录 FTP 服务器。

（4）设置本地用户 user2 登录 FTP 服务器之后，在进入 dir 目录时显示提示信息"welcome to user's dir!"。

（5）设置将所有本地用户都限制在/home 目录中。

（6）设置只有在/etc/vsftpd/user_list 文件中指定本地用户 user1 和 user2 可以访问 FTP 服务器，其他用户都不可以。

（7）配置基于主机的访问控制，实现如下功能。

● 拒绝 192.168.6.0/24 访问。

● 对 jnrp.net 和 192.168.2.0/24 内的主机不限制连接数和最大传输速率。

● 对其他主机的访问限制为每个 IP 地址的连接数为 2，最大传输速率为 500KB/s。

2. 建立仅允许本地用户访问的 vsftp 服务器，并完成以下任务。

（1）禁止匿名账户访问。

（2）建立 s1 和 s2 账户，并使其具有读、写权限。

（3）使用 chroot 将 s1 和 s2 账户限制在/home 目录中。

学习情境五（电子活页视频一）
系统安全与故障排除

X-1 慕课	X-2 慕课	X-3 慕课	X-4-1 慕课
项目实录 进程管理与系统监视	项目实录 配置与管理 VPN 服务器	项目实录 OpenSSL 及证书服务	项目实录 配置与管理 Web 服务器（SSL）-1

X-4-2 慕课	X-5 慕课	X-6 慕课	X-7 慕课
项目实录 配置与管理 Web 服务器（SSL）-2	项目实录 使用 Cyrus-SASL 实现 SMTP 认证	项目实录 实现邮件 TLS-SSL 加密通信	项目实录 排除系统和网络故障

千丈之堤，以蝼蚁之穴溃；百尺之室，以突隙之烟焚。

——《韩非子·喻老》

学习情境六（电子活页视频二）
拓展与提高

XI-1 慕课

项目实录
使用 vim
编辑器

XI-2 慕课

项目实录
实现 shell
编程

XI-3 慕课

项目实录 配置
与管理 NFS
服务器

XI-4 慕课

项目实录 配置
与管理 squid 代理
服务器

XI-5 慕课

项目实录 配置
与管理 chrony
服务器

XI-6 慕课

项目实录
配置远程
管理

XI-7 慕课

项目实录 配置
与管理电子邮件
服务器

XI-8 慕课

项目实录 安装
Linux Nginx
MariaDB PHP
（LEMP）

吾尝终日而思矣，不如须臾之所学也。

——《荀子·劝学》

参 考 文 献

[1] 杨云, 林哲. Linux 网络操作系统项目教程（RHEL 8/CentOS 8）（微课版）（第 4 版）[M]. 北京：人民邮电出版社, 2022.

[2] 杨云, 林哲. Linux 网络操作系统项目教程（RHEL 7.4/CentOS 7.4）（微课版）（第 3 版）[M]. 北京：人民邮电出版社, 2019.

[3] 杨云. RHEL 7.4＆CentOS 7.4 网络操作系统详解（第 2 版）[M]. 北京：清华大学出版社, 2019.

[4] 杨云, 唐柱斌. 网络服务器搭建、配置与管理——Linux 版（微课版）（第 3 版）[M]. 北京：人民邮电出版社, 2019.

[5] 杨云, 魏尧, 王雪蓉. 网络服务器搭建、配置与管理——Linux（RHEL 8/CentOS 8）（微课版）（第 4 版）. 北京：人民邮电出版社, 2022.

[6] 杨云, 戴万长, 吴敏. Linux 网络操作系统与实训（第 4 版）[M]. 北京：中国铁道出版社, 2020.

[7] 赵良涛, 姜猛, 肖川, 等. Linux 服务器配置与管理项目教程（微课版）[M]. 北京：中国水利水电出版社, 2019.

[8] 鸟哥. 鸟哥的 Linux 私房菜 基础学习篇（第 4 版）[M]. 北京：人民邮电出版社, 2018.

[9] 刘遄. Linux 就该这么学[M]. 北京：人民邮电出版社, 2017.

[10] 刘晓辉, 张剑宇, 张栋. 网络服务搭建、配置与管理大全（Linux 版）[M]. 北京：电子工业出版社, 2009.

[11] 陈涛, 张强, 韩羽. 企业级 Linux 服务攻略[M]. 北京：清华大学出版社, 2008.

[12] 曹江华. Red Hat Enterprise Linux 5.0 服务器构建与故障排除[M]. 北京：电子工业出版社, 2008.

[13] 夏栋梁, 宁菲菲. Red Hat Enterprise Linux 8 系统管理实战[M]. 北京：清华大学出版社, 2020.

[14] 鸟哥. 鸟哥的 Linux 私房菜——服务器架设篇（第 3 版）[M]. 北京：机械工业出版社, 2012.

[15] 黄君羡, 刘伟聪, 黄道金. 信创服务器操作系统的配置与管理（统信 UOS 版）[M]. 北京：电子工业出版社, 2022.